T0220025

Mathematik für Naturwissenschaftler

Norbert Herrmann

Mathematik für Naturwissenschaftler

Was Sie im Bachelor wirklich brauchen
und in der Schule nicht lernen

2. Auflage

 Springer Spektrum

Norbert Herrmann
Institut für Angewandte Mathematik
Leibniz Universität Hannover
Hannover, Deutschland

ISBN 978-3-662-58831-4   ISBN 978-3-662-58832-1   (eBook)
https://doi.org/10.1007/978-3-662-58832-1

Die Deutsche Nationalbibliothek verzeichnet diese Publikation in der Deutschen Nationalbibliografie;
detaillierte bibliografische Daten sind im Internet über http://dnb.d-nb.de abrufbar.

Springer Spektrum
© Springer-Verlag GmbH Deutschland, ein Teil von Springer Nature 2012, 2019

Planung: Andreas Rüdinger

Springer Spektrum ist ein Imprint der eingetragenen Gesellschaft Springer-Verlag GmbH, DE und ist
ein Teil von Springer Nature.
Die Anschrift der Gesellschaft ist: Heidelberger Platz 3, 14197 Berlin, Germany

Vorwort zur zweiten Auflage

In dieser zweiten Auflage haben wir ein ganz neues Kapitel hinzugefügt: **CAD,** Computer **A**ided **D**esign. Was hat es damit auf sich?

Eines Tages schlenderte ich so durch die Porzellanmanufaktur Meissen, als zufällig eine Frau aus den oberen Etagen auftauchte, die mich kannte. Ich nutzte die Gelegenheit, sie zu fragen, wo denn beim Herstellen von Porzellan die Mathematik gebraucht würde. Ihre Antwort war zunächst etwas ernüchternd: Wenn das vorgefertigte Teil in den Brennofen kommt, schrinkt es um ein Sechstel zusammen. Nun, die Division durch 6 ist noch nicht so richtig hohe Mathematik, sondern gehört in die 5. Klasse. Als ich daraufhin skeptisch schaute, sagte sie: Um neue Teile zu entwerfen, nutzen wir CAD-Systeme. Da war ich elektisiert. CAD kannte ich vom Autobau. Darüber hatte ich selbst viel gearbeitet. Meine Studierenden hatten Programme entworfen, und viele Studierende anderer Fakultäten hatten mich aufgesucht und um Rat gefragt, wenn es um das Darstellen ihrer Messergebnisse ging. Splinefunktionen, auf denen die CAD-Systeme beruhen, haben wir ja bereits in der ersten Auflage behandelt. Da lag es also nahe, dieses Kapitel weiterzuführen und die Grundlagen des CAD zu besprechen. Das geschieht also im Kap. 12. Viel Erfolg, wenn Sie daran arbeiten.

Gleichzeitig mit der Erweiterung des Buches habe ich die Gelegenheit genutzt, einige Schreibfehler auszumerzen. Für die Hinweise meiner geneigten Leserschar danke ich hiermit herzlich. Aber auch und gerade der Editorial Director Dr. Andreas Rüdinger und die Projektmanagerin Martina Mechler vom Springer Verlag haben mir immer wieder wertvolle Hinweise gegeben, wofür ich ihnen sehr dankbar bin.

Nicht zuletzt möchte ich auch meiner Frau ganz herzlich danken dafür, dass ich mich immer wieder an meinen Schreibtisch zurückziehen und die lästige Hausarbeit ihr überlassen durfte.

Norbert Herrmann

Vorwort zur ersten Auflage

$$\text{Ἀρχὴ ἥμισυ παντός}$$

Aristoteles

Der Anfang ist die Hälfte vom Ganzen.

So sagte es schon Aristoteles und forderte damit seine Zuhörer auf, doch bitte auf jeden Fall erst einmal anzufangen.

Liebe Leserinnen und Leser, Sie stehen an einem neuen Lebensabschnitt. Das Studium beginnt, und es warten viele neue Herausforderungen. Gerade wenn Sie sich den Naturwissenschaften verschrieben haben, wird es Sie überraschen, wieviel Mathematik Sie dazu lernen müssen. Ohne fundierte mathematische Grundkenntnisse ist die Welt von heute aber nicht mehr zu beschreiben und zu begreifen. Wir wollen mit diesem Buch einen Beitrag leisten, Ihnen diesen Anfang etwas leichter zu machen.

Dieses Buch entstand als Ausarbeitung einer Vorlesung, die der Autor im WS 2006 und SS 2007 an der Leibniz Universität Hannover für Studierende der Chemie, Biologie, Life Science, Geowissenschaften und Biochemie gehalten hat. Er beschritt damals Neuland. Denn bislang war die Philosophie stets:

> Die Studierenden haben zwar Abitur, aber von Mathematik keine Ahnung. Wir müssen also bei Null anfangen, um in dem ersten Studienjahr wenigstens die Grundbegriffe der Mathematik vermitteln zu können.

Da der Autor mehrere Jahre lang selbst an einer Schule unterrichtet hat und weil seine Frau als Mathematik- und Physiklehrerin ihm stets direkten Einblick in den Schulalltag geben konnte, lag ein anderes, ja neues Vorgehen hier auf der Hand.

Wir gehen daher in diesem Buch davon aus, dass alle Abiturientinnen und Abiturienten etwas vom Differenzieren und Integrieren verstehen und auch schon kleine lineare Gleichungssysteme gelöst haben.

Wir beginnen im ersten und zweiten Kapitel damit, einige Grundbegriffe der Linearen Algebra vorzustellen, soweit wir sie später benötigen. Da ist zum einen ein gutes effektives Verfahren zum Lösen von großen linearen Gleichungssystemen. Wir berichten über das L-R-Verfahren mit Pivotisierung, wie es in vielen kommerziellen Rechenprogrammen verwendet wird. Dann brauchen wir später bei der Rotation und der Hessematrix etwas von Determinanten.

Im dritten Kapitel kommen wir zur Analysis. Hier bauen wir auf den Schul-kenntnissen auf und beginnen gleich mit der Analysis im Mehrdimensionalen. Dadurch gewinnen wir viel Zeit, die wir zur ausführlichen Erläuterung der kom-plizierten Fachtermini verwenden können. Die eindimensionale Analysis aus der Schule wird aber immer wieder mal als Beispiel herangezogen. Viele vollständig durchgerechnete Beispiele sollen gerade den Erstsemestern helfen, die abstrak-ten Begriffe zu verstehen. Auf die Weise gelingt es uns, schon im ersten Semes-ter mehrdimensionale Integrale und die berühmten Sätze von Gauß und Stokes zu erklären. Das ist echtes Neuland.

Die Splinefunktionen im Kap. 11 sind ausgesprochen wichtige Hilfsmit-tel für Anwender. In Experimenten erhalten wir manchmal sehr viele Werte, die dann durch eine Kurve verbunden werden möchten. Polynome waren lange Zeit Standard, um solche Aufgaben zu lösen. Wer aber jemals versucht hat, 100 Mes-spunkte durch ein Polynom darzustellen, wird diesen Versuch nie wieder wagen. Hier sind Splines ein sehr probates Hilfsmittel, die sich auch sehr leicht in Compu-terprogramme einbeziehen lassen.

Kap. 12 und 13 sind den Differentialgleichungen gewidmet. Sie als Naturwis-senschaftlerinnen und -wissenschaftler werden sehr schnell in Ihrem weiteren Studium erkennen, dass diese neuen Gleichungen fast die ganze Natur zu beherr-schen scheinen. Wir werden nicht viel Zeit darauf verwenden, die theoretischen Grundlagen und Lösungsmöglichkeiten zu erklären, sondern wollen uns der Praxis zuwenden. Gerade heute mit Einsatz großer Computer sind numerische Methoden sehr gefragt und lassen sich hocheffizient einsetzen. Wir können allerdings nur die ersten Anfänge schildern.

Das Kap. 14 enthält eine kurze Einleitung in die Wahrscheinlichkeitsrechnung, ebenfalls ein mathematisches Teilgebiet, das in sehr vielen Anwendungsbereichen anzutreffen ist.

Vielen Dank möchte ich meinem Lektor, Dr. Andreas Rüdinger, vom Spektrum-Verlag sagen, der das ganze Manuskript mit großer Akribie gelesen hat und mir mit vielen Fragen und Anregungen sehr geholfen hat. Auch seiner Kollegin, Martina Mechler, sei herzlich gedankt. Sie hat sich vor allem um die Graphiken gekümmert.

Ein besonders großer Dank gilt meiner lieben Frau. Viele schöne Nachmittage hat sie ohne mich zubringen müssen, weil ich ja noch etliche Seiten Manuskript zu schreiben hatte.

Nun wünsche ich Ihnen, dass dieser Anfang für Sie mit großem Erfolg gemeis-tert wird. Es ist sehr wichtig, etwas anzupacken und aktiv zu gestalten. Hat man das geschafft, so ist ja bereits die Hälfte erreicht, sagt Aristoteles.

Ich würde mich über Rückmeldungen zu diesem Buch sehr freuen. Vielleicht helfen Ihnen die gelösten Übungsaufgaben, die der Verlag im Internet zum Herun-terladen bereitstellen wird.

In diesem Sinne: Packen wir's an. Viel Erfolg!

Norbert Herrmann

Inhaltsverzeichnis

1	**Matrizen**		1
	1.1	Einleitung	1
	1.2	Erklärungen und Bezeichnungen	2
	1.3	Rechnen mit Matrizen	5
	1.4	Rang einer Matrix	10
	1.5	Quadratische Matrizen	14
	1.6	Inverse Matrizen	17
	1.7	Orthogonale Matrizen	18
2	**Determinanten**		23
	2.1	Erste einfache Erklärungen	23
	2.2	Elementare Umformungen	26
3	**Lineare Gleichungssysteme**		31
	3.1	Bezeichnungen	31
	3.2	Existenz und Eindeutigkeit	32
	3.3	Determinantenkriterium	35
	3.4	L-R-Zerlegung	36
		3.4.1 Die Grundaufgabe	36
		3.4.2 Existenz der L-R-Zerlegung	41
		3.4.3 L-R-Zerlegung und lineare Gleichungssysteme	42
	3.5	Pivotisierung	44
		3.5.1 L-R-Zerlegung, Pivotisierung und lineare Gleichungssysteme	49
		3.5.2 L-R-Zerlegung, Pivotisierung und inverse Matrix	51
4	**Funktionen mehrerer Veränderlicher – Stetigkeit**		55
	4.1	Erste Erklärungen	55
	4.2	Beschränktheit	58
	4.3	Grenzwert einer Funktion	61
	4.4	Stetigkeit	63
5	**Funktionen mehrerer Veränderlicher – Differenzierbarkeit**		67
	5.1	Partielle Ableitung	67
	5.2	Höhere Ableitungen	73

5.3   Totale Ableitung   75
5.4   Richtungsableitung   82
5.5   Relative Extrema.   88
5.6   Wichtige Sätze der Analysis   95

6   Kurvenintegrale   101
6.1   Kurvenstücke   101
6.2   Kurvenintegral 1. Art   103
        6.2.1   Sonderfall   107
        6.2.2   Kurvenlänge   108
6.3   Kurvenintegral 2. Art   111
6.4   Kurvenhauptsatz   117

7   Doppelintegrale   127
7.1   Berechnung des Doppelintegrals   128
        7.1.1   Erste Berechnungsmethode.   128
        7.1.2   Zweite Berechnungsmethode   130
7.2   Transformation der Variablen   132
7.3   Rechenregeln.   135

8   Dreifachintegrale   139
8.1   Berechnung.   140
8.2   Rechenregeln.   141
8.3   Transformation der Variablen   142
8.4   Kugel- und Zylinderkoordinaten.   142

9   Oberflächenintegrale   147
9.1   Oberflächenintegrale 1. Art.   147
9.2   Oberflächenintergale 2. Art.   151

10   Integralsätze   157
10.1   Divergenz   157
10.2   Der Divergenzsatz von Gauß   158
10.3   Der Satz von Stokes   160

11   Interpolation mit Splines   167
11.1   Einführendes Beispiel.   167
11.2   Existenz und Eindeutigkeit der Polynominterpolation   169
11.3   Interpolation mit linearen Splines.   172
11.4   Interpolation mit Hermite-Splines   178
11.5   Interpolation mit kubischen Splines   184

12   CAD   191
12.1   Punkte und Vektoren   192
12.2   Der de Casteljau-Algorithmus   194
12.3   Bernstein-Polynome und ihre grundlegenden
        Eigenschaften   196
12.4   Definition von Bézier-Kurven mit Bernstein-Polynomen.   198

12.5   Der Bernstein-Operator.   200
12.6   Komonotone C^1-Interpolation.   204
12.7   Komonotone C^2-Interpolation.   215
12.8   Ebene Kurven und das Viertelkriterium   217
12.9   Anwendungen.   225
12.10   Ausgleich mit kubischen Splinefunktionen   229
12.11   Weitere Anwendungen   235

13   Gewöhnliche Differentialgleichungen   239
13.1   Diese Mathematiker immer mit Existenz und
        Eindeutigkeit.   240
13.2   Existenz und Eindeutigkeit.   240
13.3   Numerische Verfahren.   244
13.4   Euler-Polygonzug-Verfahren   245
13.5   Zur Konvergenz des Euler-Verfahrens   248
13.6   Runge-Kutta-Verfahren.   251
13.7   Zur Konvergenz des Runge-Kutta-Verfahrens   253
13.8   Ausblick   253

14   Partielle Differentialgleichungen   255
14.1   Typeinteilung   255
14.2   Laplace- und Poisson-Gleichung   257
        14.2.1   Eindeutigkeit und Stabilität.   258
        14.2.2   Zur Existenz   259
        14.2.3   Differenzenverfahren für die Poissongleichung   259
        14.2.4   Zur Konvergenz.   264
14.3   Die Wärmeleitungsgleichung   267
        14.3.1   Eindeutigkeit und Stabilität.   267
        14.3.2   Zur Existenz   268
        14.3.3   Differenzenverfahren für die
                 Wärmeleitungsgleichung   270
        14.3.4   Stabilität des Differenzenverfahrens   274
14.4   Die Wellengleichung.   277
        14.4.1   Eindeutigkeit und Stabilität.   279
        14.4.2   Zur Existenz   280
        14.4.3   Differenzenverfahren für die Wellengleichung   280
        14.4.4   Stabilität des Differenzenverfahrens   284

15   Kurze Einführung in die Wahrscheinlichkeitsrechnung   287
15.1   Kombinatorik   287
        15.1.1   Permutationen   287
        15.1.2   Variationen   290
        15.1.3   Kombinationen   292
        15.1.4   Ein Sitz- und ein ungelöstes Problem.   295

15.2   Wahrscheinlichkeitsrechnung   297
          15.2.1   Definitionsversuch nach Laplace und von Mises   297
          15.2.2   Axiomatische Wahrscheinlichkeitstheorie   302
          15.2.3   Einige elementare Sätze   304
          15.2.4   Bedingte Wahrscheinlichkeit.   305
          15.2.5   Zufallsvariable.   311
          15.2.6   Verteilungsfunktion.   312
          15.2.7   Erwartungswert und Streuung.   315
          15.2.8   Tschebyscheffsche Ungleichung.   317
          15.2.9   Gesetz der großen Zahlen   318
          15.2.10 Binomialverteilung   319
          15.2.11 Poissonverteilung   320
          15.2.12 Gauß- oder Normalverteilung   321
          15.2.13 Grenzwertsätze   323

Literatur   325

Stichwortverzeichnis   327

Matrizen

1

Inhaltsverzeichnis

1.1 Einleitung 1
1.2 Erklärungen und Bezeichnungen 2
1.3 Rechnen mit Matrizen 5
1.4 Rang einer Matrix 10
1.5 Quadratische Matrizen 14
1.6 Inverse Matrizen 17
1.7 Orthogonale Matrizen 18

1.1 Einleitung

In der Schule haben wir im Mathematikunterricht viele Zahlen kennen gelernt.

1. Da waren zuerst

$$\textbf{natürliche Zahlen } \mathbb{N} = 1, 2, 3, 4, 5, \dots.$$

Der große Mathematiker Leopold Kronecker hat erklärt, dass diese Zahlen der liebe Gott gemacht hat. Also werden wir uns auch nicht weiter um eine Erklärung bemühen. In manchen Büchern nimmt man auch die Null zu den natürlichen Zahlen hinzu. Ein Kollege von mir begann seine Vorlesung stets mit dem Paragraphen -1, für ihn gehörte wohl auch diese Zahl zu den natürlichen. Das kann man halten wie Frau Nolte – die machte es, wie sie wollte.
2. Dann kamen

$$\textbf{ganze Zahlen } \mathbb{Z} = \dots, -4, -3, -2, -1, 0, 1, 2, 3, 4, \dots.$$

Das sind also die positiven und negativen Zahlen im umgangssprachlichen Sinn, und die Zahl 0 bitte nicht zu vergessen.

© Springer-Verlag GmbH Deutschland, ein Teil von Springer Nature 2019
N. Herrmann, *Mathematik für Naturwissenschaftler,*
https://doi.org/10.1007/978-3-662-58832-1_1

3. Das nächste sind

$$\text{rationale Zahlen } \mathbb{Q} = \frac{p}{q}, q \neq 0.$$

Das sind also alle Brüche, echt oder unecht ist egal. Nur durch 0 teilen wollen wir nicht, sonst kommen wir in die Hölle. Zugleich können wir diese Zahlen darstellen als endlichen oder periodischen Dezimalbruch.

4. Danach stehen auf dem Plan

$$\text{reelle Zahlen } \mathbb{R}.$$

Sie mathematisch korrekt zu beschreiben fällt ziemlich schwer. Daher nur eine vage Andeutung: Es sind alle Zahlen, die sich als Dezimalbruch schreiben lassen, also als Zahl

$$a, a_1 a_2 a_3 a_4 \ldots$$

Der kann unendlich lang sein, ohne periodisch zu werden.

5. Dann bleiben noch

$$\text{komplexe Zahlen } \mathbb{C} = a + i \cdot b, a, b \in \mathbb{R}$$

Die werden wir in einem Extraabschnitt später vorstellen.

Für uns interessant ist, dass wir mit all diesen Zahlen rechnen gelernt haben. Dabei haben wir bestimmte Gesetzmäßigkeiten eingehalten. Wie gesagt, das war alles in der Schule ausführlich dran.

1.2   Erklärungen und Bezeichnungen

Hier wollen wir eine völlig neue Welt kennen lernen, nämlich die Welt der Matrizen. Das sind zu Beginn etwas eigentümliche Gebilde, mit denen wir dann so umgehen möchten wie mit Zahlen. Wir wollen also mit ihnen rechnen. Bitte fragen Sie jetzt nicht nach dem Sinn dieser Gebilde. Wir werden später sehen, wo wir sie mit großem Gewinn einsetzen können. Wir beginnen mit der Definition:

Definition 1.1 (Matrix)
Unter einer (m, n)-Matrix $A \in \mathbb{R}^{m \times n}$ verstehen wir ein rechteckiges Zahlenschema, das aus m Zeilen und n Spalten besteht. Die Einträge sind i. a. reelle Zahlen:

$$A = \begin{pmatrix} a_{11} & \ldots & a_{1n} \\ a_{21} & \ldots & a_{2n} \\ \vdots & \vdots & \vdots \\ a_{m1} & \ldots & a_{mn} \end{pmatrix} = (a_{ij})_{\substack{1 \leq i \leq m \\ 1 \leq j \leq n}} \tag{1.1}$$

Wir nennen also ein solches Schema eine Matrix. Der Plural heißt dann Matrizen. Beachten Sie bitte den Unterschied zu Matrizen, die man in der Druckerei findet. Deren Singular lautet die Matrize. Und verwechseln Sie bitte den Begriff nicht mit den Matratzen in Ihren Betten.

Beispiel 1.1
Wir betrachten folgende Beispiele, auf die wir später Bezug nehmen wollen:

1.

$$A = \begin{pmatrix} 1 & -1 \\ 2 & 3 \\ -4 & 5 \end{pmatrix}.$$

Das ist eine $(3, 2)$-Matrix, $A \in \mathbb{R}^{3 \times 2}$ mit z. B. $a_{22} = 3$, $a_{31} = -4$.

2.

$$B = \begin{pmatrix} 1 & -1 & 2 \end{pmatrix}$$

Das ist eine $(1, 3)$-Matrix, also eine einzeilige und dreispaltige Matrix. In diesem Sinne sind dann auch die Vektoren, die wir aus der Schule kennen, als Matrizen aufzufassen. Häufig trennt man bei Vektoren, wenn man sie als Zeilenvektoren schreibt, die Komponenten durch Kommas, also

$$\vec{a} = (1, -1, 2).$$

3.

$$C = \begin{pmatrix} 2 & 3 \\ -1 & 5 \end{pmatrix}$$

Dies ist eine zweizeilige und zweispaltige Matrix. Wir nennen solche Matrizen mit gleich vielen Zeilen und Spalten auch quadratisch.

4.

$$D = \begin{pmatrix} 1 & 3 & 0 \\ 3 & -2 & -4 \\ 0 & -4 & 0 \end{pmatrix}$$

Diese Matrix D ist wieder quadratisch, außerdem ist sie symmetrisch, wenn wir uns einen Spiegel von links oben nach rechts unten gestellt denken.

Definition 1.2 (Symmetrische Matrix)
Eine $n \times n$-Matrix $A = (a_{ij})_{\substack{1 \le i \le n \\ 1 \le j \le n}}$ heißt

$$symmetrisch \quad \Longleftrightarrow \quad a_{ij} = a_{ji} \ f\ddot{u}r \ 1 \le i, j \le n. \tag{1.2}$$

Definition 1.3 (Nullmatrix)

Eine $n \times n$-Matrix $A = (a_{ij})_{\substack{1 \le i \le n \\ 1 \le j \le n}}$ mit

$$a_{ij} = 0 \ f\ddot{u}r \ 1 \le i, j \le n \tag{1.3}$$

heißt Nullmatrix $\mathcal{O}$.

Dies ist z. B. eine quadratische 3×3-Null-Matrix:

$$\mathcal{O} = \begin{pmatrix} 0\,0\,0 \\ 0\,0\,0 \\ 0\,0\,0 \end{pmatrix}$$

Noch ein weiterer Name sei hier angefügt.

Definition 1.4 (Transponierte Matrix)

Sei A eine $m \times n$-Matrix $A = (a_{ij})_{\substack{1 \le i \le m \\ 1 \le j \le n}}$. Dann heißt

$$A^\top := (a_{ji}), 1 \le j \le n, 1 \le i \le m \ transponiert \ zu \ A. \tag{1.4}$$

Die transponierte Matrix $A^\top$ erhält man also, indem man Zeilen und Spalten in A vertauscht.

Der folgende Satz ist sofort einsichtig.

Satz 1.1

Es gilt für alle $(m \times n)$ Matrizen A, B

$$(A^\top)^\top = A. \tag{1.5}$$
$$(A + B)^\top = A^\top + B^\top \tag{1.6}$$

Zur Veranschaulichung betrachten wir obige Beispiele und bilden ihre Transponierten. Es ist

$$A^\top = \begin{pmatrix} 1 & 2 & -4 \\ -1 & 3 & 5 \end{pmatrix}, \quad B^\top = \begin{pmatrix} 1 \\ -1 \\ 2 \end{pmatrix}, \quad C^\top = \begin{pmatrix} 2 & -1 \\ 3 & 5 \end{pmatrix}$$

$$D^\top = \begin{pmatrix} 1 & 3 & 0 \\ 3 & -2 & 4 \\ 0 & -4 & 0 \end{pmatrix}, \quad \mathcal{O}^\top = \mathcal{O}$$

Das sind also alles ziemlich einfache Begriffe, die wir nur als Abkürzung benutzen.

1.3   Rechnen mit Matrizen

Hier wollen wir lernen, wie wir mit diesen neuen Gebilden umgehen müssen. Rechnen heißt vor allem addieren, subtrahieren und multiplizieren. Zum Dividieren werden wir später ausführlicher Stellung nehmen. Natürlich können wir nur gleichartige Matrizen addieren oder subtrahieren.

Definition 1.5 (Rechenregeln)
Seien $A = (a_{ij})$, $B = (b_{ij}) \in \mathbb{R}^{m \times n}$ zwei Matrizen mit gleich vielen Zeilen und Spalten und sei $x \in \mathbb{R}$ eine reelle Zahl. Dann sei

$$A = B : \Longleftrightarrow a_{ij} = b_{ij} \ f\ddot{u}r \ i = 1, \ldots, m, \ j = 1, \ldots, n. \tag{1.7}$$

$$c \cdot A \ := \ (c \cdot a_{ij}). \tag{1.8}$$

$$A + B \ := \ (a_{ij} + b_{ij}) \tag{1.9}$$

Wir multiplizieren also eine Matrix mit einer Zahl, indem wir einfach alle Einträge mit dieser Zahl multiplizieren. Addieren geht ebenfalls so, wie gedacht, nämlich elementweise. Eine kleine Rechenaufgabe dazu sollten Sie zur Übung bewältigen:

Beispiel 1.2
Sei

$$A = \begin{pmatrix} 1 & -2 & 3 \\ 0 & 2 & 1 \end{pmatrix}, \quad B = \begin{pmatrix} 0 & 1 & -1 \\ 2 & 0 & 3 \end{pmatrix}.$$

Berechnen Sie bitte

$$C = 2 \cdot A - 3 \cdot B + A + 2 \cdot B.$$

$$C = 2 \cdot \begin{pmatrix} 1 & -2 & 3 \\ 0 & 2 & 1 \end{pmatrix} - 3 \cdot \begin{pmatrix} 0 & 1 & -1 \\ 2 & 0 & 3 \end{pmatrix}$$
$$+ \begin{pmatrix} 1 & -2 & 3 \\ 0 & 2 & 1 \end{pmatrix} + 2 \cdot \begin{pmatrix} 0 & 1 & -1 \\ 2 & 0 & 3 \end{pmatrix}$$
$$= \begin{pmatrix} 3 & -7 & 10 \\ -2 & 6 & 0 \end{pmatrix}$$

Wie wir unschwer sehen, ist das Ergebnis gleich $C = 3 \cdot A - B$. Das hätten wir auch vorher schon sehen können, denn wir halten fest, dass für diese Addition und die Multiplikation mit einer reellen Zahl das Assoziativ-, das Kommutativ- und das Distributivgesetz gelten, wie man ja auch sofort sieht.

Wir wollen jetzt versuchen, Matrizen miteinander zu multiplizieren; aber dabei müssen wir sehr vorsichtig vorgehen. Leider ist es hier so wie auch an anderen Stellen in der Mathematik: das leichte ist leider nicht verwertbar.

Wir starten mit dem simplen Vorschlag, die Multiplikation analog zur Addition zu erklären, nämlich elementweise. Um nicht die Übersicht zu verlieren, zeigen wir die Idee nur an kleinen Matrizen. Wir probieren folgende Festlegung:

$$\begin{pmatrix} a_{11} & a_{12} \\ a_{21} & a_{22} \end{pmatrix} \cdot \begin{pmatrix} b_{11} & b_{12} \\ b_{21} & b_{22} \end{pmatrix} = \begin{pmatrix} a_{11} \cdot b_{11} & a_{12} \cdot b_{12} \\ a_{21} \cdot b_{21} & a_{22} \cdot b_{22} \end{pmatrix}$$

Der Grund, warum wir diese einfache Version nicht wählen, liegt etwas tiefer. Tatsächlich wollen wir so weit auch gar nicht in die Mathematik einsteigen. Sie sollten aber, liebe Freunde, im Blick behalten, dass Mathematiker nichts ohne Grund definieren. Wir wollen Ihnen daher den wirklich guten Grund kurz erzählen.

Man kann Matrizen benutzen, um lineare Abbildungen zu beschreiben. Das sind Drehungen, Spiegelungen usw. Zu jeder solchen Abbildung gehört eine Matrix, nennen wir sie A und B. Natürlich möchte man solche Abbildungen auch miteinander verknüpfen. Und tatsächlich gehört zu einer solchen Hintereinanderausführung wieder eine Matrix, die sich auf komplizierte Weise berechnen lässt. Genau die so entstehende Matrix definieren wir als Produktmatrix der beiden Matrizen A und B. So, jetzt wissen Sie es. Aber wir werden darauf nicht mehr zurückkommen, sondern erklären jetzt die richtige Multiplikation.

Die folgende Definition sieht sehr formal aus, kurz danach aber werden wir ein wundervolles Schema von Sigurd Falk angeben, nach dem sich diese Multiplikation sehr einfach ausführen lässt.

Definition 1.6 (Matrizenmultiplikation)
Sei $A = (a_{ij}) \in \mathbb{R}^{m \times n}$ eine $m \times n$-Matrix und $B = (b_{jk}) \in \mathbb{R}^{n \times r}$ eine $n \times r$-Matrix. Beachten Sie bitte, dass die Anzahl der Spalten von A gleich der Anzahl der Zeilen von B vorausgesetzt wird. Dann sei

$$C := A \cdot B = (c_{ik}) \; die \; m \times \; r-Matrix \; mit \tag{1.10}$$

$$c_{ik} := \sum_{j=1}^{n} a_{ij} \cdot b_{jk}, i = 1, \ldots, m, k = 1, \ldots, r \tag{1.11}$$

Das sieht furchterregend aus, oder? Aber nicht verzagen, Falk wird es richten. Er hatte nämlich die Maikäferidee. Wie das?

Betrachten wir das ganze am Beispiel. Dazu seien

$$A = \begin{pmatrix} 1 & -1 & 2 \\ 3 & -2 & 4 \end{pmatrix}, \qquad B = \begin{pmatrix} 1 & 2 & 11 & 4 \\ -2 & 3 & 6 & 2 \\ 3 & 1 & 4 & 0 \end{pmatrix}$$

A hat also 3 Spalten und B hat 3 Zeilen, das passt zusammen. Wir werden am Schema diese Bedingung direkt ablesen können, müssen also unseren Kopf damit nicht belasten.

Wir schreiben jetzt die beiden Matrizen in einer etwas eigenwilligen Form auf, nämlich in einem Dreiecksschema (Abb. 1.1).

Abb. 1.1 Das Falk-Schema
zur Multiplikation von
Matrizen

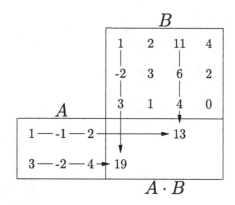

Wir wollen das Produkt $A \cdot B$ berechnen. Dazu schreiben wir A links etwas nach unten versetzt und B nach oben rechts. Jetzt der Maikäfertrick: So wie zwei Maikäfer aufeinander zu krabbeln, krabbeln wir von links nach rechts und zugleich von oben nach unten. Dabei werden die getroffenen Zahlen miteinander multipliziert und die Produkte dann aufsummiert. Wir haben zwei Beispiele eingezeichnet. Da krabbeln wir die erste Zeile der linken Matrix von links nach rechts und die dritte Spalte der oberen Matrix von oben nach unten. Dabei rechnen wir

$$1 \cdot 11 + (-1) \cdot 6 + 2 \cdot 4 = 13.$$

Genau an den Kreuzungspunkt der beiden Krabbellinien schreiben wir diese 13 hin. Als zweites krabbeln wir die zweite Zeile der linken Matrix von links nach rechts und zugleich die erste Spalte der oberen von oben nach unten mit der Rechnung

$$3 \cdot 1 + (-2) \cdot (-2) + 4 \cdot 3 = 19$$

und der 19 am entsprechenden Kreuzungspunkt.

Es ist nicht verboten, hier mit den eigenen Fingern die Zeilen und Spalten zu durchlaufen. Wenn Sie das dreimal gemacht haben, wird es richtig einfach, ja und dann macht es sogar Spaß. Hier das vollständige Ergebnis (Abb. 1.2):

Abb. 1.2 Das Ergebnis der
Multiplikation der beiden
Matrizen A und B

			B			
			1	2	11	4
			-2	3	6	2
	A		3	1	4	0
1	-1	2	9	1	13	2
3	-2	4	19	4	37	8

$$A \cdot B$$

Abb. 1.3 Der von links krabbelnde Maikäfer trifft auf sechs Spalten, also muss der von oben herunter krabbelnde genau sechs Zeilen haben. Und die Produktmatrix hat genau so viele Zeilen wie A und genau so viele Spalten wie B. Sieht man doch, oder?

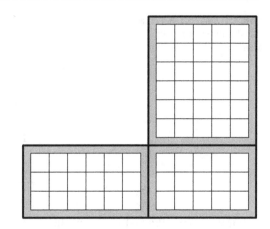

Wir erhalten

$$A \cdot B = \begin{pmatrix} 9 & 1 & 13 & 2 \\ 19 & 4 & 37 & 8 \end{pmatrix}.$$

Jetzt verrate ich Ihnen auch noch, wie man an dem Schema direkt sieht, ob die Multiplikation überhaupt erlaubt und durchführbar ist. Erinnern Sie sich, dass wir in der Definition gefordert haben, dass die Anzahl der Spalten von A gleich der Anzahl der Zeilen von B ist? Wer will sich denn so einen Satz merken? Siehste da, müssen wir auch gar nicht, ergibt sich nämlich ganz von selbst. Schauen Sie nur genau hin (Abb. 1.3).

Bilden Sie sich doch bitte selbst weitere Möglichkeiten, um zu sehen, ob die Multi-Tour geht oder nicht.

Wie sich das für ein gutes Rechnen gehört, kommen wir jetzt mit sehr vernünftigen Rechenregeln. Zunächst setzen wir fest:

Definition 1.7 (Einheitsmatrix)
Die Matrix

$$E = \begin{pmatrix} 1 & 0 & \cdots & 0 \\ 0 & 1 & \cdots & 0 \\ \vdots & \vdots & \ddots & \vdots \\ 0 & \cdots & 0 & 1 \end{pmatrix} \tag{1.12}$$

heißt Einheitsmatrix.

Satz 1.2 (Rechenregeln)
Wir setzen voraus, dass alle folgenden Operationen für die beteiligten Matrizen $A, B, \ldots$ durchführbar sind. Dann gilt:

1. Assoziativgesetz: $(A + B) + C = A + (B + C)$
2. Kommutativgesetz: $A + B = B + A$

3. *Neutrales Element für Addition:* $A + \mathcal{O} = \mathcal{O} + A = A$
4. *Assoziativgesetz:* $A \cdot (B \cdot C) = (A \cdot B) \cdot C$
5. *Neutrales Element für Mult.:* $A \cdot E = E \cdot A = A$,
   die Einheitsmatrix E verhält sich also bei Multiplikation neutral.
6. *Distributivgesetz:* $A \cdot (B + C) = A \cdot B + A \cdot C$
7. *Transponierte:* $(A \cdot B)^\top = B^\top \cdot A^\top$

Das müssen wir noch etwas kommentieren.

1. Die Gesetze 1. bis 4. und 6. sind sehr natürlich und leicht einsichtig.
2. Dass die Einheitsmatrix beim Multiplizieren nichts verändert, sollten wir mal kurz nachrechnen, damit auch das einsichtig wird. Wenn wir das für eine (3×3)-Matrix vorführen, glauben Sie mir das wohl auch für eine (5×5)-Matrix. Für eine (99×99)-Matrix mag rechnen, wer will, aber wir sind doch nicht blöd.

$$\begin{array}{c|c} & \begin{pmatrix} 1\ 2\ 3 \\ 4\ 5\ 6 \\ 7\ 8\ 9 \end{pmatrix} \\ \hline \begin{pmatrix} 1\ 0\ 0 \\ 0\ 1\ 0 \\ 0\ 0\ 1 \end{pmatrix} & \begin{pmatrix} 1\ 2\ 3 \\ 4\ 5\ 6 \\ 7\ 8\ 9 \end{pmatrix} \end{array}$$

3. Das Gesetz 7. über die Transponierte ist dagegen völlig überraschend, und viele Anfänger wollen es einfach nicht glauben. Aber man muss es akzeptieren, dass sich die Reihenfolge beim Transponieren eines Produktes umkehrt. Wir prüfen das einfach mal an einem Beispiel nach.

$$\text{Sei } A = \begin{pmatrix} 2 & -1 \\ 0 & 3 \end{pmatrix}, \quad B = \begin{pmatrix} 1 & 1 \\ 0 & 1 \end{pmatrix}.$$

Dann ist (bitte, bitte nachrechnen)

$$(A \cdot B)^\top = \begin{pmatrix} 2 & 0 \\ 1 & 3 \end{pmatrix}, A^\top \cdot B^\top = \begin{pmatrix} 2 & 0 \\ 2 & 3 \end{pmatrix}, \text{ aber } B^\top \cdot A^\top = \begin{pmatrix} 2 & 0 \\ 1 & 3 \end{pmatrix}$$

4. Es sollte Ihnen auffallen, das wir kein Kommutativgesetz für die Multiplikation behauptet haben. Und tatsächlich, dieses Gesetz ist nicht erfüllt. Wie sicher ist uns doch die Regel daher gelaufen, dass immer und überall $5 \cdot 8$ dasselbe ergibt wie $8 \cdot 5$. Hier begegnet uns zum ersten Mal ein Rechenbereich, wo dieses Gesetz nicht gilt. Bitte merken Sie sich das ganz fest. Es ist wirklich sehr wichtig, und ein Fehler bei dieser Rechnung kann sich bitter rächen.
   Selbst bei quadratischen Matrizen A und B, wo ja sowohl $A \cdot B$ als auch $B \cdot A$ als Produkt erklärt ist, kommt in der Regel nicht das gleiche heraus. Also auch hierfür ein Beispiel:

Mit obigen Matrizen A und B haben wir

$$A \cdot B = \begin{pmatrix} 2 & 1 \\ 0 & 3 \end{pmatrix}, \text{ aber } B \cdot A = \begin{pmatrix} 2 & 2 \\ 0 & 3 \end{pmatrix}.$$

Es ist also im allgemeinen

$$A \cdot B \neq B \cdot A.$$

Wir sollten nicht versäumen zu sagen, dass für die Widerlegung des Kommutativgesetzes ein Gegenbeispiel ausreicht. Auch dass $(A \cdot B)^\top \neq A^\top \cdot B^\top$ ist, kann mit einem einzigen Beispiel gezeigt werden. Dass aber immer $(A \cdot B)^\top = B^\top \cdot A^\top$ ist, müsste mit einem allgemeinen Beweis begründet werden, den wir uns hier ersparen.

1.4   Rang einer Matrix

Jetzt kommen wir zu einem sehr wichtigen Begriff, den wir später bei der Lösung von linearen Gleichungssystemen wunderbar gebrauchen können. Von der Schule her kennen wir den Begriff ‚linear unabhängig' bei Vektoren. Jetzt fassen wir die Zeilen bzw. Spalten einer Matrix als Vektoren auf und erklären:

Definition 1.8 (Zeilenrang, Spaltenrang)
Der Zeilenrang bzw. Spaltenrang einer Matrix A ist die maximale Anzahl linear unabhängiger Zeilen- bzw. Spaltenvektoren.

Der folgende Satz ist völlig überraschend, auch wenn er so leicht zu formulieren ist:

Satz 1.3
Es ist für alle Matrizen $A \in \mathbb{R}^{m \times n}$

$$Zeilenrang = Spaltenrang.$$

Wieso ist das überraschend? Betrachten Sie bitte mal die Matrix

$$A = \begin{pmatrix} 2 & 3 & -1 & 4 & 1 \\ -2 & 2 & -1 & 3 & 2 \\ 10 & 0 & 1 & -1 & -4 \end{pmatrix}.$$

Sie hat drei Zeilen und fünf Spalten. Offensichtlich sind die erste und zweite Zeile linear unabhängig. Wenn wir aber die erste Zeile mit 2 und die zweite Zeile mit -3 multiplizieren und dann beide addieren, so erhalten wir die dritte Zeile:

$$2 \cdot (2, 3, -1, 4, 1) + (-3) \cdot (-2, 2, -1, 3, 2) = (10, 0, 1, -1, -4).$$

Die dritte Zeile ist also ein Vielfaches der ersten und der zweiten Zeile, also von ihnen linear abhängig. Damit ist der Zeilenrang gleich 2.

Und jetzt sollte nach unserem Satz auch der Spaltenrang genau gleich zwei sein, also nur zwei Spalten linear unabhängig und alle anderen von diesen linear abhängig sein? Das ist doch völlig unglaubwürdig. Diese Aufgabe habe ich mal unangekündigt in einer Klausur gestellt. Tatsächlich haben 90 % der Studierenden den Zeilenrang richtig mit zwei angegeben, den Spaltenrang dann aber mit fünf. Hier muss man die erste Spalte mit 1/10 und die zweite Spalte mit $-4/10$ multiplizieren und dann beide addieren, um die dritte Spalte zu erhalten. Analog lassen sich die Spalten vier und fünf aus den Spalten eins und zwei kombinieren.

In der Tat ist dies einer der überraschendsten Sätze der Anfängermathematik, und Sie sollten ihn schon verblüfft zur Kenntnis nehmen.

Interessant ist vielleicht folgende Bemerkung. Im Beweis dieses Satzes für reelle Matrizen, der übrigens nicht so schwer ist, wird mitten drin irgendwo das Kommutativgesetz der Multiplikation reeller Zahlen gebraucht, also $a \cdot b = b \cdot a$. In Bereichen, wo dieses Gesetz nicht gilt, haben wir daher auch evtl. die Ranggleichheit nicht. Einen solchen Bereich haben wir gerade bei den Matrizen kennen gelernt. Wenn wir also Matrizen betrachten, deren Einträge kleine (2×2)-Matrizen sind, so kann dort der Zeilenrang verschieden vom Spaltenrang sein.

Hier noch drei leichte Beispiele zum Rang einer Matrix:

$$
A = \begin{pmatrix} -2 & 0 & 0 & 0 \\ 0 & 3 & 0 & 2 \\ 0 & 0 & 0 & 1 \\ 0 & 0 & 0 & 0 \end{pmatrix}, \quad
B = \begin{pmatrix} 1 & 2 & 3 & 4 \\ 0 & 0 & 1 & 2 \\ 0 & 0 & 0 & 1 \end{pmatrix}, \quad
C = \begin{pmatrix} 1 & 2 & 1 \\ 0 & 1 & 1 \\ 0 & 2 & 2 \end{pmatrix}
$$

Wir wissen ja, dass der Nullvektor stets von jedem anderen Vektor linear abhängig ist. Damit erhalten wir

$$
\text{rg}(A) = 3, \quad \text{rg}(B) = 3, \quad \text{rg}(C) = 2.
$$

Um bei komplizierteren Matrizen den Rang bestimmen zu können, aber nicht nur aus diesem Grund betrachten wir einige Rechenoperationen:

Definition 1.9 (Elementare Umformungen)
Folgende Zeilen- bzw. Spaltenumformungen heißen elementare Umformungen:

1. *Vertauschen von zwei Zeilen bzw. Spalten,*
2. *Multiplikation einer Zeile bzw. Spalte mit einer Zahl $c \neq 0$,*
3. *Addition eines Vielfachen einer Zeile bzw. Spalte zu einer anderen Zeile bzw. Spalte.*

Der nächste Satz erklärt uns den Sinn dieser Operationen:

Satz 1.4
Durch diese elementaren Umformungen wird der Rang einer Matrix nicht verändert.

Das ist doch klasse, jetzt können wir manipulieren und dadurch leichter den Rang bestimmen. Betrachten wir ein Beispiel.

$$A = \begin{pmatrix} 1 & -2 & 2 \\ 1 & 0 & 1 \\ -1 & 1 & -3 \end{pmatrix}.$$

In das Manipulieren wollen wir jetzt eine strenge Ordnung bringen. Man könnte ja die elementaren Umformungen beliebig auf die Matrix los lassen, zeilen- oder spaltenweise oder gemischt, aber dann verliert man schnell den Überblick. Wir arbeiten daher nur mit Zeilenumformungen und lassen stets die erste Zeile, wenn möglich, völlig ungeschoren. Sonderfälle kommen später.

Dann multiplizieren wir die erste Zeile mit solch einer Zahl, dass bei Addition der ersten Zeile zur zweiten Zeile dort das erste Element a_{21} verschwindet. In der Matrix A oben müssen wir dazu die erste Zeile mit -1 multiplizieren. Wenn wir sie dann zur zweiten Zeile addieren, erhalten wir $a_{21} = 0$, fein.

Genau so manipulieren wir die dritte Zeile, indem wir einfach die erste Zeile zu ihr addieren, also mit 1 multiplizieren und dann addieren, wenn Sie so wollen:

$$A = \begin{pmatrix} 1 & -2 & 2 \\ 1 & 0 & 1 \\ -1 & 1 & -3 \end{pmatrix} \begin{matrix} \cdot(-1) & \cdot 1 \\ \leftarrow & \\ & \leftarrow \end{matrix} \longrightarrow \begin{pmatrix} 1 & -2 & 2 \\ 0 & 2 & -1 \\ 0 & -1 & -1 \end{pmatrix}$$

So haben wir locker zwei Nullen in die erste Spalte unterhalb des Diagonalelementes erzeugt. Das war der erste Streich. Jetzt arbeiten wir weiter mit der zweiten Spalte, um wieder unterhalb des Diagonalelementes a_{22} Nullen zu erzeugen usw., bis wir am Ende eine obere Dreiecksmatrix haben, in der also unterhalb der Diagonalen nur Nullen stehen. Der Rang einer solchen Matrix ist dann leicht abzulesen.

Satz 1.5
Jede $(m \times n)$-Matrix A lässt sich durch elementare Umformungen, also ohne ihren Rang zu ändern, in die Zeilenstufenform

$$A = \begin{pmatrix} \star & & \\ \overline{0} & \star & \\ 0 & 0 & \overline{0} & \star \\ 0 & 0 & 0 & 0 \end{pmatrix}, \tag{1.13}$$

überführen. Ihr Rang ist dann gleich der Anzahl der Stufen. Sie sind hier mit $\star$ gekennzeichnet.

Die mit ⋆ gekennzeichneten Plätze sind dabei Zahlen ≠ 0, unter den Stufen stehen nur Nullen. Sonst können beliebige Zahlen auftreten.

Jetzt erleichtern wir uns die Schreiberei noch etwas. Die erzeugten Nullen müssen wir doch gar nicht aufschreiben. Wir machen ja unter das Diagonalelement einen Strich, darunter stehen nach richtiger Rechnung nur Nullen. Diese Plätze benutzen wir jetzt dazu, unsere Faktoren, die wir oben rechts an die Matrix geklemmt haben, hineinzuschreiben. Wir werden ihnen später (vgl. Abschn. 3.4.1) einen eigenen Namen geben. Ihr Eintrag unterhalb der Stufen wird uns dann zu einer leichten Lösungsmethode bei linearen Gleichungssystemen führen.

Obige Matrix lautet dann:

$$A = \begin{pmatrix} 1 & -2 & 2 \\ 1 & 0 & 1 \\ -1 & 1 & -3 \end{pmatrix} \quad \longrightarrow \quad \begin{pmatrix} 1 & -2 & 2 \\ \underline{-1} & 2 & -1 \\ 1 & -1 & -1 \end{pmatrix}$$

Ich hoffe, Sie verstehen auch sofort den zweiten Schritt:

$$A = \begin{pmatrix} 1 & -2 & 2 \\ 1 & 0 & 1 \\ -1 & 1 & -3 \end{pmatrix} \rightarrow \begin{pmatrix} 1 & -2 & 2 \\ \underline{-1} & 2 & -1 \\ 1 & -1 & -1 \end{pmatrix} \rightarrow \begin{pmatrix} 1 & -2 & 2 \\ \underline{-1} & 2 & -1 \\ 1 & \underline{-1/2} & -1/2 \end{pmatrix}$$

Jetzt ist unsere Matrix in Zeilenstufenform, und wir sehen, dass ihr Rang 3 ist.

Betrachten wir noch ein Beispiel, um das Gelernte zu festigen.

$$B = \begin{pmatrix} -1 & 2 & 5 & 0 \\ 2 & 0 & -2 & 4 \\ 1 & -3 & -7 & -1 \\ 3 & 1 & -1 & 7 \end{pmatrix}$$

Das sieht doch nach einer ganz gewöhnlichen Matrix aus, man könnte vermuten, dass ihr Rang 4 ist. Mal sehen. Wir schreiben nur die verkürzte Form auf, Sie werden es hoffentlich verstehen.

$$B \rightarrow \begin{pmatrix} -1 & 2 & 5 & 0 \\ \underline{2} & 4 & 8 & 4 \\ 1 & -1 & -2 & -1 \\ 3 & 7 & 14 & 7 \end{pmatrix} \rightarrow \begin{pmatrix} -1 & 2 & 5 & 0 \\ \underline{2} & 4 & 8 & 4 \\ 1 & \underline{1/4} & 0 & 0 \\ 3 & -7/4 & 0 & 0 \end{pmatrix}$$

Wer hätte das vorher erkannt? Diese Matrix hat man gerade den Rang 2, nur die ersten zwei Zeilenvektoren sind linear unabhängig. Also bitte nicht täuschen lassen.

Hier noch ein kleines Beispiel, das uns lehrt, mit dem Begriff Rang nicht so ganz sorglos umzugehen.

$$A = \begin{pmatrix} 1 & 2 \\ -2 & -4 \end{pmatrix}, \quad B = \begin{pmatrix} 2 & -4 \\ -1 & 2 \end{pmatrix} \qquad \bullet$$

Dann ist

$$\text{rg}(A) = \text{rg}\begin{pmatrix} 1 & 2 \\ -2 & -4 \end{pmatrix} = \text{rg}\left(\frac{1\ 2}{2\,|\,0}\right) = 1$$

und

$$\text{rg}(B) = \text{rg}\begin{pmatrix} 2 & -4 \\ -1 & 2 \end{pmatrix} = \text{rg}\left(\frac{2\ -4}{1/2\,|\ \ 0}\right) = 1,$$

aber es ist

$$\cfrac{\left|\begin{pmatrix} 2 & -4 \\ -1 & 2 \end{pmatrix}\right.}{\begin{pmatrix} 1 & 2 \\ -2 & -4 \end{pmatrix}\left|\begin{pmatrix} 0 & 0 \\ 0 & 0 \end{pmatrix}\right.}.$$

Damit ist der Rang des Produktes $\text{rg}(A \cdot B) = 0$. Beweisen können wir nur folgende recht schwache Aussage:

Satz 1.6
Sind A und B zwei Matrizen mit jeweils m Zeilen und n Spalten, so gilt:

$$\text{rg}(A \cdot B) \leq \min(\text{rg}(A), \text{rg}(B)). \tag{1.14}$$

1.5   Quadratische Matrizen

Definition 1.10 (Quadratische Matrix)
Eine $(m \times n)$-Matrix heißt quadratisch, wenn $m = n$ ist, wenn also die Anzahl der Zeilen gleich der Anzahl der Spalten ist. Die Zahlenreihe $a_{11}, a_{22}, \ldots, a_{nn}$ heißt die Hauptdiagonale von A. Die Summe der Hauptdiagonalelemente

$$sp\,(A) := a_{11} + a_{22} + \cdots + a_{nn}$$

heißt die Spur von A.

Ein Beispiel gefällig?

$$A = \begin{pmatrix} -1 & 2 & -3 \\ 2 & 1 & -1 \\ 1 & 0 & 3 \end{pmatrix} \implies sp\,(A) = -1 + 1 + 3 = 3.$$

Definition 1.11 (Diagonalmatrix)
Eine quadratische Matrix A heißt Diagonalmatrix, wenn außerhalb der Hauptdiagonalen nur Nullen stehen.

Definition 1.12 (Symmetrische Matrix)
Eine quadratische Matrix A heißt symmetrisch, wenn gilt:

$$A = A^\top. \tag{1.15}$$

Eine quadratische Matrix A heißt schiefsymmetrisch , wenn gilt:

$$A = -A^\top. \tag{1.16}$$

Auch diese Begriffe sind sehr anschaulich. Spiegeln Sie die Matrix A an ihrer Hauptdiagonalen. Entsteht dann dieselbe Matrix, so ist sie symmetrisch. Ändern sich alle Vorzeichen bei sonst gleichen Zahlen, so ist sie schiefsymmetrisch. Klar, dass eine schiefsymmetrische Matrix nur Nullen auf der Hauptdiagonalen haben darf.

Der folgende Satz lässt sich manchmal bei physikalischen Problemen sinnvoll anwenden, weil symmetrische Matrizen leichter zu handhaben sind.

Satz 1.7
Jede quadratische Matrix A lässt sich in die Summe aus einer symmetrischen und einer schiefsymmetrischen Marix zerlegen, nämlich

$$A = \underbrace{\frac{1}{2} \cdot (A + A^\top)}_{symmetrisch} + \underbrace{\frac{1}{2} \cdot (A - A^\top)}_{schiefsymmetrisch} . \tag{1.17}$$

Übung 1

1. Gegeben seien die beiden Matrizen

$$A = \begin{pmatrix} 6 & 3 \\ 4 & 2 \\ 2 & 1 \end{pmatrix}, \qquad B = \begin{pmatrix} 3 & -2 & -5 \\ -2 & 1 & 4 \end{pmatrix}$$

Berechnen Sie

$$A \cdot B, \quad B \cdot A, \quad (A \cdot B)^\top, \quad (B \cdot A)^\top$$

2. Gegeben seien die Matrix

$$A = \begin{pmatrix} 0 & -1 \\ 1 & 0 \end{pmatrix}$$

und das Polynom

$$p(x) = 2 \cdot x^4 - 3 \cdot x^2 + x + 4.$$

Berechnen Sie die Potenzen A^2, A^3 und A^4 und die Matrix $p(A)$.

3. Bestimmen Sie für die Matrix

$$A = \begin{pmatrix} 1 & -2 & -2 & 0 \\ 1 & 1 & a & 2 \\ 2 & a-1 & -2 & 2 \end{pmatrix}, \qquad a \in \mathbb{R}$$

den Rang in Abhängigkeit vom Parameter $a \in \mathbb{R}$.

4. Stellen Sie die Matrix

$$A = \begin{pmatrix} 1 & 2 \\ 3 & 4 \end{pmatrix}$$

als Summe aus einer symmetrischen und einer schiefsymmetrischen Matrix dar.

Ausführliche Lösungen: https://www.springer.com/gp/book/9783662588314

1.6 Inverse Matrizen

Wir hatten ja oben bereits festgestellt, dass wir das Kommutativgesetz für die Multiplikation bei Matrizen nicht haben. Jetzt kommt noch ein zweiter Punkt, wo es Einschränkungen bei Matrizen gibt, das sind die bezgl. der Multiplikation inversen Elemente. Durch reelle Zahlen, die nicht Null sind, können wir ja teilen und dadurch Gleichungen auflösen. Das geht hier leider auch nur in Sonderfällen. Diese beschreiben wir in der folgenden Definition.

Definition 1.13 (Inverse Matrix)
Seien A, B zwei reelle quadratische (n × n)-Matrizen. Ist

$$A \cdot B = E, \tag{1.18}$$

so heißen A und B invers zueinander. Wir schreiben

$$B = A^{-1}. \tag{1.19}$$

Existiert für eine Matrix A die inverse Matrix A^{-1}, so nennen wir A invertierbar oder regulär, sonst heißt sie singulär.

Leider wird der Begriff ‚regulär' in der Mathematik an sehr vielen Stellen in unterschiedlichster Bedeutung benutzt. Im Zusammenhang mit quadratischen Matrizen aber ist er klar definiert: A heißt regulär, wenn die inverse Matrix zu A existiert.

Satz 1.8
Sei A eine (n × n)-Matrix, also quadratisch. Dann existiert die inverse Matrix A^{-1} genau dann, wenn rg(A) = n ist, wenn also alle Zeilenvektoren oder Spaltenvektoren linear unabhängig sind.

Das ist doch mal ein sehr konkreter Satz und wir wissen jetzt, warum wir uns oben mit dem abstrakten Begriff ‚Rang' rumschlagen mussten. Schnell ein Beispiel, damit die Begriffe klarer werden.
Seien

$$A = \begin{pmatrix} 3 & 1 \\ 5 & 2 \end{pmatrix}, \quad B = \begin{pmatrix} 2 & -1 \\ -5 & 3 \end{pmatrix}.$$

Dann ist

$$\cfrac{\left| \begin{pmatrix} 3 & 1 \\ 5 & 2 \end{pmatrix} \right.}{\begin{pmatrix} 2 & -1 \\ -5 & 3 \end{pmatrix} \left| \begin{pmatrix} 1 & 0 \\ 0 & 1 \end{pmatrix} \right.},$$

also

$$A \cdot B = \begin{pmatrix} 1 & 0 \\ 0 & 1 \end{pmatrix},$$

B ist also invers zu A.

Die Matrix

$$C = \begin{pmatrix} 1 & 2 \\ -2 & -4 \end{pmatrix}$$

hat dagegen keine inverse, da rg(C) = 1 ist.

1.7 Orthogonale Matrizen

Diese Matrizen beschreiben wir hier nur der Vollständigkeit wegen. Orthogonale Matrizen werden Ihnen später vielleicht recht häufig begegnen. Sie spielen eine große Rolle in der Physik und den angewandten Wissenschaften.

Definition 1.14 (Orthogonale Matrix)
Eine quadratische Matrix $A \in \mathbb{R}^{n \times n}$ heißt orthogonal, wenn die Zeilenvektoren paarweise senkrecht aufeinander stehen und normiert sind.

In der Schule habe wir gelernt, dass zwei Vektoren genau dann aufeinander senkrecht stehen, wenn ihr inneres Produkt verschwindet. Für die Zeilenvektoren $\vec{a}_1 = (a_{11}, a_{12} \ldots, a_{1n})$, ..., $\vec{a}_n = (a_{n1}, a_{n2} \ldots, a_{nn})$ der Matrix A bedeutet das z. B. $\vec{a}_1 \cdot \vec{a}_2 = a_{11} \cdot a_{12} + \cdots + a_{1n} \cdot a_{2n} = 0$, oder allgemein

$$\vec{a}_i \cdot \vec{a}_j = 0 \quad \text{für} \quad i, j = 1, \ldots, n, i \neq j.$$

Ein Vektor heißt normiert, wenn seine Länge gleich 1 ist, oder gleichbedeutend, sein inneres Produkt mit sich selbst ist gleich 1, also $\vec{a}_1 \cdot \vec{a}_1 = 1$, oder allgemein

$$\vec{a}_i \cdot \vec{a}_i = 1, i = 1, \ldots, n.$$

Damit wir noch sicherer werden, ein kleines Beispiel. Sei

$$A = \begin{pmatrix} \frac{1}{2} & -\frac{1}{2} \cdot \sqrt{3} \\ \frac{1}{2} \cdot \sqrt{3} & \frac{1}{2} \end{pmatrix}.$$

Wir zeigen, dass A eine orthogonale Matrix ist.

$$\vec{a}_1 \cdot \vec{a}_2 = \frac{1}{2} \cdot \frac{1}{2} \cdot \sqrt{3} - \frac{1}{2} \cdot \sqrt{3} \cdot \frac{1}{2} = 0,$$

$$\vec{a}_1 \cdot \vec{a}_1 = \frac{1}{2} \cdot \frac{1}{2} + (-\frac{1}{2} \cdot \sqrt{3}) \cdot (-\frac{1}{2} \cdot \sqrt{3}),$$

$$= \frac{1}{4} + \frac{3}{4} = 1,$$

$$\vec{a}_2 \cdot \vec{a}_2 = \frac{1}{2} \cdot \sqrt{3} \cdot \frac{1}{2} \cdot \sqrt{3} + \frac{1}{2} \cdot \frac{1}{2} = 1.$$

Wir stellen einige Aussagen über orthogonale Marizen zusammen.

Satz 1.9

Sei A eine quadratische Matrix. Dann gilt:

1. *Ist A orthogonal, so ist A regulär.*
2. *A ist genau dann orthogonal, wenn $A \cdot A^\top = E$, also wenn $A^\top = A^{-1}$ ist.*
3. *A ist genau dann orthogonal, wenn $A^\top \cdot A = E$.*
4. *Ist A orthogonal, so sind auch A^{-1} und $A^\top$ orthogonal.*
5. *Sind $A, B \in \mathbb{R}^{n \times n}$ orthogonal, so ist auch $A \cdot B$ orthogonal.*

Die Ergebnisse sind teilweise so überraschend, dass wir uns die Beweise anschauen wollen.

Zu 1. Wenn die Zeilen paarweise aufeinander senkrecht stehen, so sind sie auf jeden Fall linear unabhängig. Diese Aussage ist also klar.
Übrigens, paarweise bedeutet, dass man sich beliebig Paare greifen kann. Diese möchten bitte immer senkrecht aufeinander stehen. Ohne diese Voraussetzung könnte es doch passieren, dass der erste Vektor senkrecht auf dem zweiten steht, der zweite senkrecht auf dem dritten, aber dieser dritte muss dann nicht senkrecht auf dem ersten stehen. Der dritte Vektor könnte ja z. B. wieder der erste sein.

Zu 2. Schauen wir uns dazu das Falk-Schema mit A und $A^\top$ an:

$$
\begin{array}{c|c}
 & A^\top \\
\hline
A & A \cdot A^\top
\end{array}
$$

Wir haben also links die Matrix A und rechts oben die Matrix $A^\top$. Die hat ja als Spalten gerade die Zeilen von A. Jetzt lassen wir die Käferchen laufen; dadurch bilden wir genau innere Produkte der Zeilen von A (links) mit den Spalten von $A^\top$, also den Zeilen von A (rechts oben). Unsere Orthogonalitätsbedingung besagt, dass hier bei gleichen Zeilen 1, sonst 0 herauskommt, und das ergibt genau die Einheitsmatrix. Haben wir umgekehrt $A \cdot A^\top = E$, so sind nach diesem Schema die Zeilen aufeinander senkrecht bzw. normiert.

Zu 3.   Diese Aussage ist ganz überraschend, lässt sich aber sehr leicht herleiten.
Sei A orthogonal, also $A \cdot A^\top = E$. Diese Gleichung multiplizieren wir von
links mit A^{-1}. Diese Matrix existiert ja nach 1.

$$\underbrace{A^{-1} \cdot A}_{E} \cdot A^\top = A^{-1} \cdot E = A^{-1}, \text{ also folgt } A^\top = A^{-1}.$$

Jetzt multiplizieren wir diese letzte Gleichung von rechts mit A und erhalten:

$$A^\top \cdot A = A^{-1} \cdot A = E,$$

und das haben wir behauptet. Aber was bedeutet diese schlichte Zeile?
Schauen Sie einfach wieder auf das Falk-Schema:

$$\begin{array}{c|c} & A \\ \hline A^\top & E \end{array}$$

Links krabbeln wir die Zeilen lang, aber in $A^\top$, das sind also die Spalten
von A, oben krabbeln wir auch die Spalten runter, und es ergibt sich E. Also
stehen die Spalten aufeinander senkrecht.

Das hätte man doch kaum erwartet: Wenn in einer quadratischen Matrix die
Zeilen paarweise aufeinander senkrecht stehen und normiert sind, so gilt
genau das gleiche auch für die Spalten.

Zu 4.   Sei A orthogonal. Dann existiert A^{-1} und es gilt

$$(A^{-1})^\top = (A^\top)^\top = A = (A^{-1})^{-1} \implies A^{-1} \text{ ist orthogonal.}$$

Zu 5.

$$(A \cdot B)^\top = B^\top \cdot A^\top = B^{-1} \cdot A^{-1} = (A \cdot B)^{-1} \implies A \cdot B \text{ ist orthogonal.}$$

Hier noch zwei Beispiele orthogonaler Matrizen.

$$A = \begin{pmatrix} \frac{1}{2} & -\frac{1}{2} \cdot \sqrt{3} \\ \frac{1}{2} \cdot \sqrt{3} & \frac{1}{2} \end{pmatrix}, \qquad B = \begin{pmatrix} \cos\alpha & -\sin\alpha \\ \sin\alpha & \cos\alpha \end{pmatrix}.$$

Bitte rechnen Sie doch kurz nach, dass wirklich $A \cdot A^\top = E$ gilt. $B \cdot B^\top = E$ folgt
wegen $\cos^2\alpha + \sin^2\alpha = 1$.

Bequem ist es, für orthogonale Matrizen ihre inverse Matrix auszurechnen. Die
muss man nämlich gar nicht lange suchen, sondern es ist ja $A^{-1} = A^\top$ für orthogonale Matrizen. Hier folgt also

$$A^{-1} = \begin{pmatrix} \frac{1}{2} & \frac{1}{2} \cdot \sqrt{3} \\ -\frac{1}{2} \cdot \sqrt{3} & \frac{1}{2} \end{pmatrix}, \qquad B^{-1} = \begin{pmatrix} \cos\alpha & \sin\alpha \\ -\sin\alpha & \cos\alpha \end{pmatrix}.$$

Übung 2

1. Gegeben seien die beiden Matrizen

$$A = \begin{pmatrix} 1 & -1 & 2 \\ 3 & -2 & 4 \end{pmatrix}, \quad B = \begin{pmatrix} 1 & 2 & 11 & 4 \\ -2 & 3 & 0 & 2 \\ 3 & 1 & 4 & 0 \end{pmatrix}$$

Überprüfen Sie mit diesen Matrizen die Aussage von Satz 1.6:

$$rg(A \cdot B) = \leq \min(rg(A), rg(B))$$

2. Zeigen Sie (vgl. Satz 1.7), dass sich jede quadratische Matrix $A \in \mathbb{R}^{n \times n}$ in die Summe

$$A = \frac{1}{2} \cdot (A + A^\top) + \frac{1}{2} \cdot (A - A^\top)$$

zerlegen lässt, wobei $\frac{1}{2} \cdot (A + A^\top)$ symmetrisch und $\frac{1}{2} \cdot (A - A^\top)$ schiefsymmetrisch ist.

3. Zeigen Sie, dass die Matrizen

$$A = \begin{pmatrix} 1 & -2 & 2 \\ 1 & 0 & 1 \\ -1 & 1 & -3 \end{pmatrix} \quad \text{und} \quad B = \frac{1}{3} \cdot \begin{pmatrix} 1 & 4 & 2 \\ -2 & 1 & -1 \\ -1 & -1 & -2 \end{pmatrix}$$

invers zueinander sind.

4. Zeigen Sie, dass die Matrix

$$A = \begin{pmatrix} 1 & 0 & 2 \\ -1 & 1 & 0 \\ 1 & 1 & 4 \end{pmatrix}$$

keine inverse Matrix besitzt.

Ausführliche Lösungen: https://www.springer.com/gp/book/9783662588314

Determinanten

2

Inhaltsverzeichnis

2.1 Erste einfache Erklärungen 23
2.2 Elementare Umformungen.. 26

In diesem Kapitel stellen wir einen Begriff vor, der uns gar nicht oft begegnen wird, der aber trotzdem seine Bedeutung hat. Wir kommen in Kapitel ‚Differenzierbarkeit‘ darauf zurück.

Weil wir aber mit diesem Begriff nur sehr eingeschränkt arbeiten werden, stellen wir ihn auch nur in einer sehr abgespeckten Form vor. Wenn Sie mehr über dieses Gebiet erfahren wollen, schlagen Sie bitte in guten Mathematikbüchern nach.

2.1 Erste einfache Erklärungen

Jeder quadratischen Matrix und nur diesen wird auf raffinierte Weise eine Zahl, ihre Determinante zugeordnet. Nur für (2×2)- und (3×3)-Matrizen wollen wir etwas genauer darauf eingehen.

Definition 2.1 (Determinante einer (2×2)-Matrix)
Sei

$$A = \begin{pmatrix} a_{11} & a_{12} \\ a_{21} & a_{22} \end{pmatrix} \in \mathbb{R}^{2 \times 2}. \tag{2.1}$$

Dann heißt die reelle Zahl

$$\det(A) = |A| = \det\begin{pmatrix} a_{11} & a_{12} \\ a_{21} & a_{22} \end{pmatrix} = a_{11} \cdot a_{22} - a_{12} \cdot a_{21} \tag{2.2}$$

die Determinante von A.

© Springer-Verlag GmbH Deutschland, ein Teil von Springer Nature 2019
N. Herrmann, *Mathematik für Naturwissenschaftler*,
https://doi.org/10.1007/978-3-662-58832-1_2

Dazu ein Beispiel.

$$A = \begin{pmatrix} -2 & 3 \\ -2 & -1 \end{pmatrix} \implies \det(A) = (-2) \cdot (-1) - 3 \cdot (-2) = 8$$

$$B = \begin{pmatrix} 1 & -2 \\ -1 & 2 \end{pmatrix} \implies \det(B) = 1 \cdot 2 - (-2) \cdot (-1) = 0$$

Eine ähnlich einfache Regel gibt es für (3×3)-Matrizen, und nur für solche. Sie ist nicht für größere Matrizen übertragbar.

Definition 2.2 (Determinante einer (3×3)-Matrix)
Sei A eine reelle (3×3)-Matrix:

$$A = \begin{pmatrix} a_{11} & a_{12} & a_{13} \\ a_{21} & a_{22} & a_{23} \\ a_{31} & a_{32} & a_{33} \end{pmatrix}.$$

Dann heißt $\det(A) = |A|$ (2.3)

$$= a_{11} \cdot a_{22} \cdot a_{33} + a_{21} \cdot a_{32} \cdot a_{13} + a_{31} \cdot a_{12} \cdot a_{23}$$
$$- a_{13} \cdot a_{22} \cdot a_{31} - a_{23} \cdot a_{32} \cdot a_{11} - a_{33} \cdot a_{12} \cdot a_{21}$$

die Determinante von A.

Das sieht schrecklich aus, aber dafür haben wir ja Sarrus, der uns eine einfache Merkregel spendiert hat (Abb. 2.1).

Satz 2.1 (Regel von Sarrus für (3×3)-Matrizen)
Wir schreiben die ersten beiden Zeilen unter die Matrix darunter. Dann folgen wir den Pfeilen. Jeder Pfeil trifft drei Einträge der Matrix. Diese werden jeweils miteinander multipliziert. Dann werden die Produkte, die zu Pfeilen von links oben nach rechts unten gehören, addiert; die Produkte zu Pfeilen von rechts oben nach links unten werden subtrahiert.

Abb. 2.1 Die Regel von
Sarrus

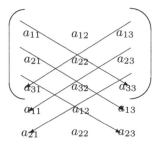

Vergleichen Sie das Ergebnis bitte mit der Definition (2.4), es ergibt sich genau dieser Ausdruck. Wir sollten noch einmal betonen, dass diese wunderschöne Regel nur für (3 × 3)-Matrizen verwendet werden kann. Sie lässt sich nicht auf größere Matrizen verallgemeinern. Das bitte unbedingt im Gedächtnis behalten.

Mit einem Beispiel wird es noch leichter. Sei dazu

$$A = \begin{pmatrix} 1 & 2 & 3 \\ 4 & 5 & 6 \\ 7 & 8 & 9 \end{pmatrix}$$

Dann rechnen wir mit Herrn Sarrus (Abb. 2.2):

$$\det(A) = 1 \cdot 5 \cdot 9 + 4 \cdot 8 \cdot 3 + 7 \cdot 2 \cdot 6$$
$$-3 \cdot 5 \cdot 7 - 6 \cdot 8 \cdot 1 - 9 \cdot 2 \cdot 4$$
$$= 45 + 96 + 84 - 105 - 48 - 72$$
$$= 225 - 225 = 0$$

Beim folgenden Beispiel lassen wir schon mal die Pfeile weg, damit das Bild einfacher ausschaut. Wenn Sie viel geübt haben, müssen Sie auch die beiden Zeilen nicht mehr darunter schreiben. Dann geht alles im Kopf.

$$A = \begin{pmatrix} -2 & 1 & 0 \\ 0 & 3 & 2 \\ 0 & 0 & -4 \\ -2 & 1 & 0 \\ 0 & 3 & 2 \end{pmatrix} \qquad \begin{aligned} \det(A) &= (-2) \cdot 3 \cdot (-4) + 0 + 0 \\ &- 0 - 0 - 0 = 24 \end{aligned}$$

Dieses Beispiel gibt uns gleich einen Hinweis für spezielle Matrizen, der sehr nützlich sein wird.

Satz 2.2
Ist $A \in \mathbb{R}^{n \times n}$ eine obere (oder untere) Dreiecksmatrix, so ist $\det(A)$ das Produkt der Diagonalelemente.

Abb. 2.2 Beispiel zur Regel von Sarrus

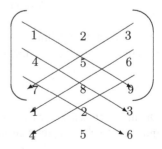

2.2   Elementare Umformungen

Diese Umformungen, die uns schon bei der Berechnung des Ranges einer Matrix geholfen haben, sind genau so gute Hilfsmittel zur Berechnung von Determinanten, aber Achtung, es gibt kleine Unterschiede.

Satz 2.3
Sei $A \in \mathbb{R}^{n \times n}$ eine quadratische Matrix. Dann gilt:

1. *Vertauscht man zwei Zeilen oder zwei Spalten in A, so wird die Determinante mit -1 multipliziert, sie ändert also ihr Vorzeichen.*
2. *Multipliziert man eine Zeile oder eine Spalte mit $a \in \mathbb{R}$, so wird die Determinante mit dieser Zahl multipliziert. Wird die gesamte Matrix mit einer Zahl $a \in \mathbb{R}$ multipliziert, so werden ja n Zeilen oder Spalten mit dieser Zahl multipliziert, und es ergibt sich:*

$$\det(a \cdot A) = a^n \cdot \det(A) \tag{2.4}$$

3. *Addiert man das Vielfache einer Zeile bzw. Spalte zu einer anderen Zeile bzw. Spalte, so ändert sich die Determinante nicht.*

Gerade dieser 3. Punkt ist es, der sich prima verwenden lässt. Wir werden mit dieser Regel versuchen, eine gegebene Matrix auf Dreiecksgestalt zu überführen und dann mit Satz 2.2 ihre Determinante berechnen.

$$A := \begin{pmatrix} 1 & 2 & 3 & 0 \\ 0 & 1 & 2 & -2 \\ -1 & -1 & 3 & 2 \\ 1 & 1 & 2 & 0 \end{pmatrix} \to \begin{pmatrix} 1 & 2 & 3 & 0 \\ 0 & 1 & 2 & -2 \\ 1 & 1 & 6 & 2 \\ -1 & -1 & -1 & 0 \end{pmatrix}$$

$$\to \begin{pmatrix} 1 & 2 & 3 & 0 \\ 0 & 1 & 2 & -2 \\ 1 & -1 & 4 & 4 \\ -1 & 1 & 1 & -2 \end{pmatrix} \to \begin{pmatrix} 1 & 2 & 3 & 0 \\ 0 & 1 & 2 & -2 \\ 1 & -1 & 4 & 4 \\ -1 & 1 & -1/4 & -3 \end{pmatrix}$$

$$\to \begin{pmatrix} 1 & 2 & 3 & 0 \\ 0 & 1 & 2 & -2 \\ 0 & 0 & 4 & 4 \\ 0 & 0 & 0 & -3 \end{pmatrix} =: B$$

Diese elementaren Umformungen, die wir oben durch Pfeile $\to$ angedeutet haben, ändern die Determinante nicht. Daher erhalten wir:

$$\det(A) = \det(B) = 1 \cdot 1 \cdot 4 \cdot (-3) = -12.$$

Damit haben wir ein wirklich praktikables Verfahren zur Berechnung von Determinanten auch größerer Matrizen kennen gelernt. Aber aufpassen, wirklich nur die

Operation 3. durchführen, nicht zwischendurch mal, weil uns die Vorzeichen nicht passen, schnell mit (-1) multiplizieren oder zwei Zeilen vertauschen.

Der folgende Satz enthält einige Rechenregeln, die wertvolle Hilfen zur Berechnung von Determinanten liefern.

Satz 2.4
Seien $A, B \in \mathbb{R}^{n \times n}$. Dann gilt:

1. **Determinantenmultiplikationssatz:**

$$\det(A \cdot B) = \det(A) \cdot \det(B), \tag{2.5}$$

2.

$$\det(A^\top) = \det(A), \quad \det(E) = 1, \tag{2.6}$$

3.

$$\det(A) \neq 0 \iff \mathrm{rg}(A) = n, \tag{2.7}$$

die Zeilen bzw. Spalten bilden also ein linear unabhängiges System,
4.

$$\det A \neq 0 \implies \det(A^{-1}) = \frac{1}{\det(A)}. \tag{2.8}$$

In Übung 3 haben wir nachgerechnet, dass die beiden Matrizen

$$A = \begin{pmatrix} 1 & -2 & 2 \\ 1 & 0 & 1 \\ -1 & 1 & -3 \end{pmatrix} \quad \text{und} \quad B = \frac{1}{3} \cdot \begin{pmatrix} 1 & 4 & 2 \\ -2 & 1 & -1 \\ -1 & -1 & -2 \end{pmatrix}$$

invers zueinander sind, dass also $A \cdot B = E$ ist. Wir berechnen jetzt det A und det B und prüfen den Determinantenmultiplikationssatz (2.5).

Mit Sarrus erhalten wir:

$$\begin{pmatrix} 1 & -2 & 2 \\ 1 & 0 & 1 \\ -1 & 1 & -3 \\ 1 & -2 & 2 \\ 1 & 0 & 1 \end{pmatrix}$$

$$\begin{aligned} \rightarrow \det(A) &= 1 \cdot 0 \cdot (-3) + 1 \cdot 1 \cdot 2 + (-1) \cdot (-2) \cdot 1 \\ &\quad -2 \cdot 0 \cdot (-1) - 1 \cdot 1 \cdot 1 - (-3) \cdot (-2) \cdot 1 \\ &= 0 + 2 + 2 - 0 - 1 - 6 = -3 \end{aligned}$$

$$\begin{pmatrix} \frac{1}{3} & \frac{4}{3} & \frac{2}{3} \\ -\frac{2}{3} & \frac{1}{3} & -\frac{1}{3} \\ -\frac{1}{3} & -\frac{1}{3} & -\frac{2}{3} \\ \frac{1}{3} & \frac{4}{3} & \frac{2}{3} \\ -\frac{2}{3} & \frac{1}{3} & -\frac{1}{3} \end{pmatrix}$$

$$\begin{aligned} \rightarrow \det(B) &= \frac{1}{3} \cdot \frac{1}{3} \cdot (-\frac{2}{3}) + (-\frac{2}{3}) \cdot (-\frac{1}{3}) \cdot \frac{2}{3} \\ &\quad + (-\frac{1}{3}) \cdot (\frac{4}{3}) \cdot (-\frac{1}{3}) - \frac{2}{3} \cdot \frac{1}{3} \cdot (-\frac{1}{3}) \\ &\quad - (-\frac{1}{3}) \cdot (-\frac{1}{3}) \cdot \frac{1}{3} - (-\frac{2}{3}) \cdot (\frac{4}{3}) \cdot (-\frac{2}{3}) \\ &= \frac{1}{27} \cdot [-2 + 4 + 4 + 2 - 1 - 16] = -\frac{9}{27} \end{aligned}$$

Es folgt also

$$\det(A) \cdot \det(B) = (-3) \cdot (-\frac{9}{27}) = \frac{27}{27} = 1 = \det(A \cdot B) = \det(E) = 1$$

in guter Übereinstimmung mit dem Determinantenmultiplikationssatz.

Zum Schluss dieser ersten Erklärungen hier noch der Hinweis, dass man in Mathematikbüchern selbstverständlich eine sehr allgemeine Definition der Determinante einer $(n \times n)$-Matrix findet. Dabei wird von den Permutationen der Zahlen $1, \ldots, n$ Gebrauch gemacht. Wir wollen nur bemerken, dass es bekanntlich $n!$ viele Permutationen dieser Zahlen gibt. Das ist eine rasant ansteigende Zahl. Man wird also schon für $n = 10$ Mühe haben, nach dieser Definition eine Determinante auszurechnen. Für $n = 100$ braucht man schon einen sehr großen Computer, und selbst die größten Computer werden streiken, wenn wir Matrizen für $n = 1000$ vor uns haben. Solche Dinger sind aber Anwendern heutzutage allgegenwärtig. Determinanten kann man da einfach vergessen.

Wir merken uns:

Eine Determinante ist eine schlichte reelle Zahl, die auf komplizierte Weise einer quadratischen Matrix zugeordnet wird.

Übung 3

1. Berechnen Sie von folgenden Matrizen jeweils ihre Determinante:

$$A = \begin{pmatrix} 1 & -1 \\ 3 & -2 \end{pmatrix}, \quad B = \begin{pmatrix} 1 & 2 & 11 \\ -2 & 3 & 0 \\ 3 & 1 & 4 \end{pmatrix}, \quad C = \begin{pmatrix} 1 & 0 & 0 \\ 2 & 3 & 0 \\ 11 & 4 & 4 \end{pmatrix}$$

2. Berechnen Sie mit elementaren Umformungen die Determinante folgender Matrix:

$$A = \begin{pmatrix} 1 & -3 & 5 & -2 \\ -2 & 6 & -10 & 4 \\ 3 & -1 & 3 & -10 \\ 1 & -1 & 2 & -3 \end{pmatrix}$$

3. Verifizieren Sie an Hand der Matrix

$$A = \begin{pmatrix} 1 & 2 & 11 \\ -2 & 3 & 0 \\ 3 & 1 & 4 \end{pmatrix}$$

die Aussage $\det(A) = \det(A^\top)$.

4. Verifizieren Sie an Hand der beiden Matrizen

$$A = \begin{pmatrix} 1 & -1 \\ 3 & -2 \end{pmatrix}, \quad B = \begin{pmatrix} 1 & 2 \\ -2 & 3 \end{pmatrix}$$

den Determinantenmultipliktionssatz.

5. Zeigen Sie, dass für eine reguläre $n \times n$-Matrix A gilt:

$$\det(A^{-1}) = \frac{1}{\det(A)}$$

Ausführliche Lösungen: https://www.springer.com/gp/book/9783662588314

Lineare Gleichungssysteme

3

Inhaltsverzeichnis

3.1   Bezeichnungen 31
3.2   Existenz und Eindeutigkeit 32
3.3   Determinantenkriterium 35
3.4   L-R-Zerlegung 36
3.5   Pivotisierung 44

Lineare Gleichungssysteme sind uns ja von der Schule her wohlvertraut. Schon in der 9. Klasse haben wir gelernt, 3 Gleichungen mit 3 Unbekannten zu lösen. Daher werden wir in diesem Kapitel gleich ziemlich allgemein an die Sache herangehen.

3.1   Bezeichnungen

Wir starten mit der Definition des allgemeinsten Falles.

Definition 3.1 (Lineares Gleichungssystem)
Gegeben seien eine Matrix A und ein Vektor $\vec{b}$

$$A = \begin{pmatrix} a_{11} & \cdots & a_{1n} \\ \vdots & & \vdots \\ a_{m1} & \cdots & a_{mn} \end{pmatrix}, \quad \vec{b} = \begin{pmatrix} b_1 \\ \vdots \\ b_m \end{pmatrix}.$$

Gesucht wird ein Vektor

$$\vec{x} = \begin{pmatrix} x_1 \\ \vdots \\ x_n \end{pmatrix},$$

© Springer-Verlag GmbH Deutschland, ein Teil von Springer Nature 2019
N. Herrmann, *Mathematik für Naturwissenschaftler,*
https://doi.org/10.1007/978-3-662-58832-1_3

der das folgende System von m Gleichungen mit n Unbekannten $x_1, \ldots, x_n$ *löst:*

$$
\begin{aligned}
a_{11} \cdot x_1 + a_{12} \cdot x_2 + \cdots + a_{1n} \cdot x_n &= b_1 \\
a_{21} \cdot x_1 + a_{22} \cdot x_2 + \cdots + a_{2n} \cdot x_n &= b_2 \\
\vdots \qquad\qquad\qquad &\quad \vdots \\
a_{m1} \cdot x_1 + a_{m2} \cdot x_2 + \cdots + a_{mn} \cdot x_n &= b_m
\end{aligned}
\tag{3.1}
$$

Ein solches System heißt lineares Gleichungssystem (LGS). Wir schreiben es auch kürzer als

$$
A \cdot \vec{x} = \vec{b}.
\tag{3.2}
$$

Bitte machen Sie sich an Hand der Matrizenmultiplikation klar, dass die Kurzschreibweise (3.2) genau zu dem Gleichungssystem (3.1) führt. Aus diesem Schema kann man auch sofort erkennen, dass der Vektor $\vec{x}$ genau n Komponenten hat, während der Vektor der rechten Seite $\vec{b}$ dann m Komponenten haben muss, weil sonst das Schema nicht passen würde. Man muss sich das also nicht extra merken.

Übrigens hat sich in der Mathematik kein eigener Name für den Vektor $\vec{b}$ eingebürgert. Manchmal taucht bei Studierenden der Name „Lösungsvektor" auf, das ist aber ganz schlecht und geht gar nicht. Der Lösungsvektor ist eindeutig der gesuchte Vektor $\vec{x}$ und keiner sonst. Wir werden $\vec{b}$ also ‚Vektor der rechten Seite' nennen. A heißt die Koeffizientenmatrix.

3.2   Existenz und Eindeutigkeit

Der gleich folgende Satz enthält die zentrale Aussage für LGS. Er gibt uns über alles Auskunft. Und das Schönste dran ist, dass er sehr leicht einsichtig ist, wenn wir nur einen klitze kleinen Trick verwenden.

Der Trick sieht so aus: Wir schreiben die Spalten der Koeffizientenmatrix A als Vektoren, also

$$
\vec{a}_1 = \begin{pmatrix} a_{11} \\ \vdots \\ a_{m1} \end{pmatrix}, \cdots, \vec{a}_n = \begin{pmatrix} a_{n1} \\ \vdots \\ a_{nm} \end{pmatrix}.
$$

Das kommt uns so harmlos als Abkürzung daher, aber jetzt aufgemerkt. Wir schreiben das LGS (3.1) in der Form

$$
x_1 \cdot \vec{a}_1 + x_2 \cdot \vec{a}_2 + \cdots + x_n \cdot \vec{a}_n = \vec{b}
$$

Ganz ruhig und gelassen hinschauen, dann sehen Sie es, ja, so kann man das schreiben. Scheint auch noch nicht viel gewonnen. Aber diese neue Schreibweise gibt uns eine andere Sicht auf das LGS. Wir haben doch eine Summe von Vektoren, mit Zahlen x_i multipliziert, die den Vektor $\vec{b}$ ergeben möchten. Das heißt doch, dass wir den Vektor $\vec{b}$ als Linearkombination der Spaltenvektoren $\vec{a}_1, \cdots, \vec{a}_n$

darstellen müssen. Das bedeutet wiederum, wir müssen $x_1, \cdots, x_n$ suchen, so dass mit diesen Zahlen der Vektor $\vec{b}$ von den Spaltenvektoren linear abhängig ist. Das kann natürlich nur gelingen, wenn $\vec{b}$ in dem von den Spalten aufgespannten Vektorraum liegt. Mit dieser Überlegung haben wir also sofort unsere Bedingung, wann ein LGS überhaupt lösbar ist. Wir drücken das im folgenden Satz mit Hilfe des Ranges aus.

Satz 3.1 (Alternativsatz für LGS)
Seien $A \in \mathbb{R}^{m \times n}, \vec{b} \in \mathbb{R}^m$. Dann gilt für das lineare Gleichungssystem (3.2) die Alternative

(i) Ist $rg\, A < rg\,(A|\vec{b})$, so ist die Aufgabe nicht lösbar.
(ii) Ist $rg\, A = rg\,(A|\vec{b})$, so ist die Aufgabe lösbar, es gibt also $\vec{x} \in \mathbb{R}^n$ mit $A \cdot \vec{x} = \vec{b}$

Im Fall (ii) gilt die zusätzliche Alternative:

1. Ist $rg\, A = n = $ Anzahl der Unbekannten, so gibt es genau eine Lösung der Gl. (3.2).
2. Ist $rg\, A < n$, so gibt es unendlich viele Lösungen mit $n - rg\, A$ Parametern.

Eine meiner Lieblingsaufgaben lautet:

> Suchen Sie doch mal nach einem reellen Gleichungssystem, das genau zwei Lösungen hat.

Es würde mir ein sehr kleines System, also vielleicht zwei Gleichungen mit drei Unbekannten oder so ausreichen. In manchen Übungsstunden habe ich sogar schon mal einen Kasten Bier ausgelobt. Aber ich bin ja geizig. So etwas setze ich nicht einer leichtfertigen Wette aus. Unser obiger Satz sagt uns ja auch ganz klar, dass es ein solches LGS nicht geben kann. Entweder hat es gar keine Lösung oder genau eine oder unendlich viele. Genau zwei geht nicht.

Aber jetzt kommt die hinterhältige Frage.

> Wenn wir denn also schon zwei verschiedene Lösungen, nennen wir sie $\vec{x}_1$ und $\vec{x}_2$, haben und dann wissen, dass es unendlich viele weitere gibt, dann möchten wir doch schnell auch eine dritte angeben können, oder? Also, wie heißt eine dritte Lösung $\vec{x}_3$?

Die Erkenntnis, die wir aus dieser einfachen Frage gewinnen werden, ist sehr, sehr wichtig. Darum streuen wir ein leichtes Beispiel ein.

$$\begin{aligned} x - \quad y &= 4 \\ 2 \cdot x - 2 \cdot y &= 8 \end{aligned}$$

Ich verrate Ihnen zwei Lösungen:

$$\vec{x}_1 = (5, 1)^\top, \quad \vec{x}_2 = (3, -1)^\top.$$

Der erste Verdacht für eine dritte Lösung ist: Klar, mit $\vec{x}_1$ und $\vec{x}_2$ als Lösungen ist natürlich auch $\vec{x}_1 + \vec{x}_2$ eine Lösung. Das riecht man doch geradezu. Aber Achtung, unbedingt verinnerlichen: Diese Aussage ist falsch, falsch, falsch und nochmals falsch.

Probieren Sie es:

$$\vec{x}_3 = \vec{x}_1 + \vec{x}_2 = (5, 1)^\top + (3, -1)^\top = (8, 0)^\top,$$

setzen Sie aber jetzt $\vec{x}_3 = (8, 0)^\top$ in das LGS ein, so erhalten Sie als rechte Seite

$$(8, 16)^\top \neq (4, 8)^\top.$$

Also bitte unbedingt ins Langzeitgedächtnis aufnehmen:

> Die Summe zweier Lösungen ist nicht unbedingt eine Lösung.

Wir schränken diese Aussage bewusst etwas ein: ‚nicht unbedingt‘; denn schauen wir genau hin. Unser Problem lag ja darin, dass wir für jede Lösung rechts den Vektor $\vec{b}$ erhalten, für die Summe also den Vektor $2 \cdot \vec{b}$. Der ist aber i.a. verschieden von $\vec{b}$.

Wenn die rechte Seite aber der Nullvektor wäre, $\vec{b} = \vec{0}$, so bliebe auch bei der Summe wegen $\vec{0} + \vec{0} = \vec{0}$ die rechte Seite ungeändert, die Summe wäre also eine Lösung. Das gilt aber nur, wenn $\vec{b} = \vec{0}$ ist. So ein LGS nennen wir homogen.

Nun sind wir erst ein kleines Stückchen weiter mit unserer Frage nach einer dritten Lösung: Die Summe tut's normalerweise nicht.

Wenn wir jetzt aber diesen Faden weiter spinnen, so würde doch ein Vektor, der uns auf der rechten Seite $\vec{0}$ erbrächte, nicht weiter stören, den könnten wir gefahrlos hinzuaddieren. Und da fällt uns doch gleich ein Vektor ein. $\vec{x}_1$ bringt $\vec{b}$ und $\vec{x}_2$ bringt auch $\vec{b}$, ihre Differenz $\vec{x}_2 - \vec{x}_1$ ergibt also $\vec{0}$. Aber halt, wenn wir jetzt zu $\vec{x}_1$ den Vektor $\vec{x}_2 - \vec{x}_1$ hinzuaddieren ergibt sich $\vec{x}_1 + (\vec{x}_2 - \vec{x}_1) = \vec{x}_2$, und das ist nicht Neues.

Nachdenken … Klackert's? Wegen $2 \cdot \vec{0} = \vec{0}$ können wir doch einfach den Vektor

$$x_3 = \vec{x}_1 + 2 \cdot (\vec{x}_2 - \vec{x}_1) = 2 \cdot \vec{x}_2 - \vec{x}_1$$

verwenden:

$$A \cdot x_3 = A \cdot (\vec{x}_1 + 2 \cdot (\vec{x}_2 - \vec{x}_1)) = \vec{b} + 2 \cdot \vec{0} = \vec{b}.$$

$\vec{x}_3$ ist also Lösung des LGS und sicher verschieden von $\vec{x}_1$ und $\vec{x}_2$.

Jetzt setzen wir nur noch einen drauf, um unendlich viele weitere Lösungsvektoren zu finden. Wir bilden

$$\vec{x}_k = \vec{x}_1 + k \cdot (\vec{x}_2 - \vec{x}_1), \ k \in \mathbb{R}.$$

k kann also eine beliebige reelle Zahl sein, immer ergibt sich rechts $\vec{b}$, so haben wir locker unendlich viele neue Lösungen gefunden.

Gerade der letzte Teil obiger Überlegung zeigt ein allgemeines Prinzip für die Lösungsgesamtheit. Stets ist sie so aufgebaut, dass man eine spezielle Lösung des nicht homogenen LGS finden muss, hier ist es $\vec{x}_1$, und daran hängt man die allgemeine Lösung des homogenen LGS. Mathematisch zeigt sich, dass die Lösungen des homogene LGS einen Vektorraum der Dimension $n - \text{rg}(A)$ bilden mit den Bezeichnungen des Satzes 3.1. Man kann also $(n - \text{rg}(A))$-viele linear unabhängige Lösungsvektoren finden, die wir dann als Linearkombination an die spezielle Lösung additiv dranhängen.

Schauen Sie bitte noch einmal auf den Satz 3.1. Wichtig für die Existenz einer Lösung ist es, ob die rechte Seite aus den *Spalten*vektoren kombinierbar ist. Die Lösung selbst hängt dann von n, also der Zahl der Unbekannten oder, was dasselbe ist, der Zahl der *Spalten* ab. Haben wir irgendwo von den Zeilen geredet? Nur die Zahl der Unbekannten bzw. Spalten ist interessant, die Zahl der Gleichungen bzw. Zeilen ist völlig uninteressant. Lediglich über die Aussage, dass Zeilenrang gleich Spaltenrang ist, könnte man einen Zusammenhang zu den Zeilen herstellen.

Nehmen wir noch einmal unser Beispiel von oben:

$$
\begin{aligned}
x - y &= 4 \\
2 \cdot x - 2 \cdot y &= 8
\end{aligned}
\qquad
\begin{aligned}
x - y &= 4 \\
2 \cdot x - 2 \cdot y &= 8 \\
2 \cdot x - 2 \cdot y &= 8 \\
2 \cdot x - 2 \cdot y &= 8
\end{aligned}
$$

Das linke System hat, wie wir oben gesehen haben, unendlich viele Lösungen. Beim rechten haben wir deswegen noch zwei Zeilen hinzugefügt, aber in Wirklichkeit doch gar nichts geändert, weil wir nur die zweite Zeile noch zweimal darunter geschrieben haben. Das ändert an der Lösbarkeit keinen Deut. Das rechte System hat jetzt vier Gleichungen für zwei Unbekannte, ist also scheinbar sehr überbestimmt, hat aber immer noch unendlich viele Lösungen.

Die Zahl der Gleichungen spielt keine Rolle bei der Frage nach der Lösbarkeit eines LGS.

Wenn also in Zukunft irgend jemand Ihnen daher kommt und anhebt, dass ein LGS lösbar ist, wenn die Zahl der Gleichungen ..., dann unterbrechen Sie ihn und sagen Sie ihm, dass er keine Ahnung hat. Also vielleicht drücken Sie es etwas diplomatischer aus, aber im Kern genau das sagen.

3.3 Determinantenkriterium

Der folgende Satz zählt zu den Lieblingen vieler Studierender. Aber wenn man genau hinsieht, hat er das wirklich nicht verdient:

Korollar 3.1
Ist $A \in \mathbb{R}^{n \times n}$ eine quadratische Matrix mit det $A \neq 0$, so hat das LGS (3.2) genau eine Lösung.

Sie brauchen für diese Eindeutigkeitsaussage zwei sehr wesentliche Voraussetzungen.

1. Zum einen muss es ein quadratisches System sein, es muss also genau so viele Gleichungen wie Unbekannte haben.
2. Dann muss außerdem die Determinante, die ja nur für quadratische Matrizen definiert ist, ungleich 0 sein. Wenn Sie aber jetzt ein System mit zehn Gleichungen und zehn Unbekannten haben, so möchte ich mal sehen, wie Sie die Determinante ausrechnen. In der Praxis werden heute aber locker Gleichungen mit einer Million Unbekannten gerechnet. Na dann, viel Spaß. Das geht gar nicht.

Fazit: Dieses Korollar geht nur in Anfängerübungsgruppen.

3.4   L-R-Zerlegung

Nun steuern wir mit großen Schritten auf das Lösen linearer Gleichungssysteme zu. Eine probate Methode ist dabei das Zerlegen der vorgegebenen Systemmatrix in eine einfachere Struktur. Wir schildern hier eine Variante des Gaußalgorithmus, bekannt als die L-R-Zerlegung oder Links-Rechts-Zerlegung.

3.4.1   Die Grundaufgabe

Um uns nicht mit zu vielen Formalien befassen zu müssen, beschränken wir uns auf quadratische Matrizen. Das Verfahren ist aber im Prinzip auch für beliebige Matrizen durchführbar.

Die Berechnung der Zerlegung lehnt sich eng an die Gaußelimination an. Im Prinzip macht man gar nichts Neues, sondern wählt lediglich eine andere Form. Am Ende einer erfolgreichen Elimination hat man ja eine obere Dreiecksmatrix erreicht. Diese genau ist schon die gesuchte Matrix R.

Die Matrix L steht ebenfalls fast schon da, aber Achtung, eine Kleinigkeit ist anders.

Definition 3.2 (L-R-Zerlegung)
Gegeben sei eine quadratische Matrix $A \in \mathbb{R}^{n \times n}$. Dann verstehen wir unter einer L-R-Zerlegung der Matrix A eine multiplikative Zerlegung der Matrix A in

$$A = L \cdot R \tag{3.3}$$

mit einer linken Dreiecksmatrix L und einer rechten Dreiecksmatrix R, wobei L nur Einsen in der Hauptdiagonalen besitzt; also ($\star$ steht für eine beliebige Zahl)

$$
L = \begin{pmatrix} 1 & 0 & \cdots & 0 \\ \star & \ddots & \ddots & \vdots \\ \vdots & \ddots & \ddots & 0 \\ \star & \cdots & \star & 1 \end{pmatrix}, \quad R = \begin{pmatrix} \star & \cdots\cdots & \star \\ 0 & \ddots & & \vdots \\ \vdots & \ddots & \ddots & \vdots \\ 0 & \cdots & 0 & \star \end{pmatrix} \tag{3.4}
$$

Einmal kurz nachgedacht: Wir haben die Matrix A mit $n \cdot n = n^2$ Einträgen gegeben. In der Matrix R haben wir wegen der vollständig ausgefüllten Diagonalen schon mehr als die Hälfte der gesuchten Zahlen eingetragen. Daher können wir es uns hoffentlich leisten, in der Matrix L die Diagonale mit Einsen vorzugeben, damit die ganze Aufgabe nicht überbestimmt wird. Damit haben wir erst mal ein Grundgerüst. Ob das dann so geht, müssen wir noch überlegen. Zunächst erklären wir, wie wir das L finden. Dazu schildern wir das allgemeine Vorgehen. Dabei erinnern wir daran, dass dieses Verfahren zwar auch für kleine LGS mit (3×3)-Matrizen seine Berechtigung hat, aber erst wirklich wichtig wird bei großen Aufgaben. Daher schildern wir alles so, wie wir es zum Programmieren eines Rechners benötigen. Zunächst beschreiben wir eine Version ohne Zeilentausch. Wir geben später Bedingungen an, wann diese Variante durchführbar ist. Von unseren elementaren Umformungen werden wir also nur die erste benutzen, nämlich das Vielfache einer Zeile zu einer anderen zu addieren

1. Erster Schritt: Wir wollen in der ersten Spalte unterhalb des Diagonalelementes a_{11} Nullen erzeugen. Dazu wählen wir den Faktor

$$ -\frac{a_{21}}{a_{11}}. $$

Mit diesem multiplizieren wir die erste Zeile und addieren das Ergebnis zur zweiten Zeile. Wir machen uns schnell klar, wie wir diesen Faktor gefunden haben. Wenn wir (im Kopf) die erste Zeile durch a_{11} dividieren, entsteht an der ersten Stelle eine 1. Multiplizieren wir dann diese Zeile mit $-a_{21}$, so entsteht genau die negative Zahl, die an der Stelle a_{21} steht. Durch unsere Addition zur zweiten Zeile erhalten wir also dort eine Null. Bitte machen Sie sich diesen Weg noch einmal ganz langsam klar; denn dann werden alle folgenden Schritte leicht.
Das Spiel geht in der ersten Spalte weiter mit dem Element a_{31}. Dazu multiplizieren wir die erste Zeile mit

$$ -\frac{a_{31}}{a_{11}} $$

und addieren sie zur dritten Zeile. Dann entsteht an der Stelle a_{31} eine Null. Das geht weiter, bis die ganze erste Spalte unterhalb der Diagonalen nur noch Nullen enthält.
Beachten Sie bitte, dass es dem Computer egal ist, ob bereits $a_{11} = 1$ ist und eine Division daher überflüssig wäre. Diese Prüfung würde zusätzlich Zeit kosten und hätte kaum Bedeutung. Auch die Abfrage, ob bereits $a_{21} = 0$ ist, bringt nur zusätzlichen Zeitaufwand für den Computer.

2. Zweiter Schritt: Durch den ersten Schritt sind jetzt natürlich die Einträge in der Matrix A geändert worden. Wir verzichten aber auf eine Umbenennung mit ~ oder Ähnlichem, um nicht zuviel Verwirrung herzustellen.
   Wir wollen in der zweiten Spalte unterhalb des Diagonalelementes a_{22} Nullen erzeugen. Dazu wählen wir den Faktor

$$-\frac{a_{32}}{a_{22}},$$

   mit dem wir die zweite Zeile multiplizieren und das Ergebnis zur dritten Zeile addieren.
   Sollen wir noch einmal diesen Faktor erläutern? Die Division durch a_{22} führt zu einer 1 an der Stelle a_{22}. Die Multiplikation mit $-a_{32}$ ergibt dann genau das Negative der Zahl a_{32}. Wenn wir die so geänderte zweite Zeile also zur dritten addieren, erhalten wir $a_{32} = 0$.
   Das geht dann die ganze zweite Spalte munter so weiter, bis alle Einträge unterhalb des Diagonalelementes a_{22} gleich Null sind.
3. im dritten Schritt machen wir die Einträge unterhalb von a_{33} zu Null, im vierten Schritt, na usw, bis, ja bis zur $n-1$-ten Spalte. Die n-te Spalte hat ja nichts mehr unter sich stehen, das Element a_{nn} steht ja schon in der Ecke. Also beim Programmieren aufpassen, diese Schleife darf nur bis $n-1$ laufen.

Wir multiplizieren mit ziemlich charakteristischen Faktoren. Diese verdienen daher einen Namen:

Definition 3.3 (Gauß-Faktoren)
Die Faktoren, mit denen wir zwischendurch Zeilen multiplizieren und zu darunter stehenden Zeilen addieren, heißen Gauß-Faktoren:

$$b_{ik} = -\frac{a_{ik}}{a_{kk}}, \quad i.k = 1, \ldots, n-1. \tag{3.5}$$

Jetzt kommen wir noch mit einer kleinen Abwandlung. Wir haben ja in der Ausgangsmatrix A unterhalb der Diagonalen Nullen erzeugt. Diese Nullen sind schön, aber wir brauchen sie doch gar nicht weiter. Also werden wir sie mit den jeweiligen Gaußfaktoren überschreiben. So entsteht die Matrix:

$$A \to \begin{pmatrix} r_{11} & r_{12} & \cdots & & \cdots & r_{1n} \\ b_{21} & r_{22} & \cdots & & \cdots & r_{2n} \\ b_{31} & b_{32} & r_{33} & & \cdots & r_{3n} \\ \vdots & \vdots & \vdots & & & \vdots \\ b_{n1} & b_{n2} & \cdots & b_{nn-1} & & r_{nn} \end{pmatrix}$$

Wie wir oben schon gesagt haben, sehen wir oberhalb der Stufen unsere gesuchte Matrix R:

$$R = \begin{pmatrix} r_{11} & r_{12} & \cdots\cdots & r_{1n} \\ 0 & r_{22} & r_{23} & \cdots & r_{2n} \\ \vdots & \vdots & \ddots & \vdots \\ \vdots & \vdots & & \ddots & \vdots \\ 0 & \cdots & & 0 & r_{nn} \end{pmatrix}$$

Unterhalb steht fast schon L, aber nicht ganz:

$$L = \begin{pmatrix} 1 & 0 & \cdots & \cdots & 0 \\ -b_{21} & 1 & 0 & \cdots & 0 \\ -b_{31} & -b_{32} & 1 & & \vdots \\ \vdots & \vdots & & 1 & 0 \\ -b_{n1} & -b_{n2} & \cdots & -b_{nn-1} & 1 \end{pmatrix}$$

Sehen Sie bitte genau hin, L entnehmen wir aus der Gaußumformung, indem wir sämtliche Vorzeichen unterhalb der Stufenform umkehren. Das ist aber doch dann wiederum ganz simpel, oder?

Wenn Sie jetzt wissen wollen, warum man für das korrekte L alle Vorzeichen unterhalb der Diagonalen umkehren muss, so bin ich richtig stolz auf Sie. Toll, dass Sie sich dafür interessieren. Kennen Sie das Lied der Sesamstraße? Dort heißt es:

Wieso, weshalb, warum? Wer nicht fragt, bleibt dumm!

Genau das beherzigen Sie, wenn Sie mir diese Frage stellen. Habe ich vielleicht doch schon etwas bewirkt?

Leider komme ich jetzt aber mit einer hässlichen Nachricht. Diese Vorzeichenumkehr zu erklären, erfordert einen ziemlichen Aufwand. Es ist also überhaupt nicht trivial, wie Mathematiker gerne solche Fragen abbügeln. Wenn ich mal etwas andeuten darf, man benutzt sogenannte Frobeniusmatrizen. Deren Inverse lässt sich ganz leicht mittels Vorzeichenumkehr hinschreiben. Bitte schauen Sie, wenn es Sie wirklich interessiert, in das Buch [13], dort ist es ausführlich erklärt.

Beispiel 3.1
Gegeben sei die Matrix

$$A = \begin{pmatrix} 2 & 3 & 1 \\ 0 & 1 & 3 \\ 3 & 2 & a \end{pmatrix}, \quad a \in \mathbb{R}.$$

Berechnen Sie ihre L-R-Zerlegung, und zeigen Sie, dass A für $a \neq -6$ regulär ist.

Da $a_{21} = 0$ schon gegeben ist, muss nur a_{31} im 1. Schritt bearbeitet werden. Dazu muss die erste Zeile mit $-3/2$ multipliziert werden, um durch Addition zur letzten Zeile $a_{31} = 0$ zu erreichen.

$$A \to \begin{pmatrix} 2 & 3 & 1 \\ 0 & 1 & 3 \\ 0 & -\frac{5}{2} & -\frac{3}{2} + a \end{pmatrix}.$$

Zur Ersparnis von Schreibarbeit und beim Einsatz eines Rechners von Speicherplatz ist es empfehlenswert, die geliebten, aber jetzt nutzlosen Nullen, die man unterhalb der Diagonalen erzeugt hat, durch die Faktoren zu ersetzen, die wir berechnen, um an dieser Stelle eine Null zu erzeugen. Das passt gerade zusammen:

$$A \to \widetilde{A} = \begin{pmatrix} 2 & 3 & 1 \\ \boxed{0} & 1 & 3 \\ -\frac{3}{2} & -\frac{5}{2} & -\frac{3}{2} + a \end{pmatrix}.$$

Im 2. Schritt, der auch schon der letzte ist, wird die 2. Zeile mit $5/2$ multipliziert und zur 3. Zeile addiert. Man erhält

$$\widetilde{A} \to \begin{pmatrix} 2 & 3 & 1 \\ \boxed{0} & 1 & 3 \\ -\frac{3}{2} & \boxed{\frac{5}{2}} & 6 + a \end{pmatrix}.$$

Daraus lesen wir sofort die gesuchten Matrizen L und R ab.

$$L = \begin{pmatrix} 1 & 0 & 0 \\ 0 & 1 & 0 \\ \frac{3}{2} & -\frac{5}{2} & 1 \end{pmatrix},$$

$$R = \begin{pmatrix} 2 & 3 & 1 \\ 0 & 1 & 3 \\ 0 & 0 & 6 + a \end{pmatrix}.$$

Um die Regularität von A zu prüfen, denken wir an den Determinantenmultiplikationssatz

$$A = L \cdot R \Rightarrow \det A = \det L \cdot \det R.$$

Offensichtlich ist L stets eine reguläre Matrix, da in der Hauptdiagonalen nur Einsen stehen. Für eine Dreiecksmatrix ist aber das Produkt der Hauptdiagonalelemente gerade ihre Determinante. Die Regularität von A entscheidet sich also in R. Hier ist das Produkt der Hauptdiagonalelemente genau dann ungleich Null, wenn $a \neq -6$ ist. Das sollte gerade gezeigt werden.

3.4.2 Existenz der L-R-Zerlegung

Leider ist die L-R-Zerlegung schon in einfachen Fällen nicht durchführbar. Betrachten wir z. B. die Matrix

$$A = \begin{pmatrix} 0 & 1 \\ 1 & 0 \end{pmatrix}. \tag{3.6}$$

Offensichtlich scheitert schon der erste Eliminationsschritt, da das Element $a_{11} = 0$ ist, obwohl die Matrix doch sogar regulär ist, also vollen Rang besitzt. Der folgende Satz zeigt uns, wann eine solche Zerlegung durchgeführt werden kann. Dazu müssen wir, nur um diesen Satz zu verstehen, eine Bezeichnung einführen, die Sie also anschließend getrost wieder vergessen können:

Definition 3.4 (Hauptminoren)
Bei einer quadratischen Matrix $A \in \mathbb{R}^{n \times n}$ verstehen wir unter den Hauptminoren die Determinanten folgender Untermatrizen:

$$\begin{pmatrix} * & * & * & * & * \\ * & * & * & * & * \\ * & * & * & * & * \\ * & * & * & * & * \\ * & * & * & * & * \end{pmatrix}$$

Wir haben, um Platz zu sparen, nur eine (5×5)-Matrix hingeschrieben. Von einer Matrix $A = (a_{ij})$ betrachten wir also die Untermatrizen

$$A_1 = (a_{11}), \quad A_2 = \begin{pmatrix} a_{11} & a_{12} \\ a_{21} & a_{22} \end{pmatrix}, \quad A_3 = \begin{pmatrix} a_{11} & a_{12} & a_{13} \\ a_{21} & a_{22} & a_{23} \\ a_{31} & a_{32} & a_{33} \end{pmatrix}, \quad \cdots$$

Die Determinanten dieser Untermatrizen sind dann die Hauptminoren von A.

Das Wort Hauptminor erklärt sich mehr, wenn wir bedenken, dass wir auch noch ganz andere Untermatrizen bilden können, z. B. die Matrix

$$\begin{pmatrix} a_{11} & a_{41} \\ a_{14} & a_{44} \end{pmatrix}.$$

Das ‚Haupt‘ bezieht sich also auf die Symmetrie zur Hauptdiagonalen.
   Mit diesem Begriff können wir jetzt den Satz angeben:

Satz 3.2
Sei A eine reguläre $(n \times n)$-Matrix. A besitzt dann und nur dann eine L-R-Zerlegung, wenn sämtliche Hauptminoren von A ungleich Null sind.

Doch dieser Satz hilft in der Praxis überhaupt nicht. Hauptminoren sind schließlich Determinanten. Und die zu berechnen, erfordert einen Riesenaufwand. Der folgende Satz hat dagegen in speziellen Fällen schon mehr Bedeutung.

Satz 3.3
Sei A eine reguläre $(n \times n)$-Matrix mit der Eigenschaft

$$\sum_{\substack{k=1 \\ k \neq i}}^{n} |a_{ik}| \leq |a_{ii}|, \quad 1 \leq i \leq n,$$

dann ist die L-R-Zerlegung durchführbar.

Dieses Kriterium könnte man also tatsächlich vor einer langwierigen Berechnung mal kurz anwenden. Aber meistens wird man die Zerlegung einfach probieren.

3.4.3 L-R-Zerlegung und lineare Gleichungssysteme

Wie benutzt man nun diese L-R-Zerlegung, um ein lineares Gleichungssystem zu lösen?

Betrachten wir, damit wir keinen Ärger mit der Lösbarkeit haben, ein lineares Gleichungssystem mit einer regulären $(n \times n)$-Matrix A. Dann gehen wir nach folgendem Algorithmus vor:

Gleichungssysteme und L-R-Zerlegung

Gegeben sei ein lineares Gleichungssystem mit regulärer Matrix A

$$A \cdot \vec{x} = \vec{b}.$$

1. Man berechne, falls möglich, die L-R-Zerlegung von A, bestimme also eine untere Dreiecksmatrix L und eine obere Dreiecksmatrix R mit

$$A\vec{x} = L \cdot R \cdot \vec{x} = \vec{b}. \tag{3.7}$$

2. Man setze

$$\vec{y} := R \cdot \vec{x} \tag{3.8}$$

und berechne $\vec{y}$ aus

$$L \cdot \vec{y} = \vec{b} \quad \text{(Vorwärtselimination)} \tag{3.9}$$

3. Man berechne das gesuchte $\vec{x}$ aus

$$R \cdot \vec{x} = \vec{y} \quad \text{(Rückwärtselimination)} \quad (3.10)$$

Wie Sie sehen, muss man zwar mit diesem Algorithmus zwei lineare Systeme bearbeiten, der Vorteil der L-R-Zerlegung liegt aber darin, dass man es jeweils nur mit einem Dreieckssystem zu tun hat. Einfaches Aufrollen von oben nach unten (Vorwärtselimination) bei (3.9) bzw. von unten nach oben (Rückwärtselimination) bei (3.10) liefert die Lösung.

Wir sollten nicht unerwähnt lassen, dass man die Vorwärtselimination direkt in die Berechnung der Zerlegung einbauen kann. Dazu schreibt man die rechte Seite $\vec{b}$ des Systems als zusätzliche Spalte an die Matrix A heran und unterwirft sie den gleichen Umformungen wie die Matrix A. Dann geht $\vec{b}$ direkt über in den oben eingeführten Vektor $\vec{y}$, und wir können sofort mit der Rückwärtselimination beginnen.

Beispiel 3.2
Lösen Sie folgendes lineare Gleichungssystem mittels L-R-Zerlegung.

$$-4x_1 - 11x_2 = -1$$
$$2x_1 + 4x_2 = -1 \, .$$

Die zum System gehörige Matrix lautet

$$A = \begin{pmatrix} -4 & -11 \\ 2 & 4 \end{pmatrix}.$$

Unser Gauß sagt, dass wir die erste Zeile mit 1/2 multiplizieren und zur zweiten Zeile addieren müssen, um in der ersten Spalte unterhalb der Diagonalen eine Null zu erzeugen:

$$A \to \begin{pmatrix} -4 & -11 \\ \frac{1}{2} & -\frac{3}{2} \end{pmatrix}.$$

Bei dieser kleinen Aufgabe sind wir schon mit der Zerlegung fertig. Die gesuchten Matrizen L und R lauten

$$L = \begin{pmatrix} 1 & 0 \\ -\frac{1}{2} & 1 \end{pmatrix}, \quad R = \begin{pmatrix} -4 & -11 \\ 0 & -\frac{3}{2} \end{pmatrix}.$$

So, nun müssen wir zwei Gleichungssysteme lösen. Zunächst berechnen wir den Hilfsvektor $\vec{y}$ aus dem System

$$L\vec{y} = \vec{b} \iff \begin{pmatrix} 1 & 0 \\ -\frac{1}{2} & 1 \end{pmatrix} \begin{pmatrix} y_1 \\ y_2 \end{pmatrix} = \begin{pmatrix} -1 \\ -1 \end{pmatrix}.$$

Nun ja, aus der ersten Zeile liest man die Lösung für y_1 direkt ab, und ein wenig Kopfrechnen schafft schon die ganze Lösung herbei:

$$y_1 = -1, \quad y_2 = -3/2.$$

Das nächste System enthält den gesuchten Vektor $\vec{x}$ und lautet

$$R\vec{x} = \vec{y} \iff \begin{pmatrix} -4 & -11 \\ 0 & -\frac{3}{2} \end{pmatrix} \begin{pmatrix} x_1 \\ x_2 \end{pmatrix} = \begin{pmatrix} -1 \\ -3/2 \end{pmatrix}.$$

Hier fangen wir unten an gemäß der Rückwärtselimination und erhalten aus der zweiten Zeile direkt und dann aus der ersten, wenn wir noch einmal unseren Kopf bemühen:

$$x_2 = 1, \quad x_1 = -5/2.$$

3.5 Pivotisierung

Wenn man ein Gleichungssystem vor Augen hat mit der Matrix (3.6) von als System-matrix, bei der wir die Gaußelimination nicht durchführen können, so hat man natür-lich sofort die Abhilfe parat. Wir tauschen einfach die beiden Zeilen, was das Glei-chungssystem völlig ungeändert lässt. Das ist der Weg, den wir jetzt beschreiten werden.

Definition 3.5 (Transpositionsmatrix)
Eine $(n \times n)$-Matrix T heißt Transpositionsmatrix, wenn sie aus der Einheitsmatrix durch Tausch zweier Zeilen hervorgeht. Mit T_{ij} bezeichnen wir dann die Transposi-tionsmatrix, die durch Tausch der i-ten mit der j-ten Zeile entstanden ist:

$$T_{ij} = \begin{pmatrix} 1 & 0 & & \cdots & & 0 \\ 0 & 1 & 0 & \cdots & & 0 \\ & & \ddots & \ddots & \ddots & \\ & & & 0 & 1 & \\ \vdots & & \vdots & & \vdots & \vdots \\ & & 1 & \cdots & 0 & \ddots \\ & & & & \ddots & \ddots & 0 \\ 0 & & & & & 0 & 1 \end{pmatrix}$$

Ich hoffe, Sie verstehen dieses kurze Schema. In der i-ten und j-ten Zeile stehen also jetzt in der Diagonalen jeweils eine 0, die beiden 1 sind dafür etwas rausgerutscht. Zur Not verfolgen Sie den Vorgang mit Ihren Fingerchen. Hier einige Eigenschaften dieser Matrizen.

Satz 3.4
Transpositionsmatrizen sind regulär, symmetrisch und orthogonal.

Das ist ziemlich leicht zu sehen. Die Einheitsmatrix ist natürlich regulär mit Determinante 1. Eine Transpositionsmatrix entsteht durch Tausch zweier Zeilen, also ist ihre Determinante -1. Sie ist somit auf jeden Fall regulär.
    Die Symmetrie sieht man sofort.
    Um ihre Orthogonalität zu prüfen, müssen wir zeigen, dass $T_{ij} \cdot T_{ij}^{\top} = E$ ist. Wegen der Symmetrie müssen wir zeigen, dass $T_{ij} \cdot T_{ij} = E$ ist. Nun, T_{ij} vertauscht die i-te mit der j-ten Zeile, wenn man von links ranmultipliziert. Wenn wir dann T_{ij} noch mal von links ranmultiplizieren, vertauschen wir dieselben Zeilen noch mal, kommen also zur Ausgangsmatrix zurück. Daher ist

$$T_{ij} \cdot T_{ij}^{\top} = E,$$

was wir zeigen wollten.
    Diese Transpositionsmatrizen helfen uns nun beim Zeilentausch.

Satz 3.5
Multiplikation einer Matrix A von links mit einer Transpositionsmatrix T_{ij} vertauscht die i-te mit der j-ten Zeile. Multiplikation von rechts vertauscht die i-te mit der j-ten Spalte.

Wir schauen uns das nur an einem Beispiel an, aber das ist so einsichtig, dass wir auf einen allgemeinen Beweis leicht verzichten können.

Beispiel 3.3
Sei für $n = 3$

$$T_{23} = \begin{pmatrix} 1\,0\,0 \\ 0\,0\,1 \\ 0\,1\,0 \end{pmatrix}, \quad A = \begin{pmatrix} 1\,1\,1 \\ 2\,2\,2 \\ 3\,3\,3 \end{pmatrix}.$$

Dann rechnen wir $T_{ij} \cdot A$ nach dem Falk-Schema aus:

$$
\begin{array}{c|c}
 & \begin{pmatrix} 1\,1\,1 \\ 2\,2\,2 \\ 3\,3\,3 \end{pmatrix} \\
\hline
\begin{pmatrix} 1\,0\,0 \\ 0\,0\,1 \\ 0\,1\,0 \end{pmatrix} & \begin{pmatrix} 1\,1\,1 \\ 3\,3\,3 \\ 2\,2\,2 \end{pmatrix}
\end{array},
$$

was Sie bitte mit Ihren Fingern nachrechnen mögen. Sie sehen, die zweite und die dritte Zeile habe ihre Plätze getauscht. Die Aussage für die Spaltenvertauschung bei Multiplikation von rechts, glauben Sie mir hoffentlich. Oder wieder die Finger?

Definition 3.6 (Permutationsmatrix)
Eine Matrix $P \in \mathbb{R}^{n \times n}$ heißt Permutationsmatrix, wenn sie das Produkt von Transpositionsmatrizen ist.

Satz 3.6
Permutationsmatrizen P sind regulär und orthogonal, es gilt also

$$P^{-1} = P^{\top}. \tag{3.11}$$

Das folgt sofort aus der 5. Aussage von Satz 1.9.

Bemerkung 3.1
Aber Achtung, Permutationsmatrizen sind i.a. nicht symmetrisch. Denken Sie an die Aussage 7. von Satz 1.2.

Mit diesen Begriffen können wir jetzt erklären, wann eine L-R-Zerlegung einer Matrix A durchführbar ist.

Satz 3.7
Sei A eine reguläre $(n \times n)$-Matrix. Dann gibt es eine Permutationsmatrix P, so dass die folgende L-R-Zerlegung durchführbar ist:

$$P \cdot A = L \cdot R. \tag{3.12}$$

Man kann also bei einer regulären Matrix stets durch Zeilentausch, was ja durch die Linksmultiplikation mit einer Permutationsmatrix darstellbar ist, die L-R-Zerlegung zu Ende führen.

Nun packen wir noch tiefer in die Kiste der Numerik. Aus Gründen der Stabilität empfiehlt sich nämlich stets ein solcher Zeilentausch, wie wir am folgenden Beispiel zeigen werden.

Beispiel 3.4
Gegeben sei das lineare Gleichungssystem

$$\begin{pmatrix} 0{,}729 & 0{,}81 & 0{,}9 \\ 1 & 1 & 1 \\ 1{,}331 & 1{,}21 & 1{,}1 \end{pmatrix} \begin{pmatrix} x_1 \\ x_2 \\ x_3 \end{pmatrix} = \begin{pmatrix} 0{,}6867 \\ 0{,}8338 \\ 1 \end{pmatrix}.$$

Berechnung der exakten Lösung, auf vier Stellen gerundet, liefert

$$x_1 = 0{,}2245, \quad x_2 = 0{,}2814, \quad x_3 = 0{,}3279.$$

Stellen wir uns vor, dass wir mit einer Rechenmaschine arbeiten wollen, die nur vier Stellen bei Gleitkommarechnung zulässt. Das ist natürlich reichlich akademisch, aber das Beispiel hat ja auch nur eine (3×3)-Matrix zur Grundlage. Genauso könnten wir eine Maschine mit 20 Nachkommastellen bemühen, wenn wir dafür das Beispiel entsprechend höher dimensionieren. Solche Beispiele liefert das Leben später zur Genüge. Belassen wir es also bei diesem einfachen Vorgehen, um die Probleme nicht durch zu viel Rechnung zu verschleiern.

Wenden wir den einfachen Gauß ohne großes Nachdenken an, so müssen wir die erste Zeile mit $-1/0,729 = -1,372$ multiplizieren und zur zweiten Zeile addieren, damit wir unterhalb der Diagonalen eine Null erzeugen. Zur Erzeugung der nächsten 0 müssen wir die erste Zeile mit $-1,331/0,729 = -1,826$ multiplizieren und zur dritten Zeile addieren. Wir schreiben jetzt sämtliche Zahlen mit vier signifikanten Stellen und erhalten das System

$$\left(\begin{array}{ccc|c} 0,7290 & 0,8100 & 0,9000 & 0,6867 \\ \hline -1,372 & -0,1110 & -0,2350 & -0,1082 \\ -1,826 & -0,2690 & -0,5430 & -0,2540 \end{array} \right).$$

Um an der Stelle a_{32} eine Null zu erzeugen, müssen wir die zweite Zeile mit $-(-0,2690/-0,1110) = -2,423$ multiplizieren und erhalten

$$\left(\begin{array}{ccc|c} 0,7290 & 0,8100 & 0,9000 & 0,6867 \\ \hline -1,372 & -0,1110 & -0,2350 & -0,1082 \\ -1,826 & 2,423 & -0,026506 & 0,008300 \end{array} \right).$$

Hieraus berechnet man durch Aufrollen von unten die auf vier Stellen gerundete Lösung

$$\tilde{x}_3 = 0,3132, \ \tilde{x}_2 = 0,3117, \ \tilde{x}_1 = 0,2089.$$

Zur Bewertung dieser Lösung bilden wir die Differenz zur exakten Lösung

$$|x_1 - \tilde{x}_1| = 0,0156, \ |x_2 - \tilde{x}_2| = 0,0303, \ |x_3 - \tilde{x}_3| = 0,0147.$$

Hierauf nehmen wir später Bezug.

Zur Erzeugung der Nullen mussten wir zwischendurch ganze Zeilen mit Faktoren multiplizieren, die größer als 1 waren. Dabei werden automatisch auch die durch Rundung unvermeidlichen Fehler mit diesen Zahlen multipliziert und dadurch vergrößert.

Als Abhilfe empfiehlt sich ein Vorgehen, das man ‚Pivotisierung' nennt. Das Wort ‚Pivot' kommt dabei aus dem Englischen oder dem Französischen. Die Aussprache ist zwar verschieden, aber es bedeutet stets das gleiche: Zapfen oder Angelpunkt.

Definition 3.7 (Spaltenpivotisierung)
Unter Spaltenpivotisierung verstehen wir eine Zeilenvertauschung so, dass das betragsgrößte Element der Spalte in der Diagonalen steht.

Wir suchen also nur in der jeweils aktuellen Spalte nach dem betraglich größten Element. Dieses bringen wir dann durch Tausch der beiden beteiligten Zeilen in die Diagonale, was dem Gleichungssystem völlig wurscht ist.

In unserem obigen Beispiel müssen wir also zuerst die erste mit der dritten Zeile vertauschen, weil nun mal 1,331 die betraglich größte Zahl in der ersten Spalte ist:

$$\begin{pmatrix} 1,331 & 1,21 & 1,1 \\ 1 & 1 & 1 \\ 0,729 & 0,81 & 0,9 \end{pmatrix} \begin{pmatrix} x_1 \\ x_2 \\ x_3 \end{pmatrix} = \begin{pmatrix} 1 \\ 0,8338 \\ 0,6867 \end{pmatrix}.$$

Nun kommt der Eliminationsvorgang wie früher, allerdings multiplizieren wir immer nur mit Zahlen, die kleiner als 1 sind, das war ja der Trick unserer Tauscherei:

$$\begin{pmatrix} \underline{1,331} & 1,2100 & 1,1000 & 1,0000 \\ -0,7513 & 0,09090 & 0,1736 & 0,08250 \\ -0,5477 & 0,1473 & 0,2975 & 0,1390 \end{pmatrix}.$$

Das Spiel wiederholt sich jetzt mit dem um die erste Zeile und erste Spalte reduzierten (2×2)-System, in dem wir erkennen, dass $0,1473 > 0,09090$ ist. Also müssen wir die zweite mit der dritten Zeile vertauschen. Da die Faktoren links von dem senkrechten Strich jeweils zu ihrer Zeile gehören, werden sie natürlich mit vertauscht.

$$\begin{pmatrix} \underline{1,331} & 1,2100 & 1,1000 & 1,0000 \\ -0,5477 & 0,1473 & 0,2975 & 0,1390 \\ -0,7513 & 0,09090 & 0,1736 & 0,08250 \end{pmatrix}.$$

Um nun an der Stelle a_{32} eine Null zu erzeugen, müssen wir die zweite Zeile mit $-0,0909/0,1473 = -0,6171$ multiplizieren und erhalten

$$\begin{pmatrix} \underline{1,331} & 1,2100 & 1,1000 & 1,0000 \\ -0,7513 & 0,1473 & 0,2975 & 0,1390 \\ -0,5477 & -0,6171 & -0,01000 & -0,003280 \end{pmatrix}.$$

Wiederum durch Aufrollen von unten erhalten wir die Lösung

$$\widehat{x_3} = 0,3280, \ \widehat{x_2} = 0,2812, \ \widehat{x_1} = 0,2246.$$

Bilden wir auch hier die Differenz zur exakten Lösung

$$|x_1 - \widehat{x_1}| = 0,0001, \ |x_2 - \widehat{x_2}| = 0,0002, \ |x_3 - \widehat{x_3}| = 0,0001.$$

Dies Ergebnis ist also deutlich besser!

Wo liegt das Problem? Im ersten Fall haben wir mit Zahlen größer als 1 multipliziert, dadurch wurden auch die Rundungsfehler vergrößert. Im zweiten Fall haben wir nur mit Zahlen kleiner als 1 multipliziert, was auch die Fehler nicht vergrößerte.

Wir müssen also das System so umformen, dass wir nur mit kleinen Zahlen zu multiplizieren haben. Genau das schafft die Pivotisierung, denn dann steht das betraglich größte Element in der Diagonalen, und Gauß sagt dann, dass wir nur mit einer Zahl kleiner oder gleich 1 zu multiplizieren haben, um die Nullen zu erzeugen.

Aus den Unterabschnitten 3.4.1 und 3.5 lernen wir also, dass zur Lösung von linearen Gleichungssystemen eine Pivotisierung aus zwei Gründen notwendig ist. **Spaltenpivotisierung ist notwendig,** weil

1. selbst bei regulärer Matrix Nullen in der Diagonalen auftreten können und Gaußumformungen verhindern,
2. wegen Rundungsfehlern sonst völlig unakzeptable Lösungen entstehen können.

3.5.1 L-R-Zerlegung, Pivotisierung und lineare Gleichungssysteme

Jetzt packen wir zu unserer oben vorgestellten Lösungsmethode mit der L-R-Zerlegung noch die Spaltenpivotisierung hinzu und schreiben den nur wenig geänderten Algorithmus auf:

Gleichungssysteme und L-R-Zerlegung mit Pivotisierung

Gegeben sei ein lineares Gleichungssystem mit regulärer Matrix A

$$A \cdot \vec{x} = \vec{b}.$$

1. Man berechne die L-R-Zerlegung von A unter Einschluß von Spaltenpivotisierung, bestimme also eine untere Dreiecksmatrix L, eine obere Dreiecksmatrix R und eine Permutationsmatrix P mit

$$P \cdot A\vec{x} = L \cdot R \cdot \vec{x} = P\vec{b}. \tag{3.13}$$

2. Man setze

$$\vec{y} := R \cdot \vec{x} \tag{3.14}$$

und berechne $\vec{y}$ aus

$$L \cdot \vec{y} = P \cdot \vec{b} \quad \text{(Vorwärtselimination)} \tag{3.15}$$

3. Man berechne das gesuchte $\vec{x}$ aus

$$R \cdot \vec{x} = \vec{y} \quad \text{(Rückwärtselimination)} \tag{3.16}$$

Beispiel 3.5
Lösen Sie folgendes lineare Gleichungssystem mittels L-R-Zerlegung unter Einschluss der Spaltenpivotisierung.

$$2x_1 + 4x_2 = -1$$
$$-4x_1 - 11x_2 = -1 \cdot$$

Die zum System gehörige Matrix lautet

$$A = \begin{pmatrix} 2 & 4 \\ -4 & -11 \end{pmatrix}.$$

Offensichtlich ist in der ersten Spalte das betraglich größte Element -4 nicht in der Diagonalen, also tauschen wir flugs die beiden Zeilen mit Hilfe der Transpositionsmatrix

$$P_{12} = \begin{pmatrix} 0 & 1 \\ 1 & 0 \end{pmatrix} \Rightarrow \tilde{A} = P_{12} \cdot A = \begin{pmatrix} -4 & -11 \\ 2 & 4 \end{pmatrix}.$$

Dann wenden wir auf die neue Matrix $\tilde{A}$ die Eliminationstechnik an. Wir müssen die erste Zeile mit $1/2$ multiplizieren und zur zweiten Zeile addieren, um in der ersten Spalte unterhalb der Diagonalen eine Null zu erzeugen:

$$P_{12} \cdot A \rightarrow \begin{pmatrix} -4 & -11 \\ \frac{1}{2} & -\frac{3}{2} \end{pmatrix}.$$

Bei dieser kleinen Aufgabe sind wir schon mit der Zerlegung fertig. Die gesuchten Matrizen L und R lauten

$$L = \begin{pmatrix} 1 & 0 \\ -\frac{1}{2} & 1 \end{pmatrix}, \qquad R = \begin{pmatrix} -4 & -11 \\ 0 & -\frac{3}{2} \end{pmatrix}.$$

So, nun müssen wir zwei Gleichungssysteme lösen. Zunächst berechnen wir den Hilfsvektor $\vec{y}$ aus dem System

$$L\vec{y} = P_{12}\vec{b} \iff \begin{pmatrix} 1 & 0 \\ -\frac{1}{2} & 1 \end{pmatrix} \begin{pmatrix} y_1 \\ y_2 \end{pmatrix} = \begin{pmatrix} -1 \\ -1 \end{pmatrix}.$$

Nun ja, aus der ersten Zeile liest man die Lösung für y_1 direkt ab, und ein wenig Kopfrechnen schafft schon die ganze Lösung herbei

$$y_1 = -1, \ y_2 = -3/2.$$

Das nächste System enthält den gesuchten Vektor $\vec{x}$ und lautet

$$R\vec{x} = \vec{y} \iff \begin{pmatrix} -4 & -11 \\ 0 & -\frac{3}{2} \end{pmatrix} \begin{pmatrix} x_1 \\ x_2 \end{pmatrix} = \begin{pmatrix} -1 \\ -3/2 \end{pmatrix}.$$

Hier fangen wir unten an gemäß der Rückwärtselimination und erhalten aus der zweiten Zeile direkt und dann aus der ersten, wenn wir noch einmal unseren Kopf bemühen:

$$x_2 = 1, \ x_1 = -5/2.$$

3.5.2 L-R-Zerlegung, Pivotisierung und inverse Matrix

Der wahre Vorteil des Verfahrens zeigt sich, wenn man Systeme mit mehreren rechten Seiten zu bearbeiten hat. Dann muss man einmal die Zerlegung berechnen, kann sich aber anschließend beruhigt zurück lehnen; denn nun läuft die Lösung fast von selbst. Das wird z. B. benutzt bei der Bestimmung der inversen Matrix, wie wir es jetzt zeigen wollen.

Inverse Matrizen zu berechnen, ist stets eine unangenehme Aufgabe. Zum Glück wird das in der Praxis nicht oft verlangt. Eine auch numerisch brauchbare Methode liefert wieder die oben geschilderte L-R-Zerlegung.

Bestimmung der inversen Matrix

Gegeben sei eine reguläre Matrix A.

Gesucht ist die zu A inverse Matrix A^{-1}, also eine Matrix $X(= A^{-1})$ mit

$$A \cdot X = E \qquad (3.17)$$

Dies ist ein lineares Gleichungssystem mit einer Matrix als Unbekannter und der Einheitsmatrix E als rechter Seite.

Man berechne die L-R-Zerlegung von A unter Einschluß von Spaltenpivotisierung, bestimme also eine untere Dreiecksmatrix L, eine obere Dreiecksmatrix R und eine Permutationsmatrix P mit

$$P \cdot A \cdot X = L \cdot R \cdot X = P \cdot E. \qquad (3.18)$$

Man setze

$$Y := R \cdot X \qquad (3.19)$$

und berechne Y aus

$$L \cdot Y = P \cdot E \quad \text{(Vorwärtselimination)}. \qquad (3.20)$$

Man berechne das gesuchte X aus

$$R \cdot X = Y \quad \text{(Rückwärtselimination)}. \qquad (3.21)$$

Auch hier sind die beiden zu lösenden Systeme (3.20) und (3.21) harmlose Dreieckssysteme. Auf ihre Auflösung freut sich jeder Rechner.

Beispiel 3.6
Als Beispiel berechnen wir die Inverse der Matrix aus Beispiel 3.5. Gegeben sei also

$$A = \begin{pmatrix} 2 & 4 \\ -4 & -11 \end{pmatrix}.$$

Gesucht ist eine Matrix X mit A · X = E.

In Beispiel 3.5 haben wir bereits die L-R-Zerlegung von A mit Spaltenpivotisierung berechnet und erhielten:

$$\tilde{A} = P_{12} \cdot A = \begin{pmatrix} -4 & -11 \\ 2 & 4 \end{pmatrix} = L \cdot R = \begin{pmatrix} 1 & 0 \\ -\frac{1}{2} & 1 \end{pmatrix} \cdot \begin{pmatrix} -4 & -11 \\ 0 & -\frac{3}{2} \end{pmatrix}.$$

So können wir gleich in die Auflösung der beiden Gleichungsysteme einsteigen. Beginnen wir mit (3.20). Aus

$$L \cdot Y = \begin{pmatrix} 1 & 0 \\ -\frac{1}{2} & 1 \end{pmatrix} \cdot \begin{pmatrix} y_{11} & y_{12} \\ y_{21} & y_{22} \end{pmatrix} = \begin{pmatrix} 0 & 1 \\ 1 & 0 \end{pmatrix} = P \cdot E$$

berechnet man fast durch Hinschauen

$$Y = \begin{pmatrix} 0 & 1 \\ 1 & \frac{1}{2} \end{pmatrix}.$$

Bleibt das System (3.21):

$$R \cdot X = \begin{pmatrix} -4 & -11 \\ 0 & -\frac{3}{2} \end{pmatrix} \cdot \begin{pmatrix} x_{11} & x_{12} \\ x_{21} & x_{22} \end{pmatrix} = \begin{pmatrix} 0 & 1 \\ 1 & \frac{1}{2} \end{pmatrix} = Y,$$

aus dem man direkt die Werte x_{21} und x_{22} abliest. Für die beiden anderen Werte muss man vielleicht eine Zwischenzeile hinschreiben. Als Ergebnis erhält man

$$X = \frac{1}{6} \begin{pmatrix} 11 & 4 \\ -4 & -2 \end{pmatrix}.$$

So leicht geht das, wenn man die L-R-Zerlegung erst mal hat.

Eine letzte Bemerkung: Manchmal scheint es sich anzubieten, auch Spalten zu vertauschen. Das könnte man ja ebenfalls mit Permutationsmatrizen schaffen, wenn man sie nur von rechts her an die Matrix A heranmultipliziert. Aber Achtung, Tausch von Spalten bedeutet Tausch der Variablen. Wenn Sie Spalte 5 mit Spalte 8 tauschen, so werden auch x_5 und x_8 getauscht. Das muss man unbedingt dem Rechner mitteilen, während Zeilentausch ohne weitere Auswirkungen bleibt. Daher raten wir vom Spaltentausch ab. Das ganze Verfahren ist ja auch ohne Spaltausch stets für reguläre Matrizen durchführbar.

Übung 4

1. Gegeben sei das lineare Gleichungssystem

$$2x_1 + x_3 = 0$$
$$2x_2 + x_4 = 1$$
$$x_1 + 2x_3 = 0$$
$$x_2 + 2x_4 = 1$$

a) Berechnen Sie die L-R-Zerlegung der Systemmatrix A.
b) Zeigen Sie an Hand dieser L-R-Zerlegung, dass das LGS genau eine Lösung besitzt.
c) Berechnen Sie diese Lösung mit der L-R-Zerlegung.

2. Gegeben sei die Matrix

$$A = \begin{pmatrix} 4 & 2 & -2 & -4 \\ 2 & 2 & -1 & -5 \\ -2 & -1 & 5 & 4 \\ -4 & -5 & 4 & 23 \end{pmatrix}.$$

a) Berechnen Sie mit Spaltenpivotisierung die L-R-Zerlegung von A.
b) Begründen Sie mit der L-R-Zerlegung aus (a), daß A regulär ist.

3. Von einer Matrix A sei folgende L-R-Zerlegung bekannt:

$$A = L \cdot R \quad \text{mit } L = \begin{pmatrix} 1 & 0 & 0 & 0 \\ 0 & 1 & 0 & 0 \\ 1 & 3 & 1 & 0 \\ 0 & 1 & 2 & 1 \end{pmatrix}, \quad R = \begin{pmatrix} 2 & 3 & -2 & 0 \\ 0 & -1 & 2 & 1 \\ 0 & 0 & 2 & 2 \\ 0 & 0 & 0 & 1 \end{pmatrix}$$

a) Begründen Sie ohne explizite Berechnung von A, daß A regulär ist.
b) Berechnen Sie ohne explizite Berechnung von A die Inverse A^{-1}.

Ausführliche Lösungen: https://www.springer.com/gp/book/9783662588314

Funktionen mehrerer Veränderlicher – Stetigkeit

4

Inhaltsverzeichnis

4.1   Erste Erklärungen 55
4.2   Beschränktheit 58
4.3   Grenzwert einer Funktion 61
4.4   Stetigkeit 63

In diesem Kapitel wollen wir Ernst machen mit der Ankündigung im Vorwort, dass wir nämlich auf Ihren Vorkenntnissen, liebe Leserin, lieber Leser, die Sie aus der Schule von der Analysis besitzen, aufbauen wollen. Inzwischen ist es Standard an unseren Gymnasien, dass alle, die Abitur gemacht haben, wissen, wie man Funktionen ableitet, wie man dieses Wissen zur Berechnung von Extremwerten benutzt, und alle haben etwas vom Integral gehört. Wohlgemerkt, das alles im $\mathbb{R}^1$.

Wir wollen daher hier gleich mit der Analysis im $\mathbb{R}^n$ beginnen. Dabei werden wir immer wieder an kleinen Beispielen auf den $\mathbb{R}^1$ zurückkommen und so Ihr Vorwissen wieder auffrischen, soweit das nötig ist. Da der Unterschied vom $\mathbb{R}^1$ zum $\mathbb{R}^2$ ziemlich gewaltig ist, dann aber der Weg zum $\mathbb{R}^3$ und allgemein zum $\mathbb{R}^n$, $n > 3$ kaum noch Steine enthält, beschränken wir uns in der Darstellung und für mögliche Veranschaulichungen auf den $\mathbb{R}^2$.

Bitte folgen Sie mir in die Welt der höher dimensionalen Analysis.

4.1   Erste Erklärungen

Zuerst erklären wir, mit welchen Objekten wir uns ab sofort befassen wollen:

Definition 4.1 (Funktion zweier Veränderlicher)
Eine reellwertige Funktion von zwei Veränderlichen x und y ist eine Abbildung

$$f : \mathbb{R}^2 \to \mathbb{R} \tag{4.1}$$

© Springer-Verlag GmbH Deutschland, ein Teil von Springer Nature 2019
N. Herrmann, *Mathematik für Naturwissenschaftler*,
https://doi.org/10.1007/978-3-662-58832-1_4

mit der Funktionsgleichung

$$z = f(x, y). \tag{4.2}$$

x, y heißen unabhängige Veränderliche.

Anschaulich bedeutet dies, dass wir jedem Punkt (x, y) in der Ebene einen Wert zuordnen. Nehmen Sie also die Tischplatte vor sich. Nach rechts an der vorderen Kante gehe die positive x-Achse, senkrecht von Ihnen weg läuft die positive y-Achse. Denken Sie sich einen Punkt (x, y) aus, also legen Sie Einheiten fest und wählen Sie dann den Punkt $(2, 3)$, der hoffentlich auf Ihrer Tischplatte liegt. Dann stellen Sie ihren Bleistift oder Kugelschreiber senkrecht auf diesen Punkt. Die Länge des Stiftes ist der Wert z. Den können wir uns als nach oben, oder wenn der der Wert negativ ist, nach unten zeigenden Vektor vorstellen. Lassen Sie jetzt den Stift über den Tisch wandern und denken Sie sich, dass der Stift dabei kürzer oder länger, ja auch negativ wird, so wie gerade die Funktionsgleichung das hergibt. Die oberen Endpunkte des Stiftes beschreiben dann eine Fläche, vielleicht hat sie ja auch Abbruchkanten, das hängt von der Funktion ab. Vielleicht nehmen Sie sich ein Blatt Papier und halten es über die Tischebene. Dann sehen Sie eine mögliche Funktion vor sich.

Kleine, aber wichtige Bemerkung: Zu jedem Punkt über der Tischebene, also der (x, y)-Ebene darf es nur genau einen Bildpunkt geben. Wenn Sie also Ihr Blatt Papier zu einer Röhre drehen und über die Tischplatte halten, so ist dieses Gebilde nicht der Graph einer Funktion. Auch gefaltetes Papier usw. ergibt keine Fläche einer Funktion. Das ist genau wie in der Schule. Ein Kreis über der x-Achse ist ja auch kein Funktionsgraph. Den müssen Sie schön brav in zwei Teilkreise aufspalten, den oberen und den unteren Halbkreis.

Beispiel 4.1
Wir betrachten die Funktion

$$f : \mathbb{R}^2 \rightarrow \mathbb{R}, \quad f(x, y) := |x|.$$

Beschreiben Sie den Graphen dieser Funktion.

Dazu erinnern wir uns an die einfache Betragsfunktion $f(x) = |x|$:

Jetzt haben wir es mit der Funktion $f(x, y) = |x|$ zu tun. Wir wollen also jedem Punkt (x, y) der Ebene den Absolutwert seiner x-Koordinate zuordnen. Die y-Koordinate spielt keine Rolle für den Graphen. Wir können also y beliebig vorgeben und dann den Graphen betrachten. Nehmen wir $y = 0$, so sind wir oben bei der Funktion im $\mathbb{R}^1$. Für jedes andere y ergibt sich derselbe Graph wegen der Unabhängigkeit von y (Abb. 4.1).

Stellen Sie jetzt zwei Bleistifte vor sich auf die Tischplatte, jeweils im Winkel von 45° gegen die Senkrechte geneigt. Diese beiden Stifte verschieben Sie dann auf der y-Achse nach hinten. Oder halten Sie zwei DIN-A 4 Blätter jeweils 45° geneigt vor sich. Oder schauen Sie sich unten die Abbildung an.

Ich hoffe, jetzt sehen Sie den Graphen der Funktion.

Abb. 4.1 Der Graph der Funktion $f(x) = |x|$, wie wir ihn aus der Schule kennen

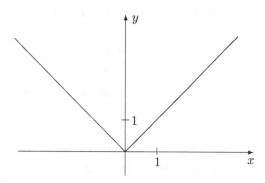

Definition 4.2 (Höhenlinie)
Unter einer Höhenlinie oder Niveaulinie einer Funktion verstehen wir alle Punkte im Definitionsgebiet, über denen die Funktion den gleichen Wert annimmt.

In der Regel ist es tatsächlich eine Linie, es kann aber auch ein ganzer Bereich sein. Für eine konstante Funktion ist es ja sogar die ganze Ebene. Wir betrachten dazu ein weiteres Beispiel, auch um alte Begriffe zu wiederholen (Abb. 4.2).

Beispiel 4.2
Sei

$$z = f(x, y) = \frac{1}{x^2 + y^2}.$$

Beschreiben Sie diese Funktion an Hand ihrer Höhenlinien.

Gehen wir erst mal etwas rechnerisch vor. Wir suchen die Höhenlinien. Wie sieht die Höhenlinie z. B. für $z = 1$ aus?

$$z = 1 \text{ also } \frac{1}{x^2 + y^2} = 1 \implies x^2 + y^2 = 1$$

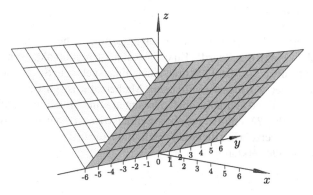

Abb. 4.2 Der Graph der Funktion $f(x, y) = |x|$ liegt wie ein Buch vor uns

Das ist also der Einheitskreis in der (x, y)-Ebene.

$$z = \frac{1}{2} \text{ also } \frac{1}{x^2 + y^2} = \frac{1}{2} \Longrightarrow x^2 + y^2 = 2.$$

Das ist ein Kreis mit Radius, na, nicht falsch machen, richtig, mit Radius $\sqrt{2}$.

$$z = \frac{1}{4}, \text{ also } \frac{1}{x^2 + y^2} = \frac{1}{4} \Longrightarrow x^2 + y^2 = 4.$$

Und das ist ein Kreis mit Radius 2. Alles klar?

Stets sind die Höhenlinien Kreise um den Nullpunkt. Betrachten wir allgemein die Höhenlinie zum Wert $z = c = $ const., so folgt

$$z = c \text{ also } \frac{1}{x^2 + y^2} = c \Longrightarrow x^2 + y^2 = \frac{1}{c}.$$

Das sind Kreise um $(0,0)$ mit Radius $\sqrt{\frac{1}{c}}$.

Hier liegt es nahe, mit anderen Koordinaten zu arbeiten. Wir nehmen die Polarkoordinaten

$$x = r \cdot \cos \varphi, \quad y = r \cdot \sin \varphi.$$

Damit schreibt sich unsere Funktionsgleichung

$$f(x, y) = f(r, \varphi) = \frac{1}{r^2 \cdot (\cos^2 \varphi + \sin^2 \varphi)} = \frac{1}{r^2}, \text{ wegen } \sin^2 \varphi + \cos^2 \varphi = 1.$$

Hier sieht man sehr deutlich, dass die Niveaulinien unabhängig vom Winkel φ sind. Also sind diese Linien rotationssymmetrisch. Ein Bild ist auf der nächsten Seite (Abb. 4.3).

4.2 Beschränktheit

Beschränktheit ist, mal abgesehen von der umgangssprachlichen Bedeutung, eigentlich ein ziemlich einfacher Begriff. Eine Funktion ist beschränkt, wenn halt eine Schranke da ist, über die die Funktion nicht hinausgelangt. So einfach möchte man das haben, aber wir müssen aufpassen. Mathematik ist gnadenlos, wenn Sie etwas übersehen. Soll die Schranke oben oder unten sein? Muss die Funktion an die Schranke heranreichen? Wenn 10 eine obere Schranke ist, ist dann auch 20 eine obere Schranke? Also was jetzt? Hier die exakte Definition, die uns zuerst abschreckt, aber wir werden schon alles erklären.

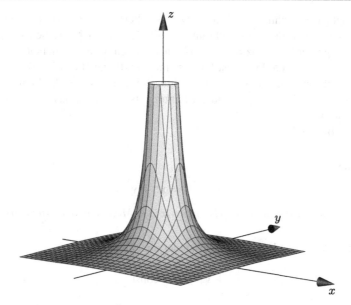

Abb. 4.3 Graph der Funktion $f(x, y) = \frac{1}{x^2+y^2}$

Definition 4.3 (Beschränkte Funktion)
Eine Funktion

$$f : E \to \mathbb{R}$$

heißt auf ihrem Definitionsbereich $E \subseteq \mathbb{R}^2$ nach oben (unten) beschränkt, wenn die Menge der Funktionswerte

$$\{f(x, y) \text{ mit } (x, y) \in E\}$$

in $\mathbb{R}$ nach oben (unten) beschränkt ist.

f heißt auf dem Definitionsbereich E beschränkt, wenn f auf dem Definitionsbereich E nach oben und nach unten beschränkt ist.

Ist f nach oben (unten) beschränkt, so heißt die obere (untere) Grenze von

$$M := \{f(x, y) \text{ mit } (x, y) \in E\}$$

Supremum (Infimum) auf E, in Zeichen:

$$\sup_{(x,y)} f(x, y) \text{ bzw. } \inf_{(x,y)} f(x, y).$$

Gehört das Supremum (Infimum) von f auf E zu M, so heißt es Maximum (Minimum), in Zeichen:

$$\max_{(x,y)} f(x, y) \quad \text{bzw.} \quad \min_{(x,y)} f(x, y).$$

Ja, das klingt ganz furchtbar. Ist es aber nicht wirklich. Schranke ist klar. Umgangssprachlich sagen wir, dass eine Schranke für die Länge der Menschen sicher 3 m ist. Dabei vergessen wir ganz die Schranke nach unten: 0 m. Mathematiker dürfen so etwas nicht vergessen. Daher ist für uns eine Funktion erst beschränkt, wenn sie nach oben *und* nach unten beschränkt ist. Nun, das lernen wir leicht. Schlimmer ist es mit den Begriffen ‚Infimum' und ‚Minimum'. Ist das nicht dasselbe? Oh, nein, ganz und gar nicht.

Dazu ein Beispiel.

Beispiel 4.3

$$z = f(x, y) = x^2 + y^2.$$

Ist diese Funktion beschränkt? Was können wir über Minima und Maxima aussagen?

Zur Veranschaulichung betrachten wir wieder die Höhenlinien.

$$x^2 + y^2 = c = \text{const.}$$

Das sind Kreise um den Punkt $(0,0)$ mit Radius $r = \sqrt{c}$. Betrachten wir die Schnittbilder mit der (x, z)-Ebene:

$$y = 0 \implies x^2 = z.$$

Das ist eine nach oben geöffnete Parabel. Ebenfalls ist das Schnittbild mit der (y, z)-Ebene

$$x = 0 \implies y^2 = z$$

eine nach oben geöffnete Parabel. Genau wie oben mit Polarkoordinaten können wir sehen, dass die ganze Fläche rotationssymmetrisch ist (Abb. 4.4).

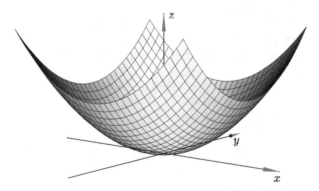

Abb. 4.4 Wir sehen das nach oben geöffnete Paraboloid $f(x, y) = x^2 + y^2$. Es ist nach unten, aber nicht nach oben beschränkt

Bei diesem Beispiel sehen wir, dass die Funktionsfläche nach unten durch die (x, y)-Ebene beschränkt ist, nach oben ist sie nicht beschränkt. Also ist sie insgesamt nicht beschränkt. Da im Nullpunkt $(0,0)$ der Wert 0 angenommen wird und dieser Wert als Funktionswert im Nullpunkt angenommen wird ($f(0,0) = 0$), ist das Infimum 0 zugleich das Minimum 0.

4.3 Grenzwert einer Funktion

Mein Schwiegervater hatte sich angeboten, als guter 10-Finger-Schreibmaschinen-akrobat die Examensarbeit meiner Frau zu tippen. Es dauerte zwei Seiten, dann kam er entnervt zu mir und gestand, dass er sich stets unter einem Grenzwert etwas Bestimmtes vorgestellt habe, aber was die Mathematik damit will, sei ihm rätselhaft. Er hat dann die Arbeit zu Ende getippt, ohne ein weiteres Wort zu verstehen.

Nun, der Begriff ‚Grenzwert‘ hat es auch wirklich in sich. Also bitte nicht verzagen, wenn es zu Beginn im Gebälk der grauen Zellen knirscht.

Definition 4.4 (Grenzwert einer Funktion)
Wir sagen, eine Funktion

$$f : \mathbb{R}^2 \to \mathbb{R}$$

hat bei $(x, y) \in \mathbb{R}^2$ *einen Grenzwert* $a \in \mathbb{R}$, *in Zeichen*

$$\lim_{(x,y) \to (x_0, y_0)} f(x, y) = a, \qquad (4.3)$$

wenn für jedes $\varepsilon > 0$ *ein* $\delta > 0$ *existiert, so dass*

$$\text{aus } |(x, y) - (x_0, y_0)| < \delta \text{ folgt } \underbrace{|f(x, y) - a|}_{\text{Betrag in } \mathbb{R}} < \varepsilon. \qquad (4.4)$$

Dabei ist

$$|(x_2, y_2) - (x_1, y_1)| := \sqrt{(x_2 - x_1)^2 + (y_2 - y_1)^2} \qquad (4.5)$$

der Euklidische Abstand von (x_1, y_1) *und* (x_2, y_2).

Das ist so eine schreckliche Definition mit ε und δ, wie man sie den Mathematikern von Seiten der Anwender als völlig unverständlich um die Ohren haut. Wir könnten uns daran machen, Ihnen den Horror vor solchen Definitionen zu nehmen, indem wir die Einfachheit der Formel zeigen, aber es gibt eine viel leichter einsichtige Formel, die wir jetzt hier angeben. Warum sollen wir uns mit diesen ε-δ-Fragen herumquälen? Sie ist nur der Vollständigkeit wegen hier aufgeführt und um meinen Schwiegervater zu entlasten.

Satz 4.1
Eine Funktion

$$f : \mathbb{R}^2 \to \mathbb{R}$$

sei in einer Umgebung von (x_0, y_0) *erklärt, in* (x_0, y_0) *eventuell nicht.* f *hat in* (x_0, y_0) *dann den Grenzwert* $a \in \mathbb{R}$, *wenn für alle Folgen von Punkten* (x_i, y_i) *aus dem Definitionsgebiet*

$$mit \lim_{i\to\infty} (x_i, y_i) = (x_0, y_0) \, folgt \lim_{i\to\infty} f(x_i, y_i) = a. \tag{4.6}$$

Wir mussten nur eine kleine Einschränkung vorweg schicken:

Eine Funktion f sei in einer Umgebung von (x_0, y_0) erklärt,…

Wenn wir also einen isolierten Punkt betrachten, der so ganz allein da herumsteht, so kann dort zwar die Funktion erklärt sein, aber mit obigem Satz können wir dort nicht prüfen, ob ein Grenzwert vorliegt. Wir können dort keine Folge betrachten, die zu diesem Punkt hinläuft. So etwas gibt es ja bei einem isolierten Punkt nicht. Dort hilft nur obige Definition 4.4. Isolierte Punkte sind aber für die Praxis ziemlich uninteressant.

Beispiel 4.4
Betrachten wir die Funktion

$$f(x, y) := \frac{x \cdot y}{e^{x^2}}.$$

Wir fragen: Existiert der Limes

$$\lim_{(x,y)\to(0,0)} f(x, y) = ?$$

Wählen wir eine Folge auf der x-Achse, also mit $y = 0$, so folgt:

$$f(x, 0) = \frac{0}{e^{x^2}} = 0,$$

also ist auch der Grenzwert einer solchen Folge, wenn wir uns dem Punkt $(0, 0)$ auf der x-Achse nähern, gleich 0:

$$\lim_{(x,0)\to(0,0)} f(x, 0) = 0$$

Wählen wir jetzt aber eine Folge, die sich auf der ersten Winkelhalbierenden ($x = y$) dem Punkt $(0, 0)$ nähert, so erhalten wir

$$f(x, x) = \frac{x^2}{e^{x^2}}.$$

Für $x \to 0$ geht das gegen einen Ausdruck $\frac{0}{0}$. So etwas nennen wir einen unbestimmten Ausdruck, weil man ja durch 0 nicht dividieren darf. Für solche Fälle kennen wir ein probates Hilfsmittel:

Lemma 4.1 (Regel von l'Hospital)

Sind f und g als Funktionen von $\mathbb{R} \to \mathbb{R}$ *in einer Umgebung von* x_0 *differenzierbar, ist* $g(x)$ *dort nicht Null und ist* $\lim_{x \to x_0}$ *dort ein unbestimmter Ausdruck wie*

$$\lim_{x \to x_0} \frac{f(x)}{g(x)} = \frac{0}{0} \; oder \; \frac{\infty}{\infty},$$

so gilt

$$\lim_{x \to x_0} \frac{f(x)}{g(x)} = \lim_{x \to x_0} \frac{f'(x)}{g'(x)},$$

falls dieser Term existiert.

Wir sollten nicht vergessen zu bemerken, dass Johann Bernoulli, ein hervorragender, aber nicht mit Gütern gesegneter Mathematiker, Herrn Marquis de l'Hospital diese Idee verkauft hat. Eigentlich ist es also die Regel von Bernoulli. Außerdem gibt es heute noch Nachfahren im Elsass, die sich ‚Lospital' sprechen, also mit dem gesprochenen ‚s', im Gegensatz zu unserer Schulweisheit. Und sie sagen, dass sich auch ihr berühmter Vorfahre so gesprochen hätte.

Zurück zu unserem Beispiel. Den oben aufgetretenen Ausdruck $\frac{x^2}{e^{x^2}}$, der ja für $x \to 0$ unbestimmt wurde, können wir jetzt mit Marquis de l'Hospital bearbeiten, indem wir sowohl im Zähler als auch im Nenner einfach die Ableitungen bilden:

$$\frac{x^2}{e^{x^2}} \to \frac{2x}{2xe^{x^2}} = \frac{1}{e^{x^2}}$$

Dieser letzte Ausdruck geht jetzt für $x \to 0$ gegen $\frac{1}{1} = 1$, also existiert der Grenzwert auch für den unbestimmten Ausdruck und stimmt mit diesem hier überein, ist also gleich 1.

Fassen wir zusammen: Wir haben zwei Folgen betrachtet, die sich beide dem Nullpunkt $(0, 0)$ nähern. Die auf der x-Achse hatte den Grenzwert 0, die auf der ersten Winkelhalbierenden aber den Grenzwert 1. Damit haben nicht alle Folgen denselben Grenzwert. Damit existiert ein solcher (einheitlicher) Grenzwert nicht.

Wichtige Bemerkung: Wir haben mit zwei Beispielen die Existenz des Grenzwertes *widerlegt*. Das ist erlaubt.

Es ist aber natürlich nicht richtig, mit zwei Beispielen die Existenz *nachzuweisen*. Es heißt im Satz 4.1: ‚wenn für alle Folgen'. Da reichen nicht zwei und nicht hundert zum Nachweis.

4.4 Stetigkeit

Wir beginnen mit dem Begriff ‚stetig', der in der Schule häufig aus verständlichen Gründen übergangen wird. Wir werden aber später an verschiedenen Stellen auf diese wichtige Eigenschaft mancher Funktionen zurück kommen.

Eingedenk, dass Sie, liebe Leserinnen und Leser, nicht zu den eingefleischten Freaks der Mathematik werden wollen, sondern die Mathematik als Hilfsmittel betrachten, wollen wir hier einen leicht verständlichen Begriff ‚stetig‘ einführen, der den kleinen Nachteil hat, dass es Ausnahmepunkte gibt, wo dieser Begriff nicht anwendbar ist. Es sind echte Seltenheitspunkte, die Sie wohl nie interessieren werden. Wir sagen unten etwas dazu. Erst mal die Definition.

Definition 4.5 (Stetigkeit)
Eine Funktion

$$f : \mathbb{R}^2 \to \mathbb{R}$$

heißt im Punkt (x_0, y_0) stetig, wenn gilt:

$$\lim_{(x,y)\to(x_0,y_0)} f(x, y) = f(x_0, y_0).$$

f heißt in einem Bereich $B \subseteq \mathbb{R}^2$ stetig, wenn f in jedem Punkt aus B stetig ist.

Diese Definition ist anschaulich und erklärt den Begriff ‚stetig‘ hinreichend. Sie ist mit der in Mathematikbüchern vorgeschlagenen ε-δ-Definition gleichbedeutend in allen Punkten, die Häufungspunkte eines Bereiches sind. In isolierten Punkten, Punkten also, die eine Umgebung haben, in denen kein weiterer Punkt des Bereiches liegt, kann man keine Folgen betrachten, die sich diesem Punkt nähern. Dort ist unsere anschauliche Definition also nicht anwendbar. Als Anwender werden Sie solche Punkte aber wohl kaum in Betracht ziehen wollen, oder?

Satz 4.2 (Eigenschaften stetiger Funktionen)

1. Ist f in (x_0, y_0) stetig und gilt

$$f(x_0, y_0) > 0,$$

dann gibt es eine ganze Umgebung von (x_0, y_0) mit

$$f(x, y) > 0 \text{ für alle } (x, y) \text{ aus dieser Umgebung.}$$

2. Ist f auf einer abgeschlossenen und beschränkten Menge E stetig, so ist f auf E beschränkt.
*3. [**Satz von Weierstraß**] Ist f auf einer abgeschlossenen und beschränkten Menge E stetig, so besitzt f auf E Minimum und Maximum .*

Der folgende Satz lässt sich ziemlich leicht anschaulich deuten. Im $\mathbb{R}^1$ kann man eine Funktion betrachten, die an einer Stelle x_1 negativ ist, an einer anderen Stelle, sagen wir $x_2 > x_1$ ist sie positiv. Dann muss sie dazwischen mal die x-Achse geschnitten haben. Sie nimmt also den Zwischenwert $y = 0$ an. Da muss man allerdings zwei Einschränkungen beachten. Die erste ist recht einsichtig, bei der zweiten muss man etwas nachdenken, was wir lieben.

1. Die Funktion darf keine Sprünge machen, klar, sonst könnte sie ja einfach die x-Achse aussparen und von $y = -3$ nach $y = +5$ hüpfen, ohne die x-Achse zu schneiden. Dazu brauchen wir also unbedingt die Stetigkeit der Funktion.

2. Wir brauchen noch eine ganz wichtige Eigenschaft, nämlich, dass wir in den reellen Zahlen arbeiten. Diese Zahlen sind vollständig. Da gibt es keine Lücken mehr. Dagegen sind die rationalen Zahlen nicht vollständig. $\sqrt{2}$ gehört nicht zu den rationalen Zahlen, π auch nicht. Auch wenn die rationalen Zahlen sehr dicht aussehen, gibt es Lücken. Betrachten Sie z. B. die Funktion

$$f(x) = x^2 - 2,$$

so sehen wir, dass ihre Nullstellen bei $x_1 = -\sqrt{2}$ und bei $x_2 = \sqrt{2}$ liegen. Beide Zahlen gehören nicht zu den rationalen Zahlen. Wenn wir f also nur auf den rationalen Zahlen betrachten, so haben wir zwar für $x = 0$ den Wert $f(0) = -2 < 0$ und für $x = 2$ den Wert $f(2) = 2 > 0$, aber es gibt keinen rationalen Punkt $x_0 \in [0, 2]$ mit $f(x_0) = 0$.

Satz 4.3 (Zwischenwertesatz)
Ist f in einem Gebiet $E \subseteq \mathbb{R}^2$ stetig und gilt für $(x_1, y_1), (x_2, y_2) \in E$

$$f(x_1, y_1) = a, \quad f(x_2, y_2) = b \text{ mit } a < b,$$

so gibt es für jedes $c \in (a, b)$ einen Punkt $(x, y) \in E$ mit

$$f(x, y) = c.$$

Übung 5

1. Betrachten Sie die durch die Funktion

$$z = \frac{y}{1 + x^2}$$

gegebene Fläche.
   a) Zeichnen Sie die Höhenlinien in ein Koordinatensystem.
   b) Veranschaulichen Sie sich das Schnittbild mit der Ebene $x = const$
   c) Veranschaulichen Sie sich das Schnittbild mit der Ebene $y = const$
   d) Skizzieren Sie ein Blockbild.
2. Untersuchen Sie die Funktion

$$f(x, y) = \frac{x^2 - y^2}{x^2 + y^2}$$

im Punkt $(0, 0)$ auf die folgenden drei Grenzwerte:
   a) $A = \lim\limits_{(x,y) \to (0,0)} f(x, y)$
   b) $B = \lim\limits_{x \to 0} \left(\lim\limits_{y \to 0} f(x, y) \right)$
   c) $C = \lim\limits_{y \to 0} \left(\lim\limits_{x \to 0} f(x, y) \right)$
3. Untersuchen Sie die Funktion

$$f(x, y) = \frac{x^2 - y^2}{\sqrt{x^2 + y^2 + 1} - 1}.$$

im Punkt $(0, 0)$ auf die drei Grenzwerte von Aufgabe 2.
4. Zeigen Sie mit Hilfe von Polarkoordinaten, dass die Funktion

$$f(x, y) = \begin{cases} \frac{x^3 - y^3}{x^2 + y^2} & \text{für } (x, y) \neq (0, 0) \\ 0 & \text{für } (x, y) \neq (0, 0) \end{cases}$$

überall stetig ist.
5. Zeigen Sie, dass die Funktion

$$f(x, y) = \frac{\sin(x^3 + y^3)}{x^2 + y^2}$$

im Nullpunkt $(0, 0)$ stetig ergänzbar ist. Durch welchen Wert?
6. Zeigen Sie, dass die Funktion

$$f(x, y) = \begin{cases} \dfrac{xy}{x^2 + y^2} & \text{für } (x, y) \neq (0, 0) \\ 0 & \text{für } (x, y) \neq (0, 0) \end{cases}$$

im Nullpunkt nicht stetig ist.

Ausführliche Lösungen: https://www.springer.com/gp/book/9783662588314

Funktionen mehrerer Veränderlicher – Differenzierbarkeit

5

Inhaltsverzeichnis

5.1 Partielle Ableitung 67
5.2 Höhere Ableitungen 73
5.3 Totale Ableitung 75
5.4 Richtungsableitung 82
5.5 Relative Extrema 88
5.6 Wichtige Sätze der Analysis 95

In diesem Kapitel werden wir alles, was Sie in der Schule über das Differenzieren gelernt haben, in's Mehrdimensionale übertragen. Das geht natürlich nicht eins zu eins, aber immer wieder werden Sie die Schule durchblicken sehen. Ziel der Differentialrechnung damals war die Untersuchung von Funktionen, vor allem ihre Minima und Maxima zu bestimmen. Das wird auch hier unser Ziel sein. Dazu werden wir ganz ähnlich notwendige und hinreichende Bedingungen aufbauen. Allerdings kann man bei Funktionen mehrerer Veränderlicher auf verschiedene Weisen Ableitungen definieren. Da müssen wir sorgfältig unterscheiden lernen. Das ist sicherlich etwas gewöhnungsbedürftig. Ich hoffe, dass die vielen Beispiele Ihnen den Weg ebnen. Also nur Mut und nicht verzagt.

5.1 Partielle Ableitung

Wir beginnen gleich mit einem neuen Begriff, der sich aber nur als leichte Verallgemeinerung aus der Schule herausstellt.

Definition 5.1 (Partielle Ableitung)
Eine Funktion

$$z = f(x, y) \to \mathbb{R}$$

© Springer-Verlag GmbH Deutschland, ein Teil von Springer Nature 2019
N. Herrmann, *Mathematik für Naturwissenschaftler,*
https://doi.org/10.1007/978-3-662-58832-1_5

heißt bei (x_0, y_0) *aus dem Definitionsbereich partiell nach* x *bzw. nach* y *differenzierbar, wenn die Funktion*

$$F(x) := f(x, y_0) \quad bzw. \quad F(y) := f(x_0, y)$$

bei x_0 *bzw. bei* y_0 *(im gewöhnlichen Sinn) differenzierbar ist. Wir schreiben*

$$\frac{\partial f(x_0, y_0)}{\partial x} = f_x(x_0, y_0) := F'(x) \quad bzw. \quad \frac{\partial f(x_0, y_0)}{\partial y} = f_y(x_0, y_0) := F'(y)$$

$$(5.1)$$

und nennen diese Terme partielle Ableitungen von f *an der Stelle* (x_0, y_0) *nach* x *bzw. nach* y.

Ich hoffe, Sie verstehen das ‚bzw.' und ordnen jeweils richtig zu. Eigentlich hätten wir alles zweimal aufschreiben müssen. Betrachten wir die partielle Ableitung nach x. Um sie zu berechnen, setzen wir $y = y_0$, d. h. wir setzen y fest, lassen es also nicht mehr als Variable frei herumschwirren. Dann ist die Funktion $f(x, y)$ nicht mehr von y abhängig, sondern eine gewöhnliche Funktion einer Variablen. Wenn wir später von den Richtungsableitungen erzählen, werden wir hierauf zurück kommen und zeigen, dass diese partielle Ableitung die Richtungsableitung der Funktion $f(x, y)$ im Punkt (x_0, y_0) in Richtung der x-Achse ist.

Hier haben wir den Wassertopftrick angewendet. Kennen Sie nicht? Also, ein Physiker soll einen Topf mit Wasser heiß machen. Dazu hat er einen leeren Topf, einen Wasserhahn und eine Kochplatte. Er füllt den Topf mit Wasser, stellt ihn auf den Kocher und wartet zehn Minuten, bis der Topf heiß ist. Anschließend erhält der Mathematiker eine etwas leichtere Voraussetzung, der Topf ist schon mit kaltem Wasser gefüllt. Nun, der Mathematiker gießt das Wasser aus dem Topf und sagt, er sei fertig, denn diese Aufgabe sei ja schon von dem Physiker gelöst worden.

Sie glauben gar nicht, wie wenig witzig das für Mathematiker ist; denn so verhalten wir uns ständig. Wir führen neue Aufgaben auf bereits gelöste zurück. Genau das haben wir mit dem partiellen Differenzieren gemacht. Die beiden Funktionen $F(x)$ bzw. $F(y)$ sind ja gewöhnliche Funktionen einer Variablen. Für die haben wir das Differenzieren in der Schule gelernt. Das nutzen wir jetzt aus.

In der Schule lernten wir: Die Ableitung einer Funktion $f(x)$ im Punkt x_0 ist der Limes

$$f'(x_0) = \lim_{x \to x_0} \frac{f(x) - f(x_0)}{x - x_0}.$$

In unserer Funktion $f(x, y)$ halten wir jetzt das y_0 fest und schreiben dieselbe Ableitung hin, einfach immer nur hinten dran das y_0 setzen:

$$\frac{\partial f(x_0, y_0)}{\partial x} = \lim_{x \to x_0} \frac{f(x, y_0) - f(x_0, y_0)}{x - x_0}. \tag{5.2}$$

Jetzt kommt die noch schönere Nachricht. So wie in der Schule sind auch hier alle Gesetze und Kenntnisse über Ableitungen von Funktionen gültig. Wir müssen unser

Köpfchen also kaum mit Neuem belasten, es bleibt fast alles beim Alten. Wir zeigen das gleich am Beispiel.

Später werden wir sehen, dass die partiellen Ableitungen einer Funktion in einem Punkt, zusammengefasst als Vektor, eine wunderbare Bedeutung besitzen. Dieser Vektor verdient daher einen eigenen Namen.

Definition 5.2 (Gradient)
Der Vektor

$$\operatorname{grad} f(x, y) := (f_x(x, y), f_y(x, y)) \tag{5.3}$$

heißt Gradient von f im Punkt (x, y).

Hier sei bereits eine ganz wichtige Bemerkung angefügt: Der Gradient einer Funktion von zwei Variablen ist ein Vektor mit zwei Komponenten, er liegt also in der Ebene, wo auch unsere Funktion ihren Definitionsbereich hat. Wir kommen später darauf zurück.

Beispiel 5.1
Sei

$$f(x, y) := x^2 y^3 + x y^2 + 2 y.$$

Wir berechnen zunächst allgemein die partiellen Ableitungen und dann den Gradienten im Punkt $(x_0, y_0) = (0, 1)$.

Dazu halten wir y_0 fest und schauen uns die Funktion $F(x)$ an:

$$F(x) = f(x, y_0) = x^2 y_0^3 + x y_0^2 + 2 y_0.$$

Ihre Ableitung lautet (Hallo, Schule!)

$$F'(x_0) = \frac{dF(x_0)}{dx} = 2 \cdot x_0 y_0^3 + 1 \cdot y_0^2 + 0 = f_x(x_0, y_0) = \frac{\partial f(x_0, y_0)}{\partial x}.$$

Das macht doch Spaß, also ran an die partielle Ableitung nach y. Wir halten jetzt x_0 fest und betrachten die Funktion $F(y)$:

$$F(y) = x_0^2 y^3 + x_0 y^2 + 2 y.$$

Ihre Ableitung lautet

$$F'(y_0) = \frac{dF(y_0)}{dy} = x_0^2 \cdot 3 \cdot y_0^2 + x_0 \cdot 2 \cdot y_0 + 2 = f_y(x_0, y_0) = \frac{\partial f(x_0, y_0)}{\partial y}.$$

Damit können wir sofort den Gradienten aufstellen:

$$\text{grad } f(x_0, y_0) = \left(2\, x_0\, y_0^3 + 1\, y_0^2,\, x_0^2\, 3\, y_0^2 + x_0\, 2\, y_0 + 2\right)$$

Damit berechnet sich der Gradient im Punkt $(x_0, y_0) = (0, 1)$ zu

$$\text{grad } f(0, 1) = (2 \cdot 0 \cdot 1^3 + 1^2,\, 0^2 \cdot 3 \cdot 1^2 + 0 \cdot 2 \cdot 1 + 2) = (1, 2).$$

Das heißt also, der Gradient der Funktion $f(x, y)$ im Punkt $(0, 1)$ ist der Vektor $(1, 2)$.

Definition 5.3 (differenzierbar)
Eine Funktion f heißt im Bereich E aus dem Definitionsgebiet differenzierbar, wenn f in jedem Punkt von E nach allen Variablen partiell differenzierbar ist.

Definition 5.4 (stetig differenzierbar)
Eine Funktion f heißt im Punkt (x_0, y_0) aus dem Definitionsgebiet stetig differenzierbar, falls f in einer Umgebung von (x_0, y_0) differenzierbar ist und alle partiellen Ableitungen in (x_0, y_0) stetig sind.

Eine im Bereich E aus dem Definitionsgebiet differenzierbare Funktion f heißt in E stetig differenzierbar, wenn alle partiellen Ableitungen in E stetig sind.

Mit diesem Begriff ‚stetig differenzierbar‘ darf man nicht ins Stottern kommen. Wir meinen nicht ‚stetig und differenzierbar‘, sondern wirklich, dass die Funktion differenzierbar sei und alle Ableitungen noch stetig sind. Das ist also eine weitere Eigenschaft der Ableitungen, die gefordert wird.

Leider ist dieser Begriff ‚differenzierbar‘ nicht so gebrauchsfertig, wie wir ihn vom $\mathbb{R}^1$ her kennen. Dort galt ja z. B.

$$f : \mathbb{R} \to \mathbb{R} \text{ differenzierbar } \implies f \text{ stetig.}$$

Wir werden jetzt ein Beispiel vorführen, wo genau diese Folgerung hier nicht zutrifft.

Beispiel 5.2
Wir betrachten die Funktion

$$f(x, y) = \begin{cases} \dfrac{xy}{x^2 + y^2} & f\ddot{u}r\ (x, y) \neq (0, 0) \\ 0 & f\ddot{u}r\ (x, y) \neq (0, 0) \end{cases}.$$

Wir zeigen an Hand dieses Gegenbeispiels, dass aus partiell differenzierbar leider nicht unbedingt stetig folgt.

Wie Sie sehen, ist ein Problem nur im Punkt $(0, 0)$ zu erwarten; dort entsteht ein Ausdruck der Form $\frac{0}{0}$, also etwas Unbestimmtes. Darum haben wir ja an dieser Stelle den Wert der Funktion extra festgelegt. Das bedeutet, diese Funktion ist auf jeden Fall überall in der ganzen Ebene bis auf den Punkt $(0, 0)$ stetig, differenzierbar, alle partiellen Ableitungen existieren usw. Nur der Nullpunkt macht uns Kummer. Dort müssen wir prüfen. Haben Sie sich mit der Aufgabe 6 im letzten Kapitel (Übung 5) beschäftigt? Dort haben Sie hoffentlich nachweisen können, dass diese Funktion im Nullpunkt leider nicht stetig ist.

Wir zeigen jetzt, dass für diese Funktion auch im Nullpunkt beide partiellen Ableitungen existieren. Weil das nicht so ganz einsichtig ist, werden wir uns an die Erklärung in Gl. (5.2) halten. Es ist

$$\frac{f(x, 0) - f(0, 0)}{x - 0} = \frac{\frac{x \cdot 0}{x^2 + 0} - 0}{x - 0} = 0. \tag{5.4}$$

Rechts ergibt sich 0, also ist der Ausdruck links auch gleich Null, damit existiert auch sein Grenzwert und ist ebenfalls einfach gleich Null.

$$f_x(0, 0) = \lim_{x \to 0} \frac{f(x, 0) - f(0, 0)}{x - 0} = \lim_{x \to 0} \frac{\frac{x \cdot 0}{x^2 + 0^2} - 0}{x - 0} = \lim_{x \to 0} 0 = 0.$$

Die partielle Ableitung nach x existiert also. Nun, genau so geht das mit der partiellen Ableitung nach y:

$$f_y(0, 0) = \lim_{y \to 0} \frac{f(0, y) - f(0, 0)}{y - 0} = \lim y \to 0 \frac{\frac{0 \cdot y}{0^2 + y^2} - 0}{y - 0} = \lim_{y \to 0} 0 = 0.$$

Beide partiellen Ableitungen existieren also. Nach unserer Definition ist damit die Funktion f auch im Nullpunkt differenzierbar, aber leider ist sie ja dort nicht stetig. Das ist also ein schlechter Differenzierbarkeitsbegriff, und wir müssen uns etwas Besseres, leider damit auch etwas Komplizierteres einfallen lassen.

Noch eine Bemerkung. Zum Nachweis des Grenzwertes in der partiellen Ableitung nach x haben wir zuerst alles ohne ‚lim' hingeschrieben und ausgerechnet. Erst als wir gesehen haben, dass hier alles glatt ging, es ergab sich ja 0, durften wir auch den Limes davorschreiben. An der Tafel schreibe ich die Zeile (5.4) mit jeweils kleinen Lücken nach jedem Gleichheitszeichen hin. Dann sehe ich, dass ganz rechts vor die 0 das Limeszeichen geschrieben werden kann, weil ja $\lim_{x \to 0} 0 = 0$ ist. Dann kann man wegen der Gleichheit das Zeichen ‚lim' auch vor die beiden Terme vorher in der Zeile setzen. Und dann erst darf man auch die partielle Ableitung ganz vorne hinschreiben. Manchmal schreibe ich diese Zeile an der Tafel dann noch mal hin, damit die Logik, wie wir den Grenzwert nachweisen, ganz klar wird. Bitte lesen Sie sich die zehn Zeilen hier also noch mal durch. Das entspricht meiner Wiederholung an der Tafel.

Übung 6

1. Bestimmen Sie für die Funktion

$$f(x, y) = |y| \quad \text{in} \quad R = \{(x, y) \in \mathbb{R}^2 : -1 < x < 1, -1 < y < 1\}$$

   Supremum und Infimum auf R.
   Sind das auch Maximum und Minimum?

2. Betrachten Sie die Funktion

$$f(x, y) = x^2 + y^2 \quad \text{in} \quad Q = \{(x, y) \in \mathbb{R}^2 : -2 < x < 2, -2 < y < 2\}.$$

   Veranschaulichen Sie sich an einer Skizze die partiellen Ableitungen f_x und f_y in verschiedenen Punkten von Q.

3. Berechnen Sie für folgende Funktionen die partiellen Ableitungen f_x und f_y jeweils im Definitionsbereich:

   a) $f(x, y) = x^2 + 3xy + y^2$

   b) $f(x, y) = \dfrac{x}{y^2} - \dfrac{y}{x^2}$

   c) $f(x, y) = \sin 3x \cdot \cos 4y$

   d) $f(x, y) = \arctan \dfrac{y}{x}$

4. Zeigen Sie, dass für

   a) $f(x, y) = \sqrt{x^2 + y^2}$ gilt: $x \cdot f_x + y \cdot f_y = f$,

   b) $f(x, y) = \ln \sqrt{x^2 + y^2}$ gilt: $x \cdot f_x + y \cdot f_y = 1$,

5. Zeigen Sie, dass die Funktion

$$f(x, y) = \begin{cases} \dfrac{x^2 y}{x^4 + y^2} & \text{für } (x, y) \neq (0, 0) \\ 0 & \text{für } (x, y) = (0, 0) \end{cases}$$

   im Punkt $(0, 0)$ partiell differenzierbar, aber dort nicht stetig ist [Hinweis: Betrachten Sie die Koordinatenachsen und die Parabel $y = x^2$].

Ausführliche Lösungen: https://www.springer.com/gp/book/9783662588314

5.2 Höhere Ableitungen

Genau so wie im $\mathbb{R}^1$ lässt sich auch hier der Ableitungsbegriff auf höhere Ableitungen verallgemeinern.

Definition 5.5
Die Funktion $f : \mathbb{R}^2 \to \mathbb{R}$ sei in der Menge $E \subseteq \mathbb{R}^2$ partiell nach x bzw. partiell nach y differenzierbar. Dann sind f_x und f_y beides wieder Funktionen mit dem Definitionsbereich E. f heißt in $(x_0, y_0) \subseteq E$ zweimal nach x bzw. nach y partiell differenzierbar, falls f_x bzw. f_y partiell nach x bzw. nach y differenzierbar ist. Bezeichnung:

$$f_{xx}(x_0, y_0) = \frac{\partial^2 f}{\partial x^2}(x_0, y_0), \quad f_{xy}(x_0, y_0) = \frac{\partial^2 f}{\partial y \partial x}(x_0, y_0)$$

$$f_{yx}(x_0, y_0) = \frac{\partial^2 f}{\partial x \partial y}(x_0, y_0), \quad f_{yy}(x_0, y_0) = \frac{\partial^2 f}{\partial y^2}(x_0, y_0) \tag{5.5}$$

Analog kann man dann noch höhere Ableitungen definieren, also so etwas wie $f_{xxyxyyx}(x_0, y_0)$, aber das können Sie sicher alleine weiter treiben. Eine wichtige Frage bleibt zu klären, wenn wir f_{xy} und f_{yx} betrachten.

Beachten Sie bitte, dass f_{xy} bedeutet, wir möchten bitte zuerst nach y und dann nach x ableiten. Manche Autoren definieren das anders. Aber jetzt kommen wir mit einem sehr interessanten Satz, der uns sagt, dass wir diese Regel gar nicht so genau beachten müssen. In den meisten Fällen, die bei den Anwendungen vorkommen, ist es schlicht egal, in welcher Reihenfolge wir ableiten.

Satz 5.1 (Hermann Amandus Schwarz)
Die Funktion f sei in einer Umgebung von (x_0, y_0) stetig. Existieren die partiellen Ableitungen f_x f_y und f_{xy} in dieser Umgebung und sind diese in (x_0, y_0) stetig, so existiert auch die partielle Ableitung f_{yx} und es gilt

$$f_{xy}(x_0, y_0) = f_{yx}(x_0, y_0). \tag{5.6}$$

Damit folgern wir z. B.:

$$f_{xxyxyyx}(x_0, y_0) = f_{xxxxyyy}(x_0, y_0) = f_{yyyxxxx}(x_0, y_0)$$

Das ist doch mal eine gute Nachricht.

Übung 7

1. Berechnen Sie für die Funktionen
   a) $f(x, y) := x^3\, y + e^{x\, y^2}$,
   b) $f(x, y) := x \cos x - y \sin x$

   alle zweiten partiellen Ableitungen.
2. Betrachten Sie die Funktion

$$f(x, y) := \begin{cases} x\, y\, \dfrac{x^2 - y^2}{x^2 + y^2} & \text{für } (x, y) \neq (0, 0) \\ 0 & \text{für } (x, y) = (0, 0) \end{cases}$$

   a) Berechnen Sie die ersten partiellen Ableitungen.
   b) Zeigen Sie mittels Polarkoordinaten, dass die ersten partiellen Ableitungen in $(0, 0)$ stetig sind.
   c) Zeigen Sie, dass die gemischten zweiten partiellen Ableitungen im Punkt $(0, 0)$ nicht gleich sind:

$$f_{yx}(0, 0) \neq f_{xy}(0, 0)$$

3. Für welches $a \in \mathbb{R}$ ist für die Funktion

$$f(x, y) := x^3 + a\, x\, y^2$$

   die Gleichung

$$f_{xx}(x, y) + f_{yy}(x, y) = 0$$

   für alle $(x, y) \in \mathbb{R}^2$ erfüllt?

Ausführliche Lösungen: https://www.springer.com/gp/book/9783662588314

5.3 Totale Ableitung

Nun aber zu dem neuen Ableitungsbegriff, der uns alle Wünsche erfüllt.

Definition 5.6
Es sei $D \subseteq \mathbb{R}^2$ eine offene Menge und $(x_0, y_0) \in D$. Die Funktion $f : D \to \mathbb{R}$ heißt im Punkt (x_0, y_0) total differenzierbar, wenn gilt

$$\lim_{(x,y) \to (x_0,y_0)} \frac{f(x, y) - f(x_0, y_0) - f_x(x_0, y_0) \cdot (x - x_0) - f_y(x_0, y_0) \cdot (y - y_0)}{|(x, y) - (x_0, y_0)|}$$
$$= 0. \tag{5.7}$$

Der Term

$$df(x_0, y_0) = f_x(x_0, y_0) \cdot (x - x_0) + f_y(x_0, y_0) \cdot (y - y_0) \tag{5.8}$$

heißt totales Differential der Funktion f im Punkt (x_0, y_0).
   Der Graph der Funktion

$$\tilde{f}(x, y) := f(x_0, y_0) + f_x(x_0, y_0) \cdot (x - x_0) + f_y(x_0, y_0) \cdot (y - y_0) \tag{5.9}$$

heißt Tangentialebene an f im Punkt $(x_0, y_0, f(x_0, y_0))$.

Die nächste gute Nachricht lautet, dass wir alle aus der Schule bekannten Regeln für das Ableiten hierher übernehmen können.

Satz 5.2 (Ableitungsregeln)
Die Differentiationsregeln für Summen, Differenzen, Produkte und Quotienten übertragen sich sinngemäß aus dem $\mathbb{R}^1$.

Bevor wir alles an einem Beispiel üben, zunächst mal der Satz, der uns sagt, dass mit diesem Begriff alles paletti ist.

Satz 5.3
Ist die Funktion f in (x_0, y_0) total differenzierbar, so ist f in (x_0, y_0) stetig und differenzierbar.
   Ist f in (x_0, y_0) stetig differenzierbar, so ist f in (x_0, y_0) total differenzierbar.

Beispiel 5.3
Bestimmen Sie für

$$f(x, y) := \frac{1}{2} \ln(x^2 + y^2)$$

das totale Differential bei (x_0, y_0).

Wir benutzen dieses Beispiel, um uns eine kleine Merkregel für das totale Differential zu erarbeiten. Es ist ja nach Definition

$$df(x_0, y_0) = f_x(x_0, y_0) \cdot (x - x_0) + f_y(x_0, y_0) \cdot (y - y_0).$$

Setzen wir jetzt wie in der Schule

$$dx := x - x_0, \quad dy := y - y_0,$$

und beachten wir

$$\operatorname{grad} f := (f_x, f_y),$$

so schreibt sich das totale Differential

$$\begin{aligned}
df(x_0, y_0) &= f_x(x_0, y_0) \cdot (x - x_0) + f_y(x_0, y_0) \cdot (y - y_0) \\
&= f_x(x_0, y_0) \cdot dx + f_y(x_0, y_0) \cdot dy \\
&= \operatorname{grad} f(x_0, y_0) \cdot (dx, dy).
\end{aligned}$$

Das kann man sich doch leicht merken, oder?

Hier heißt das:

$$f_x(x_0, y_0) = \frac{x}{x^2 + y^2}, \quad f_y(x_0, y_0) = \frac{y}{x^2 + y^2},$$

also

$$\operatorname{grad} f(x_0, y_0) = \left(\frac{x}{x^2 + y^2}, \frac{y}{x^2 + y^2} \right),$$

und damit lautet das totale Differential

$$df(x_0, y_0) = \frac{x}{x^2 + y^2} \cdot dx + \frac{y}{x^2 + y^2} \cdot dy.$$

Beispiel 5.4

Bestimmen Sie die Tangentialebene an

$$f(x, y) := \frac{y}{1 + x^2} \quad in \ (x_0, y_0) = (1, 2).$$

Die Tangentialebene ist der Graph der Funktion

$$\tilde{f}(x, y) := f(x_0, y_0) + f_x(x_0, y_0) \cdot (x - x_0) + f_y(x_0, y_0) \cdot (y - y_0).$$

Wir rechnen also:

$$f(x_0, y_0) = \frac{y_0}{1 + x_0^2} \Rightarrow f(1, 2) = \frac{2}{1 + 1^2} = 1,$$

$$f_x(x_0, y_0) = -\frac{y_0}{(1 + x_0^2)^2} \cdot 2 \cdot x \Rightarrow f_x(1, 2) = -1,$$

$$f_y(x_0, y_0) = \frac{1}{1 + x_0^2} \Rightarrow f_y(1, 2) = \frac{1}{2}.$$

Damit folgt

$$\text{grad } f(x_0, y_0) = \left(-\frac{2 \cdot x_0 \cdot y_0}{(1 + x_0^2)^2}, \frac{1}{1 + x^2}\right),$$

also

$$\text{grad } f(1, 2) = \left(-1, \frac{1}{2}\right).$$

Als Tangentialebene erhalten wir damit

$$\widetilde{f}(x_0, y_0) = 1 + (-1) \cdot (x_0 - 1) + \frac{1}{2}(y - 2)$$

$$= 1 - x_0 + \frac{y_0}{2}.$$

Wir setzen jetzt $z := \widetilde{f}(x, y)$, um damit die Tangentialebene im $\mathbb{R}^3$ darzustellen, und erhalten in Koordinatenform:

$$z = 1 - x + \frac{y}{2} \Longrightarrow 2x - y + 2z = 2.$$

Das ist, wie wir von früher wissen, eine Ebene im $\mathbb{R}^3$.

Ist das nicht toll, wie hier plötzlich die analytische Geometrie ins Spiel kommt? Ebenengleichung, hatten wir doch in der 12. Ein ziemliches Wesensmerkmal in der Mathematik, dass man nichts vergessen darf, alles kommt irgendwann mal wieder.

Solch einen neuen Begriff wie total differenzierbar hat man erst vollständig verstanden, wenn man auch Funktionen kennen gelernt hat, die diese Eigenschaft nicht besitzen. Darum folgt jetzt ein Beispiel einer Funktion, die überall, auch im Punkt $(0, 0)$ stetig ist, dort sogar alle partiellen Ableitungen besitzt, also in unserer Nomenklatur differenzierbar ist, aber dort nicht total differenzierbar ist.

Beispiel 5.5

Wir zeigen, dass die Funktion

$$f(x, y) := \begin{cases} \frac{x^2 y}{x^2+y^2} & f\ddot{u}r \ (x, y) \neq (0, 0) \\ 0 & f\ddot{u}r \ (x, y) = (0, 0) \end{cases}$$

im Punkt $(0, 0)$ *stetig und differenzierbar, aber nicht total differenzierbar ist. Wir sehen natürlich sofort, dass in allen anderen Punkten kein Problem zu erwarten ist. Nur die Nulldividiererei macht ja Kummer.*

Wir zeigen, dass

1. $f(x, y)$ im ganzen $\mathbb{R}^2$ stetig ist,
2. $f(x, y)$ auch im Punkt $(0, 0)$ alle partiellen Ableitungen besitzt,
3. dass $f(x, y)$ aber im Nullpunkt $(0, 0)$ nicht total differenzierbar ist.

Zu 1.   Wir untersuchen den Punkt $(x, y) = (0, 0)$ mit Polarkoordinaten:

$$x = r \cos\varphi, \quad y = r \sin\varphi.$$

Sei zunächst $(x, y) \neq (0, 0)$. Dann ist

$$\begin{aligned} f(x, y) &= \frac{r^2 \cos^2\varphi \, r \sin\varphi}{r^2 \cos^2\varphi + r^2 \sin^2\varphi} \\ &= \frac{r^3 \cos^2\varphi \sin\varphi}{r^2} \\ &= r \cos^2\varphi \sin\varphi, \end{aligned}$$

weil ja stets $\sin^2\varphi + \cos^2\varphi = 1$ ist.

Jetzt betrachten wir den Grenzübergang $r \to 0$, nähern uns also dem Nullpunkt. Wie wir an der letzten Zeile sehen, gibt es kein Problem mehr, da wird nirgends mehr durch 0 geteilt. Also existiert der Grenzwert und er ist gleich null. Also ist f stetig im Punkt $(0, 0)$. Das war mit dem Trick der Polarkoordinaten einfach.

Wir sollten dazu sagen, dass wir im Prinzip natürlich alle Wege, wirklich alle betrachten müssen, die sich auf den Nullpunkt zu bewegen. Aber durch den Grenzübergang $r \to 0$ haben wir die alle erfasst.

Zu 2.   Wir bilden die partiellen Ableitungen zunächst wieder für $(x_0, y_0) \neq (0, 0)$:

$$\begin{aligned} f_x(x_0, y_0) &= \frac{2 x_0 y_0 (x_0^2 + y_0^2) - x_0^2 y_0 \cdot 2 \cdot x_0}{(x_0^2 + y_0^2)^2} \\ &= \frac{2 x_0 y_0^3}{(x_0^2 + y_0^2)^2} \\ f_y(x_0, y_0) &= \frac{x_0^2 (x_0^2 - y_0^2)}{(x_0^2 + y_0^2)^2} \end{aligned}$$

Hier haben wir etwas Kummer. Das Problem, durch Null zu dividieren, hat sich nicht geändert. Wir kommen also so nicht weiter. Wir werden daher für den Punkt $(0, 0)$ direkt die partiellen Ableitungen aus der ursprünglichen Definition berechnen. Es ist

$$\frac{f(x, 0) - f(0, 0)}{x - 0} = \frac{0 - 0}{x} = 0.$$

Dann gilt auch für den Limes

$$f_x(0, 0) = \lim_{x \to 0} \frac{f(x, 0) - f(0, 0)}{x - 0} = \lim_{x \to 0} \frac{0 - 0}{x} = \lim_{x \to 0} 0 = 0.$$

Ganz analog geht das mit der partiellen Ableitung nach y, auch die existiert und es ist $f_y(0, 0) = 0$.

Also ist f in $(0, 0)$ differenzierbar, beide partiellen Ableitungen existieren. Wir bemerken noch schnell, dass aber die partiellen Ableitungen nicht stetig im Punkt $(0, 0)$ sind; denn betrachte die 1. Winkelhalbierende $x = y$ mit zunächst $x \neq 0$.

$$f_x(x_0, x_0) = \frac{2 x_0 x_0^3}{(x_0^2 + x_0^2)^2} = \frac{1}{2}.$$

Das ist also ein konstanter Wert. Damit ist auch

$$\lim_{x_0 \to 0} f_x(x_0, x_0) = \frac{1}{2} \neq 0.$$

Zu 3.   Wir zeigen jetzt, dass f im Punkt $(0, 0)$ nicht total differenzierbar ist. Wir müssten lt. Definition zeigen (vgl. Formel (5.7)):

$$\lim_{(x,y) \to (0,0)} \ldots = 0.$$

Wieder wählen wir zur Widerlegung die 1. Winkelhalbierende. Sei also $x = y > 0$. Dann folgt

$$\frac{f(x, x) - f(0, 0) - f_x(0, 0) \cdot (x - 0) - f_y(0, 0) \cdot (x - 0)}{|(x, x) - (0, 0)|}$$

$$= \frac{\frac{x^3}{2x^2} - 0 - 0 - 0}{\sqrt{2x^2}}$$

$$= \frac{x}{2\sqrt{2}x}$$

$$= \frac{1}{2\sqrt{2}}$$

$$= \text{const.}$$

Und das geht nicht gegen 0, da es ja konstant ist.

Mit diesem Beispiel haben wir zugleich gezeigt, dass wir wirklich einen neuen Ableitungsbegriff definiert haben.

Wir wollen noch einmal zusammenfassen, wie wir eine Funktion auf totale Differenzierbarkeit untersuchen müssen.

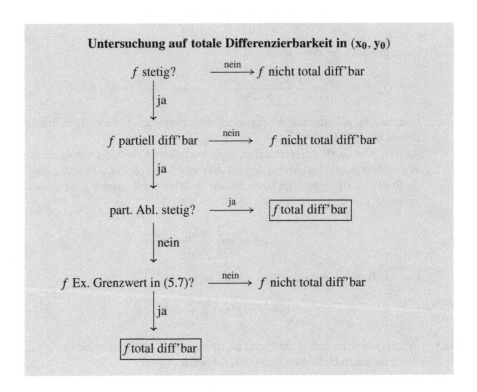

Untersuchung auf totale Differenzierbarkeit in (x_0, y_0)

f stetig? $\xrightarrow{\text{nein}}$ f nicht total diff'bar

$\downarrow$ ja

f partiell diff'bar $\xrightarrow{\text{nein}}$ f nicht total diff'bar

$\downarrow$ ja

part. Abl. stetig? $\xrightarrow{\text{ja}}$ $\boxed{f \text{ total diff'bar}}$

$\downarrow$ nein

f Ex. Grenzwert in (5.7)? $\xrightarrow{\text{nein}}$ f nicht total diff'bar

$\downarrow$ ja

$\boxed{f \text{ total diff'bar}}$

Übung 8

1. Zeigen Sie, dass die Funktion

$$f(x, y) := \begin{cases} \dfrac{x^3 y}{x^2 + y^2} & \text{für } (x, y) \neq (0, 0) \\ 0 & \text{für } (x, y) = (0, 0) \end{cases}$$

überall im $\mathbb{R}^2$ total differenzierbar ist.

2. Untersuchen Sie, ob die Funktion

$$f(x, y) := \begin{cases} \dfrac{x^2 y^2}{x^2 + y^2} & \text{für } (x, y) \neq (0, 0) \\ 0 & \text{für } (x, y) = (0, 0) \end{cases}$$

im $\mathbb{R}^2$ total differenzierbar ist.

3. Berechnen Sie für die Funktion

$$f(x, y) := \frac{1}{2} \ln(x^2 + y^2)$$

das totale Differential.

4. Berechnen Sie für die Funktion

$$f(x, y) := x^2 y - 3 y$$

   a) die Tangentialebene im Punkt $(x_0, y_0) = (4, 3)$,
   b) das totale Differential im Punkt $(x_1, y_1) = (3,99, 3,02)$,
   c) eine Näherung mit Hilfe des totalen Differentials für $f(5,12, 6,85)$.

Ausführliche Lösungen: https://www.springer.com/gp/book/9783662588314

5.4   Richtungsableitung

In diesem Abschnitt wollen wir den Begriff der partiellen Ableitung erweitern und daraus einige interessante Folgerungen ziehen.

Definition 5.7 (Richtungsableitung)
Sei $f(x, y)$ in einer Umgebung des Punktes $(x_0, y_0) \in \mathbb{R}^2$ definiert und sei $\vec{m} := (m_1, m_2)$ ein Vektor des $\mathbb{R}^2$ der Länge 1, also mit

$$|\vec{m}| := \sqrt{m_1^2 + m_2^2} = 1.$$

Dann heißt der Grenzwert, falls er existiert,

$$\frac{\partial f(x_0, y_0)}{\partial m} := \lim_{k \to 0} \frac{f(x_0 + k \cdot m_1, y_0 + k \cdot m_2) - f(x_0, y_0)}{k} \qquad (5.10)$$

Richtungsableitung von $f(x, y)$ im Punkt (x_0, y_0) in Richtung von $\vec{m}$.

Schauen wir uns das genau an, so erkennen wir, dass wir uns vom Punkt (x_0, y_0) ein kleines Stück zum Punkt $f(x_0 + k \cdot m_1, y_0 + k \cdot m_2)$ entfernen und dann mit dem Limes auf den Punkt (x_0, y_0) zulaufen, indem wir nur k verändern. Wir laufen also auf der Geraden durch (x_0, y_0) in Richtung von $\vec{m}$ und betrachten dort genau so einen Differenzenquotienten wie im $\mathbb{R}^1$ und davon den Limes. Jetzt wird der Begriff ‚Richtungsableitung' hoffentlich klar, es ist die gewöhnliche Ableitung von $f(x, y)$, eingeschränkt auf die Gerade durch (x_0, y_0) in Richtung $\vec{m}$.

Schnell ein Beispiel, damit wir sehen, wie einfach dieser Begriff ist.

Beispiel 5.6
Für die Funktion

$$f(x, y) := x^2 + y^2$$

berechnen wir die Richtungsableitung im Nullpunkt $(x_0, y_0) = (0, 0)$ in Richtung der ersten Winkelhalbierenden.

Vom Nullpunkt in Richtung der ersten Winkelhalbierenden geht es mit dem Vektor $(1, 1)$. Aber Achtung, dieser Vektor hat nicht die Länge 1. Pythagoras sagt uns doch, dass

$$|(1, 1)| = \sqrt{1^2 + 1^2} = \sqrt{2}.$$

Wir müssen also den Vektor

$$\vec{m} := \frac{1}{\sqrt{2}} \cdot (1, 1) = \left(\frac{1}{\sqrt{2}}, \frac{1}{\sqrt{2}} \right)$$

als Richtungsvektor nehmen. Dann rechnen wir mal schnell den Grenzwert aus. Es ist

$$\frac{f(x_0 + k \cdot m_1, y_0 + k \cdot m_2) - f(x_0, y_0)}{k} = \frac{f\left(\frac{k}{\sqrt{2}}, \frac{k}{\sqrt{2}}\right) - f(0,0)}{k}$$

$$= \frac{\frac{k^2}{2} + \frac{k^2}{2} - 0}{k}$$

$$= k.$$

Hier darf man natürlich den Limes $\lim_{k\to 0}$ anwenden, und es ergibt sich

$$\frac{\partial f(x_0, y_0)}{\partial m} = 0.$$

Nehmen wir jetzt den Richtungsvektor $\vec{m} = (1, 0)$, also die Richtung der x-Achse, so folgt

$$\frac{\partial f(x_0, y_0)}{\partial m} = \lim_{k\to 0} \frac{f(x_0 + k, 0) - f(0, 0)}{k} = \lim_{k\to 0} \frac{k^2}{k} = \lim_{k\to 0} k = 0.$$

Das ist genau die partielle Ableitung in x-Richtung. Vergleichen Sie nur die Definition in (5.2). Analog ergibt sich für den Vektor $\vec{m} = (0, 1)$ die partielle Ableitung in y-Richtung. Die partiellen Ableitungen sind also die Richtungsableitungen in Richtung der Koordinatenachsen.

Im folgenden Satz zeigen wir, wie man die Richtungsableitung sehr leicht ausrechnen kann, ohne immer diesen Grenzwert zu betrachten.

Satz 5.4

Ist $f(x, y)$ in einer Umgebung von (x_0, y_0) definiert und in (x_0, y_0) stetig differenzierbar, so existiert die Richtungsableitung von $f(x, y)$ in (x_0, y_0) in Richtung jedes Einheitsvektors $\vec{m}$, und es gilt

$$\frac{\partial f(x_0, y_0)}{\partial m} = \text{grad } f(x_0, y_0) \cdot \vec{m} \qquad (5.11)$$

Wir berechnen also den Gradienten von f und bilden das innere Produkt mit dem Richtungsvektor $\vec{m}$, vorher diesen bitte auf Länge 1 zurecht stutzen.

Als nächstes haben wir zwei wunderschöne Sätze vor uns, die uns die Untersuchung solcher Funktionen so anschaulich machen. Dazu betrachten wir die Höhenlinien einer Funktion $f(x, y)$. Gehen Sie dazu wieder ganz an den Anfang zurück und denken Sie noch mal an das Gebirge, das die Funktion bildet, also der Graph dieser Funktion, sagen wir, über der Tischplatte vor Ihnen. Höhenlinien erhalten wir dadurch, dass wir ein Blatt Papier parallel zur Tischplatte in einem gewissen Abstand mit dem Gebirge zum Schnitt bringen. Aber jetzt nichts falsch machen. Die Höhenlinien sind nicht diese Schnittlinien, sondern ihre Projektion auf die Tischplatte.

Die Höhenlinien liegen in der Tischebene. Es sind die Linien im Definitionsgebiet, auf denen die Funktion $f(x, y)$ denselben Wert annimmt. Das ist ganz wichtig und wird von vielen Anfängern falsch gemacht. Wir suchen also die Punkte $(x, y) \in \mathbb{R}^2$, mit

$$f(x, y) = \text{const.}$$

Über einer solchen Linie hat unsere Funktion also immer die gleiche Höhe. Wenn wir in Richtung einer solchen Linien fortschreiten, so ändert sich unsere Steigung nicht, d. h. die Richtungsableitung in eine solche Richtung $\vec{m}$ ist gleich null: $\frac{\partial f(x_0, y_0)}{\partial m} = 0$. Jetzt werfen Sie bitte einen kleinen Blick auf den Satz 5.4, und Sie erkennen, weil das innere Produkt nur für senkrecht stehende Vektoren verschwindet, falls diese beiden ungleich dem Nullvektor sind:

Satz 5.5 (Gradient und Höhenlinien)
Der Gradient steht senkrecht auf den Höhenlinien.

Wir suchen uns also auf der Tischplatte durch einen beliebigen Punkt die zugehörige Höhenlinie und wissen sogleich, wohin der Gradient zeigt, nämlich senkrecht zu dieser Linie. Wir wissen ja noch von früher, dass auch der Gradient ein Vektor in der Tischplattenebene ist.

Für den nächsten Satz müssen wir zurückgreifen auf das innere Produkt zweier Vektoren. Erinnern wir uns?

$$\vec{a} \cdot \vec{b} = |\vec{a}| \cdot |\vec{b}| \cdot \cos \angle(\vec{a}, \vec{b}).$$

Man multipliziert die Länge des ersten Vektors mit der Länge des zweiten und noch mit dem Cosinus des eingeschlossenen Winkels. Für die Richtungsableitung galt

$$\frac{\partial f(x_0, y_0)}{\partial m} = \text{grad } f(x_0, y_0) \cdot \vec{m}$$
$$= |\text{grad } f(x_0, y_0)| \cdot |\vec{m}| \cdot \cos \angle(\text{grad } f(x_0, y_0), \vec{m}).$$

Der Richtungsvektor $\vec{m}$ hat immer die Länge 1. An einem bestimmten Punkt (x_0, y_0) ist der Gradient festgelegt, hat also auch eine feste Länge, an der nicht gedreht wird. Einzig der Cosinus ändert sich, wenn wir $\vec{m}$ ändern. Der Cosinus hat Werte zwischen -1 und 1. Sein größter Wert wird für den Winkel $0°$ erreicht, nämlich 1. Wenn wir also $\vec{m}$ in dieselbe Richtung wie den Gradienten legen, so hat die Richtungsableitung ihren größten Wert. Wir schließen:

Satz 5.6
Der Gradient zeigt in Richtung des stärksten Anstiegs.

Aber halt, hier sind sehr viele Irrtümer im Umlauf. Wir erinnern uns, dass der Gradient in der (Tisch-)Ebene liegt, der Vektor $\vec{m}$ ebenfalls. Wenn wir also jetzt den größten Anstieg unserer Fläche in einem Punkt (x_0, y_0) suchen, so rechnen wir an diesem Punkt den Gradienten aus. Der zeigt in der Tischebene in eine Richtung. Oben auf der Fläche geht es in dieser Richtung am steilsten bergauf. Viele meinen, der Gradient läge oben auf der Fläche und zeige so tangential in die steilste Richtung. Aber der Gradient ist kein Tangentenvektor. Er liegt in der Ebene unten. Nie wieder falsch machen!

Einen Tangentenvektor können wir trotzdem leicht bestimmen:

Satz 5.7
Für $z = f(x, y)$ ist mit $\vec{m} = (m_1, m_2)$ der Vektor

$$\vec{t} := (m_1, m_2, \operatorname{grad} f(x_0, y_0) \cdot \vec{m}) \tag{5.12}$$

ein Tangentenvektor an den Graph der Fläche $z = f(x, y)$ im Punkt $(x_0, y_0, f(x_0, y_0))$ in Richtung $\vec{m}$.

Jetzt müssen wir aber dringend üben.

Beispiel 5.7
Wir betrachten die Funktion

$$f(x, y) := \left(\begin{array}{cc} \frac{x^3 - x y^2}{x^2 + y^2} & (x, y) \neq (0, 0) \\ 0 & (x, y) = (0, 0) \end{array} \right.$$

und zeigen, dass $f(x, y)$

1. auch im Nullpunkt stetig ist,
2. auch im Nullpunkt eine Richtungsableitung in jede Richtung besitzt,
3. im Nullpunkt aber nicht total differenzierbar ist.

Zu 1.   Wir zeigen, dass gilt:

$$\lim_{(x,y) \to (0,0)} f(x, y) = f(0, 0)$$

Dazu benutzen wir Polarkoordinaten $x = r \cos \varphi$, $y = r \sin \varphi$. Für $(x, y) \neq (0, 0)$ ist

$$\begin{aligned} \lim_{(x,y) \to (0,0)} &= \lim_{r \to 0} \frac{r^3 \cos^3 \varphi - r^3 \cos \varphi \sin^2 \varphi}{r^2 (\cos^2 \varphi + \sin^2 \varphi)} \\ &= \lim_{r \to 0} r \cos \varphi (\cos^2 \varphi - \sin^2 \varphi) \\ &= 0 = f(0, 0); \end{aligned}$$

denn sin und cos sind beschränkte Funktionen.

Zu 2.　Wir zeigen, dass $f(x, y)$ in $0, 0)$ in jede Richtung differenzierbar ist. Wieder helfen uns dabei die Polarkoordinaten. Als Ableitungsrichtung wählen wir $\vec{m} = (\cos\varphi, \sin\varphi)$, $0 \leq \varphi < 2\pi$, und erhalten für ein beliebiges $k \in \mathbb{R}$, indem wir bei der Richtungsableitung zunächst den lim weglassen,

$$\frac{f((0,0) + k(\cos\varphi, \sin\varphi)) - f(0,0)}{k} = \frac{k^3(\cos^3\varphi - \cos\varphi\sin\varphi)}{k^3}$$

$$= \cos^3\varphi - \cos\varphi\sin^2\varphi$$

$$= \cos\varphi\,\cos(2\varphi).$$

Unser Adlerauge sieht sofort, dass hier kein r mehr drinsteckt, der ganze letzte Term aber beschränkt ist, weil der cos so lieb ist. Also können wir getrost den Grenzwert $r \to 0$ betrachten, der letzte Wert bleibt einfach unberührt vom r und hängt nur von der Richtung φ ab. Damit folgt

$$\frac{\partial f(0, 0)}{\partial m} = \cos\varphi\,\cos(2\varphi).$$

Also existiert in jede Richtung die Richtungsableitung.

Zu 3.　Um zu zeigen, dass f nicht total differenzierbar ist, rechnen wir drei verschiedene Tangentenvektoren im Punkt $(0, 0)$ aus. Dann sehen wir das Palaver schon.

Als Tangentenvektor haben wir im Satz 5.7 die Gleichung angegeben

$$\vec{t} := (m_1, m_2, \text{ grad } f(x_0, y_0) \cdot \vec{m}).$$

Die erste und zweite Komponente wählen wir frei, die dritte Komponente haben wir gerade in 2. ausgerechnet. Dann geht das ganz leicht.

Wir wählen zuerst die Richtung der x-Achse, also $\vec{m}_1 = (1, 0)$. Wegen $\varphi = 0$ erhalten wir

$$\vec{t}_1 = (1, 0, 1).$$

Dann wählen wir die Richtung der y-Achse, also $\vec{m}_2 = (0, 1)$. Wegen $\varphi = 90°$ ist unser Tangentenvektor

$$\vec{t}_2 = (0, 1, 0).$$

Als drittes wählen wir die Richtung der ersten Winkelhalbierenden, also $\vec{m}_3 = \left(\frac{\sqrt{2}}{2}, \frac{\sqrt{2}}{2}\right)$ und erhalten wegen $\varphi = 45°$

$$\vec{t}_3 = \left(\frac{\sqrt{2}}{2}, \frac{\sqrt{2}}{2}, \frac{\sqrt{2}}{2} \cdot 0\right) = \frac{\sqrt{2}}{2} \cdot (1, 1, 0).$$

Schauen Sie sich bitte diese drei Tangentenvektoren an. Sie liegen nicht in einer Ebene, wie Sie vielleicht mit drei Bleistiften sehen können. Also kann es im Nullpunkt keine Tangentialebene geben, und damit ist die Funktion im Punkt $(0, 0)$ auch nicht total differenzierbar.

Übung 9

1. Bestimmen Sie für die Funktion

$$f(x, y) := \frac{y}{1 + x^2}$$

   a) die Richtungsableitung im Punkt $(1, 2)$ in die Richtungen $(3, 4)$ und $(-1, 1)$,
   b) die Richtungen im Punkt $(1, 2)$, für die die Steigung maximal, minimal, gleich Null ist
   c) die Tangentialebene im Punkt $(1, 2)$ sowie die Tangente im Punkt $(1, 2)$ in Richtung $(3, 4)$.

2. Gegeben sei die Funktion

$$f(x, y) := x^2 + 3x + y^2 + 2y - 15.$$

   a) Ist $f(x, y)$ an der Stelle $(x_0, y_0) = (1, 3)$ total differenzierbar?
   b) Berechnen Sie die Gleichung der Tangentialebene an die Funktion $f(x, y)$ im Punkt $(1, 3, f(1, 3))$.
   c) Bestimmen Sie das totale Differential bei $(x_0, y_0) = (1, 3)$.
   d) Bestimmen Sie die Richtung des stärksten Anstiegs von $f(x, y)$ im Punkt $(1, 3)$ und die Richtungsableitung in diese Richtung.

3. Berechnen Sie die Richtungsableitung der Funktion

$$f(x, y) := x \sin y$$

   in Richtung $\vec{m} := \dfrac{(1, 2)}{|(1, 2)|}$ im Punkt $(x_o, y_o) = \left(\dfrac{\pi}{2}, \dfrac{\pi}{4}\right)$.

Ausführliche Lösungen: https://www.springer.com/gp/book/9783662588314

5.5   Relative Extrema

Auch in diesem Abschnitt werden wir erstaunlich viele Parallelen zur Schulmathe-
matik kennen lernen. Auf die Weise können wir unser Schulwissen reaktivieren und
in einen größeren Zusammenhang einordnen.

Definition 5.8 (Relative Extrema)
*Die Funktion $f(x, y)$ sei im Gebiet $G \subseteq \mathbb{R}^2$ definert. Der Punkt $(x_0, y_0) \in G$ heißt
relatives Maximum von f in G, wenn es eine Umgebung $U(x_0, y_0) \subseteq G$ gibt mit*

$$f(x, y) < f(x_0, y_0) \quad \text{für alle } (x, y) \in U(x_0, y_0) \backslash \{(x_0, y_0)\}. \tag{5.13}$$

*Er heißt relatives Minimum von f in G, wenn es eine Umgebung $U(x_0, y_0) \subseteq G$
gibt mit*

$$f(x, y) > f(x_0, y_0) \quad \text{für alle } (x, y) \in U(x_0, y_0) \backslash \{(x_0, y_0)\}. \tag{5.14}$$

Das sieht nur gruselig aus. Gemeint ist, dass für ein Maximum in einer Umgebung
von (x_0, y_0) alle Werte von $f(x, y)$ kleiner sind als der Wert bei (x_0, y_0). Also ganz
anschaulich, was wir unter Maximum so verstehen. Minimum analog. Ein Wort zum
Begriff ,relativ'. Wir meinen hier nicht so etwas wie in der Wettervorhersage, dass es
morgen relativ kalt wird. Das Gegenteil von ,relativ' ist für uns ,absolut'. Da sehen
wir schon, worum es geht. Betrachten Sie folgende Funktion (Abb. 5.1):
    Das sieht wie ein Graph mit einem Maximum bei $x = 1$ und einem Minimum bei
$x = 3$ aus. Tatsächlich haben wir die Funktion genau so gewählt. Aber halt, wenn
wir das ganze Intervall $[-1, 5]$ betrachten, so ist doch bei $x = -1$, also am linken

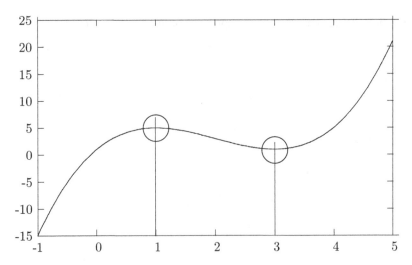

Abb. 5.1 $f : [-1, 5] \to \mathbb{R}$ mit $f(x) := x^3 - 6x^2 + 9x + 1$.

Rand das Minimum und bei $x = 5$ das Maximum. Nur in einer kleinen Umgebung, die wir durch einen kleinen Kreis um das vermeintliche Maximum angedeutet haben, gibt es keine größeren Werte. Solch einen Punkt nennen wir ‚relatives Maximum' bzw. ‚relatives Minimum'. Die beiden Randextrema sind absolute Extrema. Genau so halten wir es auch im $\mathbb{R}^2$.

Und genau so wie im $\mathbb{R}^1$ hilft uns auch hier die Differentialrechnung bei der Suche nach relativen Extrema.

Satz 5.8 (Notwendige Bedingung)
Ist in (x_0, y_0) ein relatives Extremum von $f(x, y)$, so ist dort

$$f_x(x_0, y_0) = f_y(x_0, y_0) = 0, \ \textit{also } \operatorname{grad} f(x_0, y_0) = (0, 0). \qquad (5.15)$$

Hier übernimmt also der Gradient die Stelle der ersten Ableitung im $\mathbb{R}^1$. Beachten Sie bitte genau die Reihenfolge der Aussagen. In relativen Extrema haben wir einen verschwindenden Gradienten. Es ist keineswegs umgekehrt auch richtig, dass in allen Punkten mit verschwindendem Gradienten ein relatives Extremum vorliegt. Wir kommen gleich mit Beispielen. Die Bedingung mit dem Gradienten ist daher nicht hinreichend für ein relatives Extremum, aber notwendig ist sie schon. Nur solche Punkte können überhaupt als relative Extrema in Frage kommen. Alle anderen können wir aus unserer Suche nach relativen Extrema ausscheiden. Das ist doch immerhin schon eine Einschränkung für unsere Suche.

Definition 5.9 (Stationäre Punkte)
Punkte (x, y) des $\mathbb{R}^2$ mit $\operatorname{grad} f(x, y) = (0, 0)$ heißen stationäre Punkte von f.

Beispiel 5.8
Betrachten wir die Funktion

$$f(x, y) = x^2 + y^2.$$

Wir sehen, dass im Nullpunkt $(0, 0)$ die partiellen Ableitungen sowohl nach x als auch nach y verschwinden. Dort hat die Fläche auch ein Minimum (Abb. 5.2).

Beispiel 5.9
Betrachten wir die Funktion

$$f(x, y) = x\, y.$$

Unten ist eine graphische Darstellung dieser Funktion. Es handelt sich anschaulich um eine Sattelfläche, mathematisch nennen wir diese Fläche ein hyperbolisches Paraboloid (Abb. 5.3).

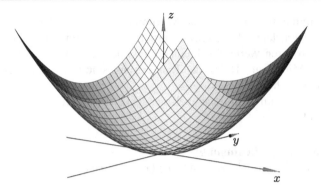

Abb. 5.2 Der Graph der Funktion $z = f(x, y) = x^2 + y^2$, ein nach oben offenes Paraboloid oder anschaulich eine Schüssel

Abb. 5.3 Der Graph der Funktion $z = f(x, y) = x\,y$, ein hyperbolisches Paraboloid oder anschaulich eine Sattelfläche

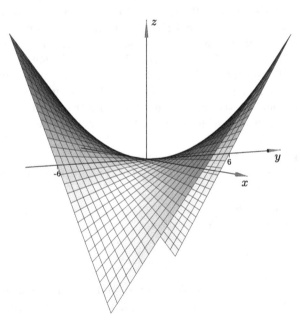

Im Nullpunkt $(0, 0)$ sind die partiellen Ableitungen sowohl nach x als auch nach y gleich 0, aber trotzdem ist dort keine relative Extremstelle, weder Minimum noch Maximum, weil die Fläche nach vorne und nach hinten abfällt, nach rechts und nach links aber ansteigt.

Die Bedingung mit dem verschwindenden Gradienten reicht also auf keinen Fall aus, um sicher auf ein relatives Extremum zu schließen. Ganz genau wie im $\mathbb{R}^1$ haben wir aber auch hier eine hinreichende Bedingung, die natürlich etwas komplizierter ausfällt, um alle Möglichkeiten des $\mathbb{R}^2$ zu erfassen:

Satz 5.9 (Hinreichende Bedingung)
Die Funktion $z = f(x, y)$ sei in ihrem Definitionsgebiet G zweimal stetig differenzierbar, d.h. ihre zweiten partiellen Ableitungen seien noch stetig. Es sei in $(x_0, y_0) \in G$

$$\text{grad } f(x_0, y_0) = 0. \tag{5.16}$$

Ist dann

$$f_{xx}(x_0, y_0) \cdot f_{yy}(x_0, y_0) - f_{xy}^2(x_0, y_0) > 0 \text{ und } f_{xx}(x_0, y_0) < 0, \tag{5.17}$$

so besitzt f in (x_0, y_0) ein relatives Maximum.
Ist

$$f_{xx}(x_0, y_0) \cdot f_{yy}(x_0, y_0) - f_{xy}^2(x_0, y_0) > 0 \text{ und } f_{xx}(x_0, y_0) > 0, \tag{5.18}$$

so besitzt f in (x_0, y_0) ein relatives Minimum.
Ist

$$f_{xx}(x_0, y_0) \cdot f_{yy}(x_0, y_0) - f_{xy}^2(x_0, y_0) < 0, \tag{5.19}$$

so liegt kein relatives Extremum vor, sondern f hat in (x_0, y_0) einen Sattelpunkt.

Aufmerksame Leserinnen und Leser sehen vielleicht, dass hier der Fall

$$f_{xx}(x_0, y_0) \cdot f_{yy}(x_0, y_0) - f_{xy}^2(x_0, y_0) = 0 \tag{5.20}$$

in der Aufzählung fehlt. Tatsächlich muss man in dem Fall zur Untersuchung der Funktion im Punkt (x_0, y_0) höhere Ableitungen heranziehen. Dies wollen wir hier nicht weiter betrachten.

Das ist ein langer Satz, der uns aber ziemlich erschöpfend Auskunft über relative Extrema gibt. Für die erste Bedingung in (5.17) bzw. in (5.18) gibt es eine einfache Merkregel. Wir schreiben die zweiten partiellen Ableitungen in eine Matrix nach folgender Anordnung:

$$H(x_0, y_0) := \begin{pmatrix} f_{xx}(x_0, y_0) & f_{xy}(x_0, y_0) \\ f_{yx}(x_0, y_0) & f_{yy}(x_0, y_0) \end{pmatrix}. \tag{5.21}$$

Die Determinante dieser sog. Hesse-Matrix ist genau der Audruck oben, wenn Sie bitte noch mal die Definition der Determinante einer (2×2)-Matrix (Abschn. 2.1) nachschlagen.

Zwei Beispiele mögen das verdeutlichen.

Beispiel 5.10
Es sei

$$f(x, y) := \frac{x^2}{2} - 4xy + 9y^2 + 3x - 14y + \frac{1}{2}.$$

Wir untersuchen diese Funktion auf relative Extrema.

Wir rechnen:

$$f_x(x, y) = x - 4y + 3, \quad f_y(x, y) = -4x + 18y - 14.$$

Zur Findung von stationären Punkten setzen wir diese beiden partiellen Ableitungen jeweils gleich 0. Daraus entstehen zwei lineare Gleichungen mit zwei Unbekannten, also etwas Einfaches:

$$4x - 16y + 12 = 0$$
$$-4x + 18y - 14 = 0$$

Ich glaube, diese kleine Rechnung können wir uns ersparen und Ihnen mitteilen, dass $x = y = 1$ die einzige Lösung dieses LGS ist. Also haben wir nur einen stationären Punkt $P_0 = (x_0, y_0) = (1, 1)$ gefunden. Den prüfen wir jetzt weiter. Es ist

$$f_{xx}(x, y) = 1, \quad f_{yy}(x, y) = 18, \quad f_{xy}(x, y) = f_{yx}(x, y) = -4.$$

Damit erhalten wir als Determinante der Hesse-Matrix

$$f_{xx}(1, 1) \cdot f_{yy}(1, 1) - f_{xy}^2(1, 1) = 1 \cdot 18 - (-4)^2 = 2 > 0.$$

Also liegt auf jeden Fall ein relatives Extremum im Punkt $P_0 = (1, 1)$. Wegen $f_{xx}(1, 1) = 1 > 0$ handelt es sich um ein relatives Minimum. Der Wert der Funktion in diesem Punkt ist

$$f(1, 1) = \frac{1}{2} - 4 + 9 + 3 - 14 - \frac{1}{2} = -5.$$

Beispiel 5.11
Gegeben sei die Funktion

$$f(x, y) := (y - x^2) \cdot (y - 2x^2).$$

Wieder versuchen wir, ihre relativen Extremstellen zu finden.

$$f_x(x, y) = 2x(3y - 4x^2), \quad f_y(x, y) = 2y - 3x^2.$$

Beide Ableitungen gleich 0 setzen, ergibt als einzigen stationären Punkt $P_0 = (0, 0)$.

$$f_{x}x(x, y) = -6y + 24x^3, \quad f_{yy}(x, y) = 2, \quad f_{xy}(x, y) = f_{yx}(x, y) = -6x.$$

$$H(0, 0) = f_{xx}(0, 0) \cdot f_{yy}(0, 0) - f_{xy}^2(0, 0) = 0.$$

Leider müssen wir hier die Segel streichen. Für diesen Fall können wir aus dem Kriterium keine weiteren Aussagen herleiten und müssten höhere Ableitungen betrachten.

Wir fassen das ganze Vorgehen noch einmal zusammen:

Bestimmung der relativen Extrema von $z = f(x, y)$

1. Berechne die stationären Punkte von $f(x, y)$, also die Punkte (x, y) mit

$$\text{grad } f(x, y) = 0.$$

2. Berechne für diese Punkte

$$\det H := \det \begin{pmatrix} f_{xx} & f_{xy} \\ f_{yx} & f_{yy} \end{pmatrix} = f_{xx} \cdot f_{yy} - f_{xy}^2.$$

3. Ist $\det H > 0$ und $f_{xx} < 0$ $\implies$ relatives Maximum,
   Ist $\det H > 0$ und $f_{xx} > 0$ $\implies$ relatives Minimum,
   Ist $\det H < 0$ $\implies$ Sattelpunkt,
   Ist $\det H = 0$ $\implies$ extra untersuchen.
4. Berechne $f(x, y)$ an den Extremstellen und Sattelpunkten.

Zwei Bemerkungen wollen wir noch anfügen.

1. Unser Vorgehen oben sieht nicht vollständig aus. Wir haben den Fall $\det H > 0$ und $f_{xx} = 0$ nicht behandelt. Nun, es ist ja stets $-f_{xy}^2(x_0, y_0) \leq 0$. Damit ist dann, falls $\det H > 0$, stets

$$f_{xx}(x_0, y_0) \cdot f_{yy}(x_0, y_0) > 0.$$

Also kann $f_{xx}(x_0, y_0)$ nicht gleich 0 sein. Ebenso ist, falls $\det H > 0$, stets $f_{yy}(x_0, y_0) \neq 0$. Daher ist der Fall doch vollständig.

2. Wegen $f_{xx} \cdot f_{yy} > 0$ folgt aus $f_{xx} < 0$ sofort auch $f_{yy} < 0$, und aus $f_{xx} > 0$ folgt sofort $f_{yy} > 0$. Man könnte also statt f_{xx} auch f_{yy} in die Fallunterscheidung einbauen.

Übung 10

1. Bestimmen Sie die relativen Extrema von

   a)

$$f(x, y) := x^2 + 3x + y^2 + 2y - 15,$$

   b)

$$f(x, y) := \frac{x^3}{3} + 4xy - 2y^2,$$

   c)

$$f(x, y) := e^{xy} + x^2 + ay^2 \text{ für } a > 0.$$

2. Untersuchen Sie die Funktion

$$f(x, y) := (y - x^2) \cdot (y - 2 \cdot x^2)$$

   auf relative Extrema.

Ausführliche Lösungen: https://www.springer.com/gp/book/9783662588314

5.6   Wichtige Sätze der Analysis

In diesem Abschnitt wollen wir einige wichtige, ja zentrale Sätze der Analysis vorstellen. Der erste, die Kettenregel, hilft uns in der Praxis ungemein. Er zeigt uns, wie man bei zusammengesetzten Funktionen die Ableitung ausrechnet. Der anschließende Satz von Taylor und sein Ableger, der Mittelwertsatz, haben dagegen keine große Bedeutung; denn sie sind nicht konstruktiv, d. h. es sind Existenzaussagen, die aber keine Konstruktionsvorschriften mitliefern. Wegen ihrer großen Bedeutung innerhalb der Analysis seien sie aber hier erwähnt. Schließlich kann der Autor seine mathematischen Wurzeln nicht ablegen. Der erste Satz ist die Kettenregel.

Satz 5.10 (Kettenregel)
Die Funktion $f(x, y)$, definiert in $D \subseteq \mathbb{R}^2$, sei in (x_0, y_0) total differenzierbar, $x = \varphi(t)$ und $y = \psi(t)$ seien in (a, b) definiert und in $t_0 \in (a, b)$ differenzierbare Funktionen mit $x_0 = \varphi(t_0)$, $y_0 = \psi(t_0)$. Dann ist die aus $f(x, y)$ und $\varphi(t)$ und $\psi(t)$ zusammengesetzte Funktion

$$F(t) := f(\varphi(t), \psi(t)) \tag{5.22}$$

in t_0 differenzierbar, und es gilt

$$\frac{dF(t)}{dt} = \frac{\partial f(x_0, y_0)}{\partial x} \cdot \underbrace{\frac{d\varphi(t)}{dt}}_{\varphi'(t)} + \frac{\partial f(x_0, y_0)}{\partial y} \cdot \underbrace{\frac{d\psi(t)}{dt}}_{\psi'(t)} \tag{5.23}$$

$$= \operatorname{grad}\, f(\varphi(t), \psi(t)) \cdot (\varphi'(t), \psi'(t))^{\top}. \tag{5.24}$$

Wir führen diese Regel an einem Beispiel vor.

Beispiel 5.12
Betrachten Sie die Funktion

$$f(x, y) := x^2 + 3\,x + y^2 + 2\,y - 15.$$

Es sei

$$x(t) = \varphi(t) = t^2 + 1, \quad y(t) = \psi(t) = e^t.$$

Wir berechnen die Ableitung der zusammengesetzten Funktion

$$F(t) = f(\varphi(t), \psi(t)).$$

Es ist

$$\begin{aligned}
F(t) &= f(\varphi(t), \psi(t)) \\
&= (t^2 + 1)^2 + 3\,(t^2 + 1) + (e^t)^2 + 2\,e^t - 15.
\end{aligned}$$

Dann folgt

$$f_x(x_0, y_0) = 2\,x_0 + 3, \ f_y(x_0, y_0) = 2\,y_0 + 2, \ \varphi'(t) = 2\,t, \ \psi'(t) = e^t,$$

und damit

$$\begin{aligned}
\frac{d\,F(t_0)}{dt} &= (2\,x_0 + 3) \cdot 2\,t_0 + (2\,y_0 + 2)\,e^{t_0} \\
&= (2\,(t_0^2 + 1) + 3)\,2\,t_0 + (2\,e^{t_0} + 2)\,e^{t_0} \\
&= (2\,t_0^2 + 5)\,2\,t_0 + 2\,e^{t_0}\,e^{t_0} + 2\,e^{t_0}.
\end{aligned}$$

Wenn Sie sich jetzt das Vergnügen gönnen, die obige Funktion $F(t)$ mit herkömmlichen Schulmitteln abzuleiten, werden Sie dasselbe Ergebnis erhalten.

Beispiel 5.13
Betrachten Sie die Funktion

$$z = f(x, y) \ mit \ x = r\,\cos t, \ y = r\,\sin t,$$

also Polarkoordinaten. Wie berechnet sich hier die Ableitung nach t?

Es ist

$$F(t) = f(r\,\cos t, r\,\sin t),$$

also

$$F'(t) = f_x(r\,\cos t, r\,\sin t)\,(-r\,\sin t) + f_y(r\,\cos t, r\,\sin t)\,r\,\cos t.$$

Damit folgt

$$F'(t) = -r\,f_x(r\,\cos t, r\,\sin t)\,\sin t + r\,f_y(r\,\cos t, r\,\sin t)\,\cos t.$$

Auf diese Formel kommen wir später zurück, Sie werden sie bestimmt auch in Ihren Anwendungen gebrauchen können, also merken.

Jetzt folgt ein Satz, der es in sich hat. Normale Menschen haben richtig Grauen vor solchen Ungetümen. Ich hoffe, dass er nach unseren Erläuterungen etwas von seinem Schrecken verliert.

Satz 5.11 (von Taylor)
Die Funktion $f(x, y)$, definiert in $D \subseteq \mathbb{R}^2$, sei in D $(r+1)$-mal stetig differenzierbar. Dann gilt für alle $(x, y) \in D$

$$f(x, y) = \sum_{k=0}^{r} \frac{\left(\left\{ (x - x_0)\frac{\partial}{\partial x} + (y - y_0)\frac{\partial}{\partial y} \right\}^k f \right)(x_0, y_0)}{k!} + R_r(x, y) \quad (5.25)$$

mit

$$R_r(x, y)$$

$$= \frac{\left(\left\{(x - x_0)\frac{\partial}{\partial x} + (y - y_0)\frac{\partial}{\partial y}\right\}^{r+1} f\right)(x_0 + \vartheta(x - x_0), y_0 + \vartheta(y - y_0))}{(r + 1)!},$$

$$(5.26)$$

wobei $\vartheta \in (0, 1)$ eine Zahl ist und wir zur Abkürzung gesetzt haben

$$\left\{(x - x_0)\frac{\partial}{\partial x} + (y - y_0)\frac{\partial}{\partial y}\right\}^{k} f := \sum_{i=0}^{k} \binom{k}{i}(x - x_0)^{i}(y - y_0)^{k-i}\frac{\partial^k f}{\partial x^i \partial y^{k-i}}.$$

$R_r(x, y)$ heißt (Lagrangesches) Restglied der Taylorentwicklung von $f(x, y)$.

Ja, ja, ich höre Sie schon stöhnen: Solch ein Satz, und was soll das ganze bloß? Oh, Sie werden es nicht glauben, aber dieser Satz sagt uns eigentlich etwas Wunderbares. Wir müssen es nur erkennen. Wir haben da eine beliebige Funktion, die natürlich schön sein möge, also genügend oft stetig differenzierbar. Dann können wir diese Funktion anders schreiben. Jetzt müssen wir uns diese Formel (5.25) mal ganz genau ansehen. Sie ist nämlich gar nicht so furchtbar. Da ist zuerst das Restglied. Es gibt verschiedene Restglieder, wir bitten Sie dafür aber, in die Literatur zu schauen. Falls wir irgendwie Kenntnis haben, dass dieses Restglied R_r wirklich nur einen Rest darstellt, also immer kleiner wird, wenn sich der Punkt (x, y) dem sog. Entwicklungspunkt (x_0, y_0) nähert, so können wir den ersten Teil, die endliche Summe, perfekt interpretieren. Wir sehen zunächst die partiellen Ableitungen, gebildet an der festen Stelle (x_0, y_0), das sind also feste Faktoren. Dann stehen da versteckt mitten drin das x und das y. Außen an der geschweiften Klammer steht eine Hochzahl. Das ist so ein binomischer Ausdruck. Wenn wir diesen ausrechnen, entsteht nichts anderes als ein Polynom in den zwei Variablen x und y. Der Satz sagt uns also, dass wir unter gewissen Voraussetzungen die Funktion f zumindest in einer kleinen Umgebung von (x_0, y_0), wenn sich also (x, y) dem Punkt (x_0, y_0) nähert, als Polynom auffassen können. Mit denen hantieren wir aber liebend gerne. Die kennen wir doch schon von der Schule. Wir lieben Polynome! Allerdings ist die Einschränkung mit der kleinen Umgebung, die man nicht einmal genau angeben kann, doch etwas happig. Wir werden später im Kap. 11 ‚Interpolation mit Splines' eine andere Methode kennen lernen, um komplizierte Funktionen leichter darzustellen.

Beispiel 5.14

Der Satz von Taylor spielt in der Praxis kaum eine Rolle, weil man die unbekannte Zahl $\vartheta \in (0, 1)$ nicht angeben kann. In vielen Anwendungen benutzt man aber die Reihe (5.25) in einer abgespeckten Form als Näherungsformel, indem man schon *nach wenigen Gliedern abbricht. Um Ihnen hier, liebe Leserin, lieber Leser, die Arbeit zu erleichtern, schreiben wir die endliche Reihe für $r = 2$ auf.*

$$\begin{aligned}
f(x, y) &= \sum_{k=0}^{2} \frac{\left(\left\{(x - x_0)\frac{\partial}{\partial x} + (y - y_0)\frac{\partial}{\partial y}\right\}^k f\right)(x_0, y_0)}{k!} + R_2(x, y) \\
&= \underbrace{\frac{f(x_0, y_0)}{0!}}_{k=0} + \underbrace{\frac{(x - x_0)f_x(x_0, y_0) + (y - y_0)f_y(x_0, y_0)}{1!}}_{k=1} \\
&\quad + \underbrace{\frac{(x - x_0)^2 f_{xx} + 2(x - x_0)(y - y_0)f_{xy} + (y - y_0)^2 f_{yy}}{2!}}_{k=2} \\
&\quad + R_2(x, y)
\end{aligned} \tag{5.27}$$

Um die Übersicht nicht zu verlieren, haben wir in der vorletzten Zeile bei den zweiten partiellen Ableitungen das Argument (x_0, y_0) weggelassen. Sie werden es aber bitte nicht vergessen.

Diese Näherung werden wir später bei der Herleitung der Differenzenverfahren für partielle Differentialgleichungen benutzen.

Wir betrachten noch den Sonderfall $r = 0$. Hier erinnern wir zuerst an den zentralen Satz der Analysis im $\mathbb{R}^1$, den Mittelwertsatz.

Korollar 5.1 (Mittelwertsatz im $\mathbb{R}^1$)
Sei $f : \mathbb{R} \to \mathbb{R}$ eine Funktion, die im Intervall $[a, b]$ stetig und im Intervall (a, b) differenzierbar ist. Dann gibt es eine Zahl $\xi \in (a, b)$ mit

$$\frac{f(b) - f(a)}{b - a} = f'(\xi). \tag{5.28}$$

Dieser Satz lässt sich sehr leicht veranschaulichen. Betrachten Sie dazu folgende Skizze.

Die linke Seite in Gl. (5.28) ist ein Differenzenquotient. Die Gerade durch die beiden Punkte $(a, f(a))$ und $(b, f(b))$ hat genau diese Steigung. Dann gibt es einen Punkt ξ, wo die Tangente dieselbe Steigung hat. Sieht man, oder?

Um diesen Satz jetzt hierhin zu transferieren, müssen wir die Bezeichnungen ein klein wenig ändern. Statt a schreiben wir x_0, statt b schreiben wir x und statt ξ schreiben wir $x_0 + \vartheta(x - x_0)$. Diese letzte Zahl liegt im Intervall (x_0, x), wenn $0 < \vartheta < 1$ ist. Einfach mal hinmalen. Dann lösen wir die Gl. (5.28) etwas anders auf:

$$f(x) = f(x_0) + (x - x_0) \cdot f'(x_0 + \vartheta(x - x_0))$$

Jetzt schreiben wir den Taylorsatz für $r = 0$ auf (Abb. 5.4):

Abb. 5.4 Veranschaulichung
zum Mittelwertsatz im $\mathbb{R}^1$

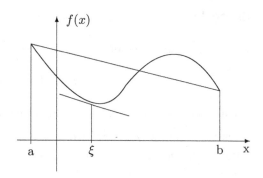

Korollar 5.2 (Mittelwertsatz)
*Die Funktion $f(x, y)$, definiert in $D \subseteq \mathbb{R}^2$, sei in D einmal stetig differenzierbar.
Dann gilt für alle $(x, y) \in D$*

$$f(x, y) = f(x_0, y_0) + (x - x_0) \cdot f_x(x_0 + \vartheta (x - x_0), y_0 + \vartheta (y - y_0))$$
$$+(y - y_0) \cdot f_y(x_0 + \vartheta (x - x_0), y_0 + \vartheta (y - y_0)). \qquad (5.29)$$

Ich hoffe, Sie sehen die Parallelität zum $\mathbb{R}^1$. An der Tafel würde ich beide Sätze
nebeneinander schreiben und mit den Händen auf die vergleichbaren Stellen deuten.
Niemand hindert Sie, das jetzt auf einem Blatt Papier ebenfalls zu machen.

Der folgende Satz hat ebenfalls einen direkten Verwandten im $\mathbb{R}^1$. Daher sei er
nur zitiert.

Korollar 5.3
Ist $f(x, y)$ in $D \subseteq \mathbb{R}^2$ stetig differenzierbar und gilt für alle $(x, y) \in D$

$$f_x(x, y) = f_y(x, y) = 0, \quad \text{also} \quad \text{grad } f(x, y) = (0, 0),$$

dann ist $f(x, y)$ eine konstante Funktion.

Übung 11

1. Gegeben sei die Funktion

$$f(x, y) := e^{x-2y}$$

und es sei $x = \sin t$, $y = t^3$. Durch Einsetzen entsteht die Funktion $F(t)$. Berechnen Sie $\dfrac{dF(t)}{dt}$ auf zweierlei Art.

2. Berechnen Sie das Taylorpolynom 2. Grades (vgl. Formel (5.27)) für die Funktionen

   a)

$$f(x, y) := \cos(x\,y) + x\,e^{y-1}$$

   an der Stelle $(x_0, y_0) = (\pi, 1)$,

   b)

$$f(x, y) := \cos x \, \sin y$$

   an der Stelle $(x_0, y_0) = (0, 0)$.

Ausführliche Lösungen: https://www.springer.com/gp/book/9783662588314

Kurvenintegrale

6

Inhaltsverzeichnis

6.1 Kurvenstücke 101
6.2 Kurvenintegral 1. Art.. 103
6.3 Kurvenintegral 2. Art.. 111
6.4 Kurvenhauptsatz 117

Aus der Schule kennen wir gewöhnliche Integrale. Dort haben wir gelernt, wie vorteilhaft wir sie einsetzen können, wenn wir Flächeninhalte von krummlinig begrenzten Flächen bestimmen wollen. Dabei war es aber wichtig, dass wir die zu betrachtende Fläche als Graph einer Funktion $f : [a, b] \to \mathbb{R}$ vorliegen hatten. Zugrunde lag also ein Intervall $[a, b]$ der x-Achse, über der wir die Funktion f gegeben hatten (Abb. 6.1).

In diesem Kapitel wollen wir eine wesentliche Verallgemeinerung betrachten. Die Grundkurve sei nun nicht mehr ein Teil der geraden x-Achse, sondern sei eine beliebige Kurve in der Ebene oder gar im Raum. Darauf sei eine Funktion gegeben. Und wir wollen uns überlegen, wie wir die über dieser krummen Kurve liegende Fläche berechnen können.

6.1 Kurvenstücke

Zunächst wollen wir uns einigen, was wir unter einem glatten Kurvenstück verstehen wollen.

Definition 6.1 (Kurvenstück)
Ein ebenes Kurvenstück, gegeben durch

$$x = \varphi(t), y = \psi(t), \quad t_0 \le t \le t_1, \tag{6.1}$$

heißt glatt, wenn

© Springer-Verlag GmbH Deutschland, ein Teil von Springer Nature 2019
N. Herrmann, *Mathematik für Naturwissenschaftler*,
https://doi.org/10.1007/978-3-662-58832-1_6

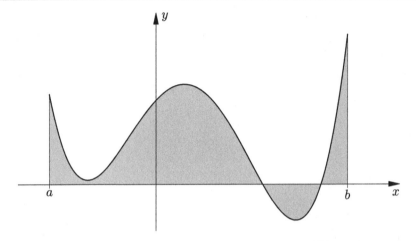

Abb. 6.1 Integral über eine Kurve, also Berechnung der Fläche des Graphen

1. verschiedene t-Werte verschiedene Punkte der Kurve ergeben und
2. wenn die Ableitungen von $\varphi(t)$ und $\psi(t)$ stetig sind und
3. wenn

$$\varphi'^2(t) + \psi'^2(t) > 0 \qquad \forall t \in [t_0, t_1]$$

ist.

Der Punkt $(x_0, y_0) = (\varphi(t_0), \psi(t_0))$ heißt Anfangspunkt.
Der Punkt $(x_1, y_1) = (\varphi(t_1), \psi(t_1))$ heißt Endpunkt.
Die Kurve heißt stückweise glatt, wenn sie sich in endlich viele glatte Kurvenstücke
zerlegen lässt.

Bemerkung 6.1
Alles überträgt sich analog auf Raumkurven

$$x = \varphi(t), y = \psi(t), z = \chi(t), \quad t_0 \le t \le t_1,$$

Halt, das sieht nur so aus, als ob es schwer sei, in echt ist es ganz einfach zu verstehen.

Gl. (6.1) nennen wir eine Parameterdarstellung einer Kurve; dabei heißt t der Parameter.

1. bedeutet, dass sich die Kurve nicht überschneidet, es gibt also keine Kreuzungspunkte. Wenn solch eine Kurve mit Kreuzungspunkt vor uns läge, wüssten wir ja nicht, ob wir geradeaus über die Kreuzung laufen oder nach rechts oder links abbiegen sollen. Liegt doch mal so ein Weg vor uns, so werden wir ihn einfach in zwei Teilwege aufspalten, die dann kreuzungsfrei sind.

2. sichert uns, dass die Kurve keine Knicke hat. Genau hier steckt der Begriff ‚glatt'.

Mit 3. legen wir fest, dass der Tangentenvektor immer hübsch positiv ist; denn dort steht ja gerade das Quadrat seiner Länge. Sollte er doch mal verschwinden, so bleibt als Abhilfe wieder die Zerlegung in mehrere Kurvenbögen. Das ist also auch keine wirkliche Einschränkung für uns als Anwender.

Beispiele bekommen wir noch zu Hauf. Gleich im nächsten Abschnitt werden wir Kurvenintegrale handfest berechnen. Das geht immer nur mit solchen Parameterdarstellungen. Die haben wir also bald im Blut.

6.2 Kurvenintegral 1. Art

Bei Kurvenintegralen unterscheiden wir zwischen 1. und 2. Art. Die Typen 1. Art lassen sich prima veranschaulichen. Für die 2. Art werden wir auf die Physik zurückgreifen.

Definition 6.2 (Kurvenintegral 1. Art)
Sei $f : \mathbb{R}^2 \to \mathbb{R}$ und

$$\kappa := \{(\varphi(t), \psi(t)) \in \mathbb{R}^2 : a \le t \le b\}$$

ein Kurvenstück. Dann heißt

$$\int_\kappa f(x, y)\, ds := \int_a^b f(\varphi(t), \psi(t)) \cdot |(\varphi'(t), \psi'(t))|\, dt \qquad (6.2)$$

Kurvenintegral 1. Art von $f(x, y)$ über κ.

$$ds := |(\varphi'(t), \psi'(t))|\, dt$$

heißt skalares Bogenelement. Dabei muss $a < b$ sein.

Was haben wir da erklärt? Ein merkwürdiges Gebilde, dieses Integral über einer Kurve κ, möchte man meinen. Aber schauen wir uns folgende Skizze an (Abb. 6.2).

In Verallgemeinerung des gewöhnlichen Integrals fragen wir also hier nach dem Flächeninhalt über einer krummen Kurve κ. Wenn die Funktion negative Werte ausspuckt, so verschwindet halt der Zaun unter der Erde, was die Analogie etwas trübt.

Die Berechnungsvorschrift in (6.2) zeigt uns den Trick: Wir haben das komplizierte Kurvenintegral zurückgeführt auf die Berechnung eines gewöhnlichen Integrals. Das kennen wir ja schon lange.

Der Anteil $|(\varphi'(t), \psi'(t))|$ ist im Prinzip die Länge der Tangente im jeweiligen Punkt. Als Länge ist hier die euklidische Länge des Vektors $(\varphi'(t), \psi'(t))$ gemeint, also die Wurzel aus den Quadraten der Komponenten, also

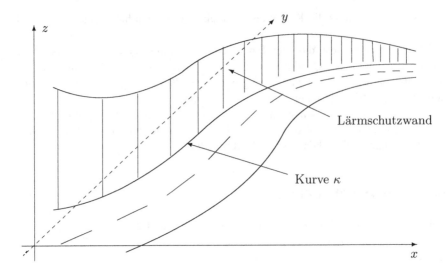

Abb. 6.2 In der x-y-Ebene haben wir einen Weg skizziert, an dessen Rand, also der Kurve κ, ein Lärmschutzzaun aufgebaut ist. Das Kurvenintegral 1. Art fragt nach dem Flächeninhalt dieses Zaunes

$$|(\varphi'(t), \psi'(t))| = \sqrt{\varphi'^2(t) + \psi'^2(t)}.$$

Das sieht alles kompliziert aus. Wie einfach es wirklich ist, zeigen wir jetzt am Beispiel (Abb. 6.3).

Beispiel 6.1
Wir zerlegen den Weg in drei Teilwege:

(α)   *Weg von $(0,0)$ nach $A = (1,0)$.*
(β)   *Weg von $B = (0,1)$ nach $(0,0)$.*
(γ)   *Weg von $A = (1,0)$ nach $B - (0,1)$.*

Abb. 6.3 Ein Dreiecksweg

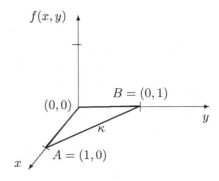

Gegeben sei der Dreiecksweg κ vom Nullpunkt (0, 0) zum Punkt A = (1, 0), dann
weiter zum Punkt B = (0, 1) und wieder zurück zum Nullpunkt (0, 0), den wir rechts
in der Skizze angedeutet haben, und auf diesem die Funktion f(x, y) = x² + y².
Wir wollen das Kurvenintegral

$$\int_\kappa f(x, y)\, ds$$

über diesem Dreiecksweg κ berechnen.

zu (α)   *Der Weg (0, 0) nach A = (1, 0) ist Teil der x-Achse, dort ist also y = 0.*
Wir müssen also berechnen:

$$\int_{(0,0)\to A} x^2\, ds.$$

Wir wählen hier als Parameter t = x, also folgt dt = dx und 0 ≤ t ≤ 1.
Damit erhalten wir:

$$\int_{(0,0)\to A} x^2\, ds = \int_0^1 t^2\, dt = \frac{1}{3}.$$

Für diese Berechnung haben wir unser Schulwissen ausgenutzt. Das war
doch schon sehr einfach.

zu (β)   *Hier betrachten wir den Weg von B nach (0, 0). Dieser ist Teilweg der*
y-Achse, also ist hier x = φ(t) = 0. Den Weg wollen wir vom Punkt B zum
Nullpunkt hin durchlaufen, also die y-Achse rückwärts. Daher wählen wir
als Parameter t = y − 1, erhalten also

$$y = \psi(t) = 1 - t.$$

Daraus ergibt sich

$$t = 0 \Longrightarrow y = 1, \quad t = 1 \Longrightarrow y = 0.$$

Das setzen wir in das Integral ein und erhalten

$$\int_{B\to(0,0)} y^2\, ds = \int_0^1 (1-t)^2 \cdot |(0, -1)|\, dt$$

$$= \int_0^1 (1-t)^2 \cdot \sqrt{0^2 + (-1)^2}\, dt$$

$$= \int_0^1 (1 - 2t + t^2)\, dt = \left[t - \frac{2t^2}{2} + \frac{t^3}{3} \right]_0^1$$

$$= \frac{1}{3}.$$

Auch hier bitte nicht erschrecken lassen durch die simple Schulrechnung.

zu (γ) *Jetzt zum Weg von A nach B. Als Parameter wählen wir hier*

$$y = \psi(t) = t, \quad x = \phi(t) = 1 - t, 0 \le t \le 1.$$

Dann erhalten wir

$$t = 0 \Longrightarrow (1, 0) = A, \quad t = 1 \Longrightarrow (0, 1) = B,$$

wir laufen also richtig.
Dann folgt, jetzt wieder einsetzen und rechnen, wie in der Schule gelernt,

$$\int_{A \to B} f(x, y)\, ds = \int_0^1 \left[(1 - t)^2 + t^2 \right] \sqrt{2}\, dt$$

$$= \int_0^1 (1 - 2t + 2t^2)\sqrt{2}\, dt = \sqrt{2} \left[t - \frac{2t^2}{2} + \frac{2t^3}{3} \right]_0^1$$

$$= \sqrt{2} \left[1 - 1 + \frac{2}{3} \right] = \frac{2}{3}\sqrt{2}.$$

Damit ist dann insgesamt

$$\int_\kappa f(x, y)\, ds = \int_{(0,0) \to A} f(x, y)\, ds + \int_{B \to (0,0)} f(x, y)\, ds + \int_{A \to B} f(x, y)\, ds$$

$$= \frac{1}{3} + \frac{2}{3}\sqrt{2} + \frac{1}{3} = \frac{4 + 9\sqrt{2}}{6} = 2{,}787987.$$

So weit das Beispiel.

Wir leisten uns jetzt mal den Spaß, das Integral in (β) durch Umkehrung des Weges zu berechnen. Wir wollen also von $(0, 0) \to B$ laufen. Kommt da dasselbe heraus?

   Wir müssen mit dem Parameter spielen. Wir wählen jetzt $x = \varphi(t) = 0, y = \psi(t) = t, 0 \le t \le 1$. Für $t = 0$ geht es also von $(0, 0)$ los bis $t = 1$, also zum Punkt $(0, 1) = B$. Dann erhalten wir

$$\int_{(0,0) \to B} f(x, y)\, ds = \int_0^1 t^2 |(0, 1)|\, dt = \int_0^1 t^2\, dt = \frac{t^3}{3} \Big|_0^1 = \frac{1}{3}.$$

Wir erhalten also dasselbe. Das riecht nach Methode. Tatsächlich können wir beweisen:

Satz 6.1
Das Kurvenintegral 1. Art hängt nicht vom Durchlaufungssinn der Kurve ab:

$$\int_{A \to B} f(x, y)\, ds = \int_{B \to A} f(x, y)\, ds. \tag{6.3}$$

6.2.1 Sonderfall

Ist die ebene Kurve (also im $\mathbb{R}^2$) gegeben als Graph einer Funktion, also in der Darstellung

$$y = y(x), \quad a \le x \le b,$$

so gilt

$$\int_{\kappa} f(x, y)\, ds = \int_{a}^{b} f(x, y(x)) \cdot \sqrt{1 + y'^2(x)}\, dx. \tag{6.4}$$

Wiederum muss dabei $a < b$ sein. Diese Formel findet man in vielen Büchern. Wir wollen schnell an einem Beispiel üben, wie man damit umgeht. Gleichzeitig verlieren wir dabei die Angst vor der Parametrisierung.

Beispiel 6.2
Wir berechnen

$$\int_{\kappa} x\, y\, ds,$$

wenn κ der Viertelkreisbogen, Radius $r = 2$ im 1. Quartal ist.

Zuerst wenden wir die übliche Formel an.
Den Kreis vom Radius 2 parametrisieren wir durch

$$x = \varphi(t) = 2\cos(t), \quad y = \psi(t) = 2\sin(t), 0 \le t \le \frac{\pi}{2}.$$

Dann haben wir

$$\varphi'(t) = -2\sin(t), \psi'(t) = 2\cos(t),$$

also

$$|(\varphi'(t), \psi'(t))| = \sqrt{(-2\sin(t))^2 + (2\cos t)^2} = 2.$$

Damit folgt

$$\int_{\kappa} x \cot y\, ds = \int_{0}^{\pi/2} 2 \cdot \cos t \cdot 2 \cdot \sin t \cdot 2\, dt$$

$$= 8 \int_{0}^{\pi/2} \sin t \cos t\, dt = 8 \cdot \frac{1}{2} \cdot \sin^2 t \Big|_{0}^{\pi/2} = 4.$$

Jetzt wählen wir zur Berechnung die gerade im Sonderfall vorgestellte Idee. Wir erkennen nämlich, dass sich der Viertelkreis mit Radius 2 darstellen lässt als

$$x^2 + y^2 = 4 \quad \text{also} \quad y = \sqrt{4 - x^2}.$$

Der Graph dieser Funktion ist der Viertelkreis, wissen wir doch, oder?

Jetzt rechnen wir ein wenig.

$$y'(x) = \frac{-2x}{2 \cdot \sqrt{4-x^2}} = \frac{-x}{\sqrt{4-x^2}}, \quad 0 \le x \le 2.$$

Dann folgt mit obiger Formel (6.4):

$$\begin{aligned}
\int_\kappa x\,y\,ds &= \int_0^2 x\sqrt{4-x^2}\sqrt{1+\frac{x^2}{4-x^2}}\,dx \\
&= \int_0^2 x\sqrt{4-x^2}\sqrt{\frac{4-x^2+x^2}{4-x^2}}\,dx \\
&= \int_0^2 x\sqrt{4-x^2}\,\frac{\sqrt{4}}{\sqrt{4-x^2}}\,dx \\
&= \int_0^2 2x\,dx = \left.\frac{2\cdot x^2}{2}\right|_0^2 = 4,
\end{aligned}$$

und das ist doch wunderbar übereinstimmend mit obigem Ergebnis, wenn wir noch mal einen Blick zurück riskieren.

6.2.2 Kurvenlänge

Wenn wir bei einem gewöhnlichen Integral als Integranden die Funktion $f(x) = 1$ verwenden, so erhalten wir ja

$$\int_a^b 1\,dx = b - a,$$

also die Länge des Integrationsintervalls. Genau dasselbe geschieht jetzt hier beim Kurvenintegral 1. Art mit dem kleinen, aber feinen Unterschied, dass wir die Länge der Kurve κ erhalten. Das ist doch prima.

Satz 6.2
Wählen wir im Kurvenintegral 1. Art über der Kurve κ als Funktion $f(x, y) = 1$, so ergibt sich die Länge der Kurve κ.

Dazu ein Beispiel (Abb. 6.4).

Beispiel 6.3
Wir berechnen die Länge L des Parabelbogens

$$y = x^2, \quad -1 \le x \le 1.$$

Abb. 6.4 Parabelbogen

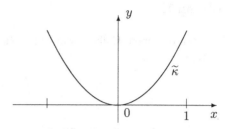

Locker erkennen wir, dass dieser Bogen voll symmetrisch zur y-Achse ist. Also werden wir uns doch klug anstellen und nur die Länge des halben Bogens $\widetilde{\kappa}$, wie eingezeichnet, berechnen und das Ergebnis verdoppeln. Das führt zu

$$
\begin{aligned}
L &= \int_{\kappa} 1 \, ds = 2 \cdot \int_{\widetilde{\kappa}} 1 \, ds = 2 \cdot \int_0^1 \sqrt{1 + (2x)^2} \, dx \\
&= 2 \int_0^1 \sqrt{1 + 4x^2} \, dx = 2 \cdot 2 \cdot \int_0^1 \sqrt{\frac{1}{4} + x^2} \, dx \\
&= 4 \cdot \frac{1}{2} \cdot \left[x \cdot \sqrt{\frac{1}{4} + x^2} + \frac{1}{4} \cdot \operatorname{arsh} 2x \right]_0^1 \\
&= 2 \left[\sqrt{\frac{5}{4}} + \frac{\operatorname{arsh} 2}{4} \right] = \sqrt{5} + \frac{\operatorname{arsh} 2}{2} \approx 2{,}96.
\end{aligned}
$$

Das ist doch eine hübsche Formel, mit der wir leicht und einfach Längen von irgendwelchen Kurven ausrechnen können. Erschrecken Sie bitte in obiger Berechnung nicht über den Areasinus hyperbolicus arsh. So eine Stammfunktion kennt niemand auswendig, dafür gibt es gute Formelsammlungen.

Übung 12

1. Sei k der obere Halbkreis mit dem Radius r um $(0,0)$, und sei $f(x,y) := y$. Berechnen Sie

$$\int_k f(x,y)\,ds.$$

2. Berechnen Sie das Kurvenintegral

$$\int_k y\,e^{-x}\,ds,$$

   wenn k der Bogen der Kurve

$$x = \varphi(t) := \ln(1+t^2), \quad y = \psi(t) := 2\arctan t - t + 3$$

   zwischen $t = 0$ und $t = 1$ ist.
3. Berechnen Sie das Kurvenintegral

$$\int_k \sqrt{\frac{a^2\,y^2}{b^2} + \frac{b^2\,x^2}{a^2}}\,ds,$$

   wenn k die Ellipse ist mit der Gleichung

$$\frac{x^2}{a^2} + \frac{y^2}{b^2} = 1.$$

4. Berechnen Sie den Umfang U des Kreises um $(0,0)$ mit dem Radius $r > 0$, indem Sie das Kurvenintegral

$$4 \int_k 1\,ds$$

   betrachten, wenn k der Viertelkreisbogen mit Radius $r > 0$ ist.

Ausführliche Lösungen: https://www.springer.com/gp/book/9783662588314

6.3   Kurvenintegral 2. Art

Kurvenintegrale 2. Art sind nicht so leicht zu veranschaulichen wie die Lärmschutz-wand einer Autobahn für ein Kurvenintegral 1. Art. Wir werden später durch Rück-griff auf die Physik aber eine gute Veranschaulichung angeben. Hier erst mal die Definition.

Definition 6.3
Eine Funktion

$$f : \mathbb{R}^n \to \mathbb{R} \qquad \text{heißt skalare Funktion oder Skalarfeld,}$$
$$\vec{f} : \mathbb{R}^n \to \mathbb{R}^m \qquad \text{heißt vektorwertige Funktion oder Vektorfeld.}$$

Wir schreiben dann auch $\vec{f}(\vec{x}) = \vec{f}(x, y) = (f_1(x, y), f_2(x, y))$, kürzen also noch ab $\vec{x} = (x, y)$.

Kurz ein Beispiel: Die Funktion $f(x, y) = x^2 + y^2$ ist ein Skalarfeld $f : \mathbb{R}^2 \to \mathbb{R}$. Die Funktion $\vec{f}(x, y) = (x^2 + y^3, \sqrt{|x|})$ ist ein Vektorfeld $\vec{f} : \mathbb{R}^2 \to \mathbb{R}^2$. Hier ist dann $f_1(x, y) = x^2 + y^2$ und $f_2(x, y) = \sqrt{|x|}$.

Definition 6.4
Ist $\vec{f}(\vec{x})$ ein Vektorfeld und

$$\kappa = \{\vec{x}(t), a \le t \le b\}$$

ein Kurvenstück, so heißt

$$\int_\kappa \vec{f}(\vec{x}) \cdot d\vec{x} := \int_a^b \vec{f}(\vec{x}(t)) \cdot \dot{\vec{x}} \, dt \qquad (6.5)$$

mit

$$\vec{x}(t) := (x(t), y(t)) = (\varphi(t), \psi(t))$$

und

$$\dot{\vec{x}}(t) := (\dot{x}(t), \dot{y}(t)) = (\varphi'(t), \psi'(t))$$

Kurvenintegral 2. Art.

Im Gegensatz zum Kurvenintegral 1. Art steckt hier also ein Vektorfeld im Integral. Dieses wird multipliziert mit dem Tangentenvektor $\dot{\vec{x}}(t)$. Aber Achtung, das ist ein inneres Produkt. Schließlich stehen ja hier zwei Vektoren. Bei der 1. Art hatten wir mit dem Betrag dieses Vektors, also mit einer reellen Zahl multipliziert. Hier also inneres Produkt. Das hat interessante Auswirkungen. Zeigen wir zunächst ein paar Rechenregeln:

Satz 6.3 (Rechenregeln)

1.

$$\int_\kappa c \cdot \vec{f}(\vec{x}) \cdot d\vec{x} = c \cdot \int_\kappa \vec{f}(\vec{x}) \cdot d\vec{x} \tag{6.6}$$

2.

$$\int_\kappa \left(\vec{f}(\vec{x}) + \vec{g}(\vec{x}) \right) \cdot d\vec{x} = \int_\kappa \vec{f}(\vec{x}) \cdot d\vec{x} + \int_\kappa \vec{g}(\vec{x}) \cdot d\vec{x} \tag{6.7}$$

3.

$$\int_\kappa \vec{f}(\vec{x}) \cdot d\vec{x} = - \int_{-\kappa} \vec{f}(\vec{x}) \cdot d\vec{x} \tag{6.8}$$

Die 3. Aussage im obigen Satz wird ziemlich einsichtig, wenn wir später das Kurven-integral 2. Art als Arbeitsintegral interpretieren. Wenn wir einen Koffer drei Stock-werke hinauf geschafft haben, ergibt sich beim Heruntertragen genau die umgekehrte Arbeit, bis auf Reibungsverluste mit unseren Schuhen oder in unseren Gelenken. So erklärt sich das negative Vorzeichen.

Damit uns diese Integrale nicht zu unheimlich werden, schnell ein Beispiel. Dann sehen wir auch, wie die ganze Rechnung auf die Berechnung von gewöhnlichen Integralen zurückläuft.

Beispiel 6.4
Wir berechnen

$$\int_\kappa \vec{f}(x, y) \, d\vec{x}$$

für $\vec{f}(x, y) := (x, x\, y),\ d\vec{x} = (dx, dy)$
  und drei verschiedene Wege

κ_1 : direkte Strecke von $(0, 0)$ nach $(1, 1)$,
κ_2 Parabelbogen von $(0, 0)$ nach $(1, 1)$,
κ_3 Strecke auf der x-Achse von $(0, 0)$ nach $(1, 0)$, dann Parallele zur y-Achse von $(1, 0)$ nach $(1, 1)$ (Abb. 6.5).

Abb. 6.5 Drei Wege zum
Ziel

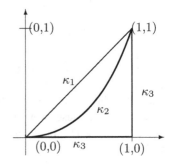

Weg κ_1:   Wir gehen auf der Diagonalen. Zu jedem Schritt in x-Richtung fügen wir gleich einen Schritt in y-Richtung hinzu. Daher liegt folgende Parametrisierung nahe:

$$x = \varphi(t) = t, \quad y = \psi(t) = t, \quad \varphi'(t) = \psi'(t) = 1, 0 \leq t \leq 1.$$

Dann ist

$$\vec{f}(\vec{x}(t)) = (\varphi(t), \varphi(t) \cdot \psi(t)) = (t, t^2)$$

und

$$\dot{\vec{x}}(t) = (\varphi'(t), \psi'(t)) = (1, 1).$$

Damit folgt

$$\int_{\kappa_1} \vec{f}(\vec{x}(t) \cdot d\vec{x} = \int_0^1 (t, t^2) \cdot (1, 1) \, dt$$
$$= \int_0^1 (t + t^2) \, dt = \left[\frac{t^2}{2} + \frac{t^3}{3} \right]_0^1 = \frac{1}{2} + \frac{1}{3} = \frac{5}{6}.$$

Weg κ_2:   Für die Parabel wählen wir die Parametrisierung:

$$x = \varphi(t) = t, \quad y = \psi(t) = t^2, \quad \varphi'(t) = 1, \psi'(t) = 2t, \quad 0 \leq t \leq 1.$$

Damit folgt

$$\int_{\kappa_1} \vec{f}(\vec{x}(t) \cdot d\vec{x} = \int_0^1 (t, t^3) \cdot (1, 2t) \, dt$$
$$= \int_0^1 (t + 2t^4) \, dt = \left[\frac{t^2}{2} + \frac{2t^5}{5} \right]_0^1 = \frac{1}{2} + \frac{2}{5} = \frac{9}{10}.$$

Ups, das ist ja ein anderes Ergebnis als oben? Haben wir uns verrechnet? Passiert ja leicht bei diesen Integralen. Aber seien Sie beruhigt, alles ist genau so richtig. Wir lernen: Anderer Weg, anderes Ergebnis!

Weg κ_3:   Wir probieren es noch ein drittes Mal, wieder auf einem anderen Weg. Diesen Weg teilen wir in zwei Teilwege: $\kappa_3 = \kappa_{31} + \kappa_{32}$. Dabei ist κ_{31} der Weg auf der x-Achse von $(0, 0)$ nach $(1, 0)$ und κ_{32} der anschließende Weg auf der Parallelen zur y-Achse, also von $(1, 0)$ nach $(1, 1)$. Für beide Wege müssen wir das Integral schön nacheinander ausrechnen, also

$$\int_{\kappa_3} \cdots = \int_{\kappa_{31}} \cdots + \int_{\kappa_{32}} \cdots .$$

Weg κ_{31}:   Hier fällt uns die Parametrisierung in den Schoß. Wir setzen

$$x = \varphi(t) = t, \ y = \psi(t) = 0.$$

Dann ist

$$\vec{f}(x(t), y(t))(t, t \cdot 0) = (t, 0), \quad 0 \le t \le 1,$$

und

$$(\varphi'(t), \psi'(t)) = (1, 0).$$

Das ergibt

$$\int_{\kappa_{31}} \vec{f}(\vec{x}(t)) \cdot d\vec{x} = \int_0^1 (t, 0) \cdot (0, 1) \, dt$$

$$= \int_0^1 t \, dt = \left. \frac{t^2}{2} \right|_0^1 = \frac{1}{2}.$$

Das ging ja puppig leicht, also schnell noch den zweiten Teilweg:

Weg κ_{32}:   Auch hier ist die Parametrisierung sofort zu sehen. Wir setzen

$$x = \varphi(t) = 1, \ y = \psi(t) = t.$$

Dann ist

$$\vec{f}(x(t), y(t)) = (1, t), \quad (\varphi'(t), \psi'(t)) = (0, 1), \quad 0 \le t \le 1.$$

Das ergibt

$$\int_{\kappa_{32}} \vec{f}(\vec{x}(t)) \cdot d\vec{x} = \int_0^1 (1, t) \cdot (0, 1) \, dt$$

$$= \int_0^1 t \, dt = \left. \frac{t^2}{2} \right|_0^1 = \frac{1}{2}$$

Als Gesamtwert für den dritten Weg κ_3 erhalten wir also

$$\int_{\kappa_3} \vec{f}(\vec{x}(t)) \cdot d\vec{x} = \frac{1}{2} + \frac{1}{2} = 1.$$

Wir lernen an diesem Beispiel, dass ein solches Kurvenintegral 2. Art nicht unabhängig vom Weg ist, über den wir integrieren. Das erstaunt uns vielleicht, aber jetzt komme ich mit der Physik.

In der Physik weiß man, dass Arbeit gleich Kraft mal Weg ist, eine 3000 EUR Frage in einem Fernsehquiz, und die Kandidaten patzten. Ich finde, sie gingen zurecht mit 0 EUR nach Hause. Das sollte wirklich zum Allgemeingut gehören so wie ‚Hänschen klein‘.

Die Kraft hängt natürlich vom jeweiligen Ort ab und auch von der Richtung, in die sie ausgeübt wird. Sie ist also ein Vektor. Der Ort, an dem die Kraft ausgeübt wird, liegt irgendwo in der Welt, also hat er drei Koordinaten, ist also auch ein Vektor. Das Produkt dieser beiden Vektoren finden wir im Integral 2. Art, hier allerdings auf sehr kleine Wege, richtiger infinitesimale Wege $d\vec{x}$ beschränkt, über die dann anschließend aufsummiert wird. Wie das halt so beim Integral gemacht wird.

Dieses Kurvenintegral 2. Art berechnet also schlicht die Arbeit, die man bei bestimmter Kraft $\vec{f}(x, y)$ leisten muss, um den Weg κ zurückzulegen. Natürlich hängt das vom Weg ab, werden Sie mir zugeben. Gehe ich einen sehr langen Weg, muss ich mehr arbeiten. So zeigt es ja auch unser Beispiel 6.4 oben. Aber halt, nicht so schnell. Tatsächlich ist manchmal das Kurvenintegral 2. Art vom Wege unabhängig. Im nächsten Abschnitt werden wir ein recht einfach handhabbares Kriterium dafür angeben, wann das passiert.

Übung 13

1. Gegeben sei das folgende Vektorfeld

$$\vec{v}(\vec{x}) := (x\,y, x^2, x - z).$$

Berechnen Sie das Kurvenintegral

$$\int_k \vec{v}(\vec{x}) \cdot d\vec{x}$$

vom Nullpunkt zum Punkt $(1, 2, 4)$, wobei
(a) k die gerade Verbindung beider Punkte ist,
(b) k die Kurve gegeben durch die folgende Parametrisierung ist:

$$x = t^2, y = 2t^3, z = 4t.$$

(c) Vergleichen Sie das Ergebnis von (a) und (b), und begründen Sie es.
2. Berechnen Sie das Integral

$$\int_k \left[\frac{-y}{x^2 + y^2}\, dx + \frac{x}{x^2 + y^2}\, dy \right],$$

wobei k eine Kurve im Kreis $K : (x - 2)^2 + y^2 \leq 1$ ist, die den Punkt $(1, 0)$ mit einem beliebigen Punkt $(\overline{x}, \overline{y})$ in K verbindet.
3. Gegeben sei das Vektorfeld

$$\vec{f}(x, y, z) := (x + y\,z, y + x\,z, z + x\,y).$$

Berechnen Sie das Kurvenintegral

$$\int_k \vec{f}(x, y, z) \cdot d\vec{x},$$

wenn
(a) k die Strecke von $(0, 0, 0)$ nach $(1, 1, 1)$ ist,
(b) k die Kurve mit der Parametrisierung $x = t, y = t^2, z = t^3$ mit $0 \leq t \leq 1$ ist,
(c) k die drei Strecken von $(0, 0, 0)$ nach $(1, 0, 0)$, dann von $(1, 0, 0)$ nach $(1, 1, 0)$ und abschließend von $(1, 1, 0)$ nach $(1, 1, 1)$ durchläuft.

Ausführliche Lösungen: https://www.springer.com/gp/book/9783662588314

6.4   Kurvenhauptsatz

Immer ist es ein Bestreben der Mathematik, solch störende Eigenschaften wie die
Wegabhängigkeit eines Integrals genau zu durchschauen und ein Kriterium zu finden, das uns diese Eigenschaft im Vorhinein erkennen lässt. Das ist ja eigentlich
ziemlich verwegen. Wie sollen wir das dem Integral ansehen, ohne es auszurechnen? Aber tatsächlich, wir sind dazu in der Lage. Dazu müssen wir einen neuen
Begriff einführen, der aber ziemlich leicht zu handhaben ist.

Definition 6.5
Gegeben sei ein differenzierbares Vektorfeld

$$\vec{f}(\vec{x}) = \Big(f_1(x, y, z),\, f_2(x, y, z),\, f_3(x, y, z) \Big). \tag{6.9}$$

Unter der Rotation dieses Feldes, in Zeichen rot $\vec{f}(\vec{x})$, verstehen wir den Vektor

$$\operatorname{rot} \vec{f}(\vec{x}) := \left(\frac{\partial f_3(\vec{x})}{\partial y} - \frac{\partial f_2(\vec{x})}{\partial z},\, \frac{\partial f_1(\vec{x})}{\partial z} - \frac{\partial f_3(\vec{x})}{\partial x},\, \frac{\partial f_2(\vec{x})}{\partial x} - \frac{\partial f_1(\vec{x})}{\partial y} \right). \tag{6.10}$$

Die Formel sieht im ersten Moment ziemlich unübersichtlich aus. Sie hat aber eine
starke innere Gesetzmäßigkeit, die wir sofort erkennen, wenn wir statt (x, y, z) die
Variablen (x_1, x_2, x_3) verwenden:

$$\operatorname{rot} \vec{f}(\vec{x}) := \left(\frac{\partial f_3(\vec{x})}{\partial x_2} - \frac{\partial f_2(\vec{x})}{\partial x_3},\, \frac{\partial f_1(\vec{x})}{\partial x_3} - \frac{\partial f_3(\vec{x})}{\partial x_1},\, \frac{\partial f_2(\vec{x})}{\partial x_1} - \frac{\partial f_1(\vec{x})}{\partial x_2} \right) \tag{6.11}$$

Bitte nur genau hinschauen. In jeder Komponente sind die Zählerindizes und die
Nennerindizes miteinander gekoppelt. Nehmen Sie die Zahlen 1, 2, 3 und tauschen
Sie diese zyklisch durch, also

$$1 \to 2 \to 3 \to 1 \to 2 \to \dots$$

und vergleichen Sie mit der Formel (6.11). Sie müssen sich also nur den Anfang
merken, dann geht es automatisch weiter. Das ist zwar nicht gar so ein Brüller, aber
zumindest hilft es uns, dass wir einen Fehler vermeiden können. Manche erinnern
sich vielleicht noch an das Kreuzprodukt zweier Vektoren des $\mathbb{R}^3$. Nur für diese
Dimension ist es erklärt. Es lautete:
Sei $\vec{a} = (a_1, a_2, a_3)$ und sei $\vec{b} = (b_1, b_2, b_3)$. Dann ist

$$\vec{a} \times \vec{b} := (a_2 b_3 - a_3 b_2,\, a_3 b_1 - a_1 b_3,\, a_1 b_2 - a_2 b_1).$$

Schauen Sie sich auch hier die Indizes an, und Sie sehen die Analogie.

Beispiel 6.5
Wir berechnen die Rotation des Vektorfeldes

$$\vec{f}(\vec{x}) := \left(x^2 \cdot y, -2 \cdot x \cdot z, 2 \cdot y \cdot z \right).$$

Einfaches Ausrechnen, bei dem man aber unbedingt auf die Indizes achten muss, ergibt

$$\operatorname{rot} \vec{f}(\vec{x}) = \left(2z - (-2x), 0 - 0, -2x - x^2 \right)$$
$$= \left(2z + 2x, 0, -2x - x^2. \right)$$

Hier folgen einfache Rechenregeln, die uns sagen, dass der Operator rot ein linearer Operator ist. Da es sich ja um das Differenzieren handelt, kann man das auch erwarten.

Satz 6.4
Es gilt für alle differenzierbaren Vektorfelder $\vec{f}, \vec{g}$ und alle reellen Zahlen $\alpha \in \mathbb{R}$

$$\operatorname{rot} \left(\vec{f}(\vec{x}) + \vec{g}(\vec{x}) \right) = \operatorname{rot} \vec{f}(\vec{x}) + \operatorname{rot} \vec{g}(\vec{x}) \qquad (6.12)$$

$$\operatorname{rot} \left(\alpha \cdot \vec{f}(\vec{x}) \right) = \alpha \cdot \operatorname{rot} \vec{f}(\vec{x}) \qquad (6.13)$$

Mit dem Begriff ,Rotation' verbinden wir eine spezielle Vorstellung. Da dreht sich etwas. Richtig, und genau das zeigen wir jetzt für den Operator rot, womit dieser dann sehr anschaulich wird.

Zur Erklärung des Namens ,Rotation' betrachten wir das Vektorfeld

$$\vec{v}(\vec{r}) := \vec{\omega} \times \vec{r},$$

wobei $\vec{\omega}$ ein konstanter Vektor und $\vec{r}$ der Radiusvektor vom Nullpunkt zum Punkt $(x, y, 0)$ in der Ebene sei. Denken Sie wieder an die vor sich liegende Tischebene. Irgendwo ist der Nullpunkt. Von dort geht der Vektor $\vec{r}$ zu einem Punkt $(x, y, 0)$, bitte lassen Sie ihn rechts vom Nullpunkt liegen. Sonst müssen Sie gleich Ihre Hand furchtbar verdrehen. Wir lassen den Vektor $\vec{\omega}$ nach oben in Richtung der z-Achse zeigen. Um das Vektorfeld $\vec{v}(\vec{r})$ zu sehen, erinnern wir uns an das Kreuzprodukt und die Rechte-Hand-Regel. Der erste Vektor ist der Daumen der rechten Hand, der zweite Vektor ist der Zeigefinger. Wir halten also den Daumen nach oben und den Zeigefinger nach rechts. Dann zeigt der senkrecht zu Daumen und Zeigefinger ausgestreckte Mittelfinger in Richtung des Kreuzproduktvektors, also in Richtung von $\vec{v}(\vec{r})$. In unserem Tischbeispiel zeigt er vom Körper weg, bleibt aber in der Tischebene. Das gilt für jeden Punkt der Tischebene. In jedem Punkt entsteht der Kreuzproduktvektor, der senkrecht zum Radiusvektor $\vec{r}$ steht. Deutet man ihn als

Bewegungsvektor, so sieht man, dass sich die Tischebene dreht, von oben gesehen gegen den Uhrzeiger.

Wir zeigen jetzt, dass die Rotation dieses Vektorfeldes, also der Vektor rot $\vec{v}(\vec{r})$ gleich $2 \cdot \vec{\omega}$ ist. Der Vektor $\vec{\omega}$ aus unserem Vektorfeld ist also der Drehachsenvektor und (bis auf den Faktor 2) der rot-Vektor:

Für das Vektorfeld erhalten wir mit $\vec{r} = (x, y, z)$ und $\vec{\omega} = (\omega_1, \omega_2, \omega_3)$ aus dem Kreuzprodukt

$$\vec{v}(\vec{r}) = \vec{\omega} \times \vec{r} = (\omega_2 \cdot z - \omega_3 \cdot y, \, \omega_3 \cdot x - \omega_1 \cdot z, \, \omega_1 \cdot y - \omega_2 \cdot x).$$

Dann folgt

$$\begin{aligned}
\text{rot } \vec{v}(\vec{r}) &= \Bigg(\frac{\partial(\omega_1 \cdot y - \omega_2 \cdot x)}{\partial y} - \frac{\partial(\omega_2 \cdot x - \omega_1 \cdot z)}{\partial z}, \\
&\quad \frac{\partial(\omega_2 \cdot z - \omega_3 \cdot y)}{\partial z} - \frac{\partial(\omega_1 \cdot y - \omega_2 \cdot x)}{\partial y}, \\
&\quad \frac{\partial(\omega_3 \cdot x - \omega_1 \cdot z)}{\partial x} - \frac{\partial(\omega_2 \cdot z - \omega_3 \cdot y)}{\partial y} \Bigg) \\
&= \Big(\omega_1 - (-\omega_1), \, \omega_2 - (-\omega_2), \, \omega_3 - (-\omega_3) \Big) \\
&= 2 \cdot (\omega_1, \omega_2, \omega_3) = 2 \cdot \vec{\omega}.
\end{aligned}$$

Wie wir es angekündigt haben, ist die Rotation rot $\vec{v}(\vec{r})$ bis auf den Faktor 2 der Drehvektor des Vektorfeldes. So können wir uns den Namen ‚Rotation' erklären.

Schauen Sie sich folgendes Bild an, wo wir versucht haben, diese Drehung anschaulich darzustellen (Abb. 6.6).

Diese Rotation, recht einfach nachzurechnen, hilft uns nun bei der Beantwortung der Frage nach der Wegabhängigkeit eines Kurvenintegrals 2. Art. Allerdings

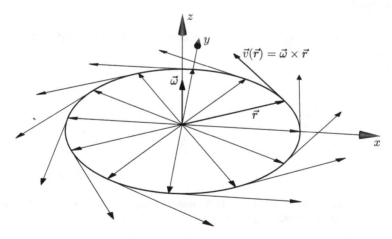

Abb. 6.6 Die Rotation des Vektorfeldes $\vec{v} = \vec{\omega} \times \vec{r}$

müssen wir eine kleine Vorsichtsmaßnahme einbauen. Diese Einschränkung an die beteiligten Gebiete ist sehr anschaulich.

Definition 6.6 (Einfacher Zusammenhang)
Ein Gebiet $G \in \mathbb{R}^2$ heißt einfach zusammenhängend, wenn sich jeder geschlossene Weg in G auf einen Punkt zusammenziehen lässt, ohne das Gebiet zu verlassen.

Stellen Sie sich also ein Gebiet vor, in das Sie ein Gummiband als geschlossenen Ring hineinlegen. Kann man dieses Band auf einen Punkt zusammenziehen, ohne dass das Band das Gebiet verlässt, so ist das Gebiet einfach zusammenhängend. Doch sehr anschaulich, oder? Wir zeigen im untenstehenden Bild einige Gebiete, die einfach zusammenhängen oder es nicht tun (Abb. 6.7).

Ein typisch extremes Beispiel ist ein Kreis, dem nur der Mittelpunkt fehlt. Der ist ebenfalls nicht einfach zusammenhängend.

Im $\mathbb{R}^3$ muss man sehr aufpassen. Eine Kugel mit einem fehlenden Mittelpunkt oder eine Hohlkugel sind einfach zusammenhängende Gebiete. Nehmen Sie Ihr Gummiband, das klappt.

Satz 6.5 (Kurvenhauptsatz)
Sei G ein Gebiet und $\vec{f}$ ein stetiges Vektorfeld in G. Dann sind folgende Aussagen äquivalent:

1. $\vec{f}$ besitzt ein Potential, d. h. es gibt eine Skalarfunktion g mit

$$\vec{f}(x, y) = \operatorname{grad} g(x, y). \tag{6.14}$$

2. Das Kurvenintegral von $\vec{f}$ in G ist unabhängig vom Weg.
3. Das Kurvenintegral von $\vec{f}$ in G über jeden in G verlaufenden geschlossenen Weg verschwindet.

Ist G darüber hinaus einfach zusammenhängend und $\vec{f}$ ein stetig differenzierbares Vektorfeld, so ist zusätzlich äquivalent:

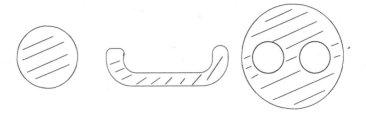

Abb. 6.7 Drei Bilder, links der Kreis ist einfach zusammenhängend, in der Mitte das Gebiet ebenfalls, rechts das Gebiet mit zwei Augen ist es nicht

4.

$$rot\vec{f} = \vec{0}. \tag{6.15}$$

Diese letzte Bedingung reduziert sich, falls $\vec{f}$ ein Vektorfeld im $\mathbb{R}^2$ ist, auf

$$\frac{\partial f_1}{\partial y} = \frac{\partial f_2}{\partial x}. \tag{6.16}$$

Beispiel 6.6
Wir berechnen das Integral

$$\int_{\kappa} (xy, y - x) \cdot d\vec{x},$$

wobei κ das Stück der Parabel $y = x^2$ mit Anfangspunkt $(0, 0)$ und Endpunkt $(1, 1)$ ist.

Dir Normalparabel kennen wir gut, müssen also kein Bildchen malen. Wir parametrisieren den Weg:

$$x = \varphi(t) = t, \quad y = \psi(t) = t^2, 0 \le t \le 1.$$

Dann ist

$$(\varphi'(t), \psi'(t)) = (1, 2t).$$

Damit folgt

$$\int_{\kappa} (xy, y - x) \cdot d\vec{x} = \int_0^1 (t^3, t^2 - t) \cdot (1, 2t)\, dt$$

$$= \int_0^1 (t^3 + 2t^3 - 2t^2)\, dt$$

$$= \int_0^1 (3t^3 - 2t^2)\, dt$$

$$= \left[\frac{3}{4}t^4 - \frac{2}{3}t^3\right]_0^1 = \frac{3}{4} - \frac{2}{3} = \frac{1}{12}.$$

Haben Sie gesehen, wie wir gleich in der ersten Zeile rechts nur noch ein gewöhnliches Integral aus der 12. Klasse stehen hatten? Die Parametrisierung hat uns sofort dahin gebracht.

Beispiel 6.7
Gegeben sei die Kraft

$$\vec{F}(\vec{x}) := (y + z, x + z, x + y).$$

Wir berechnen die Arbeit, wenn ein Teilchen vom Nullpunkt $(0, 0, 0)$ zum Punkt $(1, 1, 1)$ bewegt wird.

Sofort fällt uns auf, dass in dieser Aufgabenstellung nichts über den Weg gesagt ist, den wir bitte zurück legen sollen. Ist das ein Fehler der Aufgabenstellung oder ist es egal, auf welchem Weg wir die Arbeit verrichten? Um das zu prüfen, wählen wir zwei verschiedene Wege und rechnen mal.

1. Wir wählen zunächst die direkte Strecke vom Punkt $(0, 0, 0)$ zum Punkt $(1, 1, 1)$ und nehmen die Parametrisierung

$$x = \varphi(t) = t, y = \psi(t) = t, z = \chi(t) = t, 0 \leq t \leq 1.$$

Dann folgt

$$(\varphi'(t), \psi'(t), \chi'(t)) = (1, 1, 1).$$

Wir erhalten

$$\int_K \vec{F}(\vec{x}) \cdot d\vec{x} = \int_0^1 (t + t, t + t, t + t) \cdot (1, 1, 1) \, dt$$
$$= \int_0^1 6t \, dt = \frac{6}{2} t^2 \Big|_0^1 = 3.$$

2. Als zweiten Weg gehen wir entlang der Kurve, die wir folgendermaßen parametrisieren:

$$x = \varphi(t) = t, y = \psi(t) = t^2, z = \chi(t) = t^3, 0 \leq t \leq 1.$$

Dann folgt

$$(\varphi'(t), \psi'(t), \chi'(t)) = (1, 2t, 3t^2).$$

Wir erhalten

$$\int_K \vec{F}(\vec{x}) \cdot d\vec{x} = \int_0^1 (t^2 + t^3, t + t^3, t + t^2) \cdot (1, 2t, 3t^2) \, dt$$
$$= \int_0^1 (t^2 + t^3 + 2t^2 + 2t^4 + 3t^3 + 3t^4) \, dt$$
$$= \int_0^1 (3t^2 + 4t^3 + 5t^4) \, dt$$
$$= \left(\frac{3}{3} t^3 + \frac{4}{4} t^4 + \frac{5}{5} t^5 \right) \Big|_0^1$$
$$= 1 + 1 + 1 = 3$$

Aha, beide Male ergibt sich das Gleiche. Das sieht nach Methode aus. Wir vermuten also, dass dieses Integral wegunabhängig ist. Da unser Gebiet, nämlich der ganze $\mathbb{R}^3$, kein Loch hat, ist es also einfach zusammenhängend und wir können das Kriterium mit der Rotation anwenden. Wir rechnen für

$$\vec{F}(\vec{x}) = (F_1(x, y, z), F_2(x, y, z), F_3(x, y, z)) = (y + z, x + z, x + y)$$

die Rotation aus:

$$\text{rot } \vec{F}(\vec{x}) = (1 - 1, 1 - 1, 1 - 1) = (0, 0, 0)$$

Also ist das Integral nach Teil 4. unseres Kurvenhauptsatzes 6.5 wegunabhängig.

Beispiel 6.8
Dieses Beispiel sieht nach einem Gegenbeispiel zum Kurvenhauptsatz aus. Wir geben ein rotationsfreies Vektorfeld und einen geschlossenen Weg an, auf dem das Kurvenintegral nicht *verschwindet.*
Gegeben sei das Vektorfeld

$$\vec{v}(x, y, z) = \left(\frac{-y}{x^2 + y^2}, \frac{x}{x^2 + y^2}, z \right)$$

und der Torus D, den man dadurch erhält, dass der Kreis $(x-2)^2 + z^2 \leq 1$, $y = 0$ um die z-Achse rotiert. Wir zeigen, dass in D zwar

$$rot \, \vec{v} = 0,$$

aber das Kurvenintegral

$$\oint_k \vec{v} \, d\vec{x} \neq 0$$

ist, wobei k der Kreis $x^2 + y^2 = 4$, $z = 0$ ist.

Berechnen wir zunächst rot $\vec{v}$:

$$\text{rot } \vec{v} = \det \begin{pmatrix} \vec{e}_1 & \vec{e}_2 & \vec{e}_3 \\ \dfrac{\partial}{\partial x} & \dfrac{\partial}{\partial y} & \dfrac{\partial}{\partial z} \\ \dfrac{-y}{x^2+y^2} & \dfrac{x}{x^2+y^2} & z \end{pmatrix}$$

$$= \left(0, 0, \frac{\partial}{\partial x} \left(\frac{x}{x^2 + y^2} \right) - \frac{\partial}{\partial y} \left(\frac{-y}{x^2 + y^2} \right) \right)$$

$$= \left(0, 0, \frac{x^2 + y^2 - 2x^2 + x^2 + y^2 - 2y^2}{(x^2 + y^2)^2} \right)$$

$$= (0, 0, 0).$$

Zur Berechnung des Kurvenintegrals führen wir Polarkoordinaten ein:

$$x = 2\cos\varphi, \, y = 2\sin\varphi, \quad 0 \leq \varphi \leq 2\pi.$$

Damit folgt:

$$dx = -2\sin\varphi \, d\varphi, \, dy = 2\cos\varphi \, d\varphi,$$

also

$$d\vec{x} = (-2\sin\varphi \, d\varphi, 2\cos\varphi \, d\varphi).$$

Weil der Kreis k in der (x, y)-Ebene liegt, reduziert sich $\vec{v}$ zu:

$$\vec{v} = \left(\frac{-y}{x^2 + y^2}, \frac{x}{x^2 + y^2}, 0 \right) = \left(-\frac{1}{2}\sin\varphi, \frac{1}{2}\cos\varphi, 0 \right).$$

Dann folgt für das Integral:

$$\oint_k \vec{v} \cdot d\vec{x} = \int_0^{2\pi} \left(-\frac{1}{2}\sin\varphi, \frac{1}{2}\cos\varphi, 0 \right) \cdot (-2\sin\varphi, 2\cos\varphi, 0) \, d\varphi$$

$$= \int_0^{2\pi} (\sin^2\varphi + \cos^2\varphi) \, d\varphi$$

$$= \int_0^{2\pi} d\varphi$$

$$= 2\pi.$$

Trotzdem ist das kein Gegenbeispiel zu unserem Satz, dass Kurvenintegrale genau dann wegunabhängig sind, Kurvenintegrale über geschlossenen Wegen also verschwinden, wenn das Vektorfeld rotationsfrei ist. Dieser Satz gilt nämlich nur in einfach zusammenhängenden Gebieten. Das Vektorfeld $\vec{v}$ ist aber auf der gesamten z-Achse nicht definiert. Wir müssen also ein Gebiet wählen, das keinen Punkt der z-Achse enthält. Der Torus erfüllt dies, bildet aber kein einfach zusammenhängendes Gebiet. So ist also der oben zitierte Satz nicht anwendbar, und die Aufgabe gibt ein schönes Beispiel dafür, dass auf die Voraussetzung des einfachen Zusammenhangs nicht verzichtet werden kann.

Übung 14

1. Bestimmen Sie für das Vektorfeld

$$\vec{f}(x, y, z) := (x\,y^2, 2\,x^2\,y\,z, -3\,y\,z^2)$$

   die Rotation rot $\vec{f}(x, y, z)$.

2. Gegeben sei ein Skalarfeld $f(x, y, z)$, das partielle Ableitungen mindestens bis zur 2. Ordnung besitzt. Zeigen Sie, dass dann stets gilt

$$\text{rot}\,(\text{grad}\, f(x, y, z)) = \vec{0}.$$

3. Betrachten Sie einen Torus D, also einen Autoreifen, dessen Mittelebene in der (x, y)-Ebene liegt und der sich um die z-Achse herumwindet. Der Kreis $x^2 + y^2 = 4, z = 0$ liege ganz im Innern des Torus. (Man erhält den Torus z. B. dadurch, dass der Kreis $(x - 2)^2 + z^2 \leq 1, y = 0$ um die z-Achse rotiert.)
   Gegeben sei in D das Vektorfeld

$$\vec{v}(x, y, z) := \left(\frac{-y}{x^2 + y^2}, \frac{x}{x^2 + y^2}, z \right).$$

   a) Zeigen Sie, dass in D gilt:

$$\text{rot}\,(\vec{v}(x, y, z)) = 0.$$

   b) Berechnen Sie

$$\int_k \vec{v}(x, y, z) \cdot d\vec{x},$$

   wobei k der geschlossenen Kreis $x^2 + y^2 = 4, z = 0$ ist.

Ausführliche Lösungen: https://www.springer.com/gp/book/9783662588314

Doppelintegrale

7

Inhaltsverzeichnis

7.1 Berechnung des Doppelintegrals 128
7.2 Transformation der Variablen 132
7.3 Rechenregeln 135

Die jetzt zu beschreibenden Doppelintegrale sind die natürliche Verallgemeinerung des aus der Schule bekannten gewöhnlichen Integrals. Wir erinnern uns mit folgender Skizze (Abb. 7.1).

Auf dem Intervall $[a, b] \in \mathbb{R}$ ist also die Funktion $f : \mathbb{R} \to \mathbb{R}$ gegeben. Ihr Graph schließt mit der x-Achse eine Fläche ein, wir haben sie gestrichelt. Das Integral berechnet diese Fläche. Dabei sind Anteile oberhalb der x-Achse positiv, unterhalb der x-Achse negativ zu werten.

Abb. 7.1 Integral als Flächeninhalt

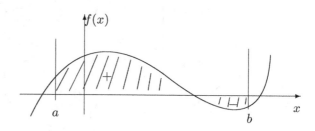

© Springer-Verlag GmbH Deutschland, ein Teil von Springer Nature 2019
N. Herrmann, *Mathematik für Naturwissenschaftler,*
https://doi.org/10.1007/978-3-662-58832-1_7

7.1   Berechnung des Doppelintegrals

Dieses gewöhnliche Integral übertragen wir nun in den $\mathbb{R}^2$. Gegeben sei ein Bereich $B \in \mathbb{R}^2$, also ein Bereich der (x, y)-Ebene. Dort sei eine Funktion $f : B \rightarrow \mathbb{R}$ gegeben (Abb. 7.2).

Gesucht wird jetzt das Volumen des Zylinders über B, dessen Deckfläche vom Graphen der Funktion f gebildet wird. Sie erkennen hoffentlich die Parallelität zum gewöhnlichen Integral über einem Intervall $[a, b]$.

Um das Integral berechnen zu können, muss uns irgendwie der Bereich B vorgegeben sein. Für zwei Spezialfälle, die den meisten Fällen der Praxis entsprechen, wollen wir eine Berechnungsmethode angeben. Manchmal hilft es, wenn man den Bereich B in Teilbereiche zerlegt, wie wir das bei den Rechenregeln in Satz 7.3 angeben werden.

7.1.1   Erste Berechnungsmethode

Ist B gegeben durch zwei Funktionen y_1 und y_2 mit

$$a \leq x \leq b, y_1(x) \leq y \leq y_2(x), \tag{7.1}$$

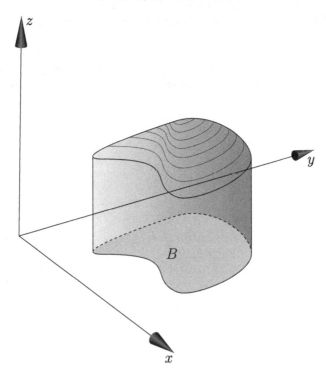

Abb. 7.2 Doppelintegral als Volumen des Zylinders über B

Abb. 7.3 Berechnung des Doppelintegrals, wenn für B die Funktionen $y_1(x)$ und $y_2(x)$ gegeben sind

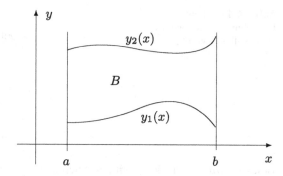

so gilt

$$\iint_B f(x, y)\, dB = \int_a^b \left[\int_{y_1(x)}^{y_2(x)} f(x, y)\, dy \right] dx, \tag{7.2}$$

d. h., das Doppelintegral kann dadurch, dass wir zwei gewöhnliche Integrale hintereinander ausführen, berechnet werden. Dabei wird zuerst die innere eckige Klammer berechnet, wobei genau wie bei der partiellen Differentiation die Variable x vorübergehend als konstant angesehen wird.

Häufig werden die eckigen Klammern weggelassen, denn die Zuordnungen sind mit der Reihenfolge $dy\, dx$ geklärt. Manche Autoren benutzen andere Festlegungen (Abb. 7.3).

Beispiel 7.1

B sei der Bereich zwischen den Kurven

$$y_1(x) = x^2,\, y_2(x) = \sqrt{x},\, 0 \le x \le 1,$$

und sei

$$f(x, y) := x\, y.$$

Wir berechnen das Integral

$$\iint_B f(x, y)\, dB.$$

Nach unserer Vorschrift rechnen wir (Abb. 7.4)

$$\iint_B f(x, y)\, dB = \int_0^1 \left[\int_{y_1(x)=x^2}^{y_2(x)=\sqrt{x}} x\, y \right] dx.$$

Abb. 7.4 Berechnung des
Doppelintegrals, wenn für B
die Funktionen $y_1(x) = x^2$
und $y_2(x) = \sqrt{x}$ gegeben
sind

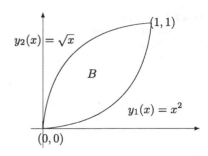

Befassen wir uns zunächst mit der inneren eckigen Klammer. Integration nach dy
meint, dass wir die Variable x vorübergehend als konstant annehmen. Dann folgt
durch schlichte Schulrechnung

$$
\begin{aligned}
\iint_B f(x, y)\, dB &= \int_0^1 \left[\int_{y_1(x)=x^2}^{y_2(x)=\sqrt{x}} x\, y\, dy \right] dx \\
&= \int_0^1 \left[x\, \frac{1}{2}\, y^2 \right]_{y_1(x)=x^2}^{y_2(x)=\sqrt{x}} dx \\
&= \int_0^1 \frac{1}{2}\, x\left(x - x^4 \right) dx \\
&= \frac{1}{2} \left(\frac{1}{3}\, x^3 - \frac{1}{6}\, x^6 \right) \Big|_0^1 \\
&= \frac{1}{2} \left(\frac{1}{3} - \frac{1}{6} \right) - 0 \\
&= \frac{1}{12}.
\end{aligned}
$$

7.1.2   Zweite Berechnungsmethode

Ist B gegeben durch zwei Funktionen x_1 und x_2 mit

$$
c \le y \le d,\, x_1(y) \le x \le x_2(y), \tag{7.3}
$$

so gilt

$$
\iint_B f(x, y)\, dB = \int_c^d \left[\int_{x_1(y)}^{x_2(y)} f(x, y)\, dx \right] dy. \tag{7.4}
$$

Auch hier kann das Doppelintegral dadurch, dass wir zwei gewöhnliche Integrale
hintereinander ausführen, berechnet werden. Dabei wird zuerst die innere eckige
Klammer berechnet, wobei jetzt die Variable y vorübergehend als konstant angesehen
wird.

Man muss sich das so vorstellen, dass wir für diese Berechnungsmethode das Blatt Papier mit dem Gebiet B um 90° gegen den Uhrzeiger drehen und dann hoffen, dass wir die obere und untere Kante, die ja vorher linke und rechte Kante waren, als Graphen zweier Funktionen ansehen können.

Wir nehmen unser Beispiel von oben noch mal auf und berechnen das Doppelintegral mit der zweiten Methode.

Beispiel 7.2
Sei wieder B der Bereich zwischen den Kurven

$$c = 0, d = 1, x_1(y) = y^2, x_2(y) = \sqrt{y}, 0 \le y \le 1,$$

und sei

$$f(x, y) := x\,y.$$

Wir berechnen das Integral

$$\iint_B f(x, y)\,dB.$$

Nach unserer Vorschrift rechnen wir, wobei wir im ersten Schritt ja diesmal nach x integrieren und deshalb für diesen Schritt y als konstant ansehen:

$$\iint_B f(x, y)\,dB = \int_0^1 \left[\int_{x_1(x)=y^2}^{x_2(x)=\sqrt{y}} x\,y\,dx \right] dy$$

$$= \int_0^1 \left[y \cdot \frac{1}{2} \cdot x^2 \right]_{x_1(y)=y^2}^{x_2(y)=\sqrt{y}} dy$$

$$= \int_0^1 \frac{1}{2}\,y\left(y - y^4\right) dy$$

$$= \frac{1}{12}.$$

Natürlich ergibt sich dasselbe wie oben.

Der Satz, dass jede stetige Funktion $f : \mathbb{R}^1 \to \mathbb{R}^1$ integrierbar ist, überträgt sich hierher und lässt sich sogar noch verallgemeinern.

Satz 7.1

1. *Jede in B stetige Funktion ist auch über B integrierbar.*
2. *Jede Funktion, die in B stetig ist mit Ausnahme von Punkten auf endlich vielen glatten Kurven, ist auch über B integrierbar.*

Solche Kurven sind ja in der (x, y)-Ebene eindimensional, haben also flächenmäßig keine Ausdehnung. Dort kann man die Funktion sogar beliebig abändern, ohne den Integralwert zu ändern. Mathematisch sagt man, sie seien vom Maß Null. Solche Nullmengen ignoriert das Integral.

Wir betrachten das folgende Beispiel, das wir es gleich anschließend noch einmal bearbeiten werden.

Beispiel 7.3
Wir berechnen das Doppelintegral

$$\iint_B x \, y \, dB$$

über dem Viertelkreis

$$B := \{(x, y) : x^2 + y^2 \leq R^2, x \geq 0, y \geq 0, R \in \mathbb{R}\}.$$

Wir nehmen die x-Achse als Basis und betrachten darüber den Viertelkreis:

$$B : \quad a = 0, b = 1, y_1(x) = 0, y_2(x) = \sqrt{R^2 - x^2}.$$

Dann folgt

$$\iint_B x \, y \, dB = \int_0^R \left[\int_0^{\sqrt{R^2 - x^2}} x \cdot y \, dy \right] dx$$

$$= \int_0^R x \cdot \frac{1}{2} \cdot y^2 \Big|_0^{\sqrt{R^2 - x^2}} dx$$

$$= \int_0^R \frac{x}{2} (R^2 - x^2) \, dx = \int_0^R \left(\frac{R^2}{2} x - \frac{x^3}{2} \right) dx$$

$$= \frac{R^2}{4} R^2 - \frac{R^4}{8} = \frac{R^4}{8}.$$

7.2   Transformation der Variablen

Ein wichtiges Hilfsmittel besteht darin, das zugrunde liegende Gebiet zu transformieren, so dass es vielleicht für die Berechnung leichter zugänglich ist. Der Satz greift auf unsere Kenntnis der Determinante im Kapitel ‚Determinanten' Abschn. 2.1 zurück.

Betrachten Sie folgendes Bild (Abb. 7.5):

Links ist der Bereich $\widetilde{B}$ in der $(\widetilde{x}, \widetilde{y})$-Ebene, rechts der Bereich B in der (x, y)-Ebene. Die Funktionen (φ, ψ) stellen die eineindeutige Abbildung dieser beiden Bereiche her. Können wir diesen Gedanken, den Bereich $\widetilde{B}$ durch eine Abbildung zu vereinfachen, für unsere Doppelintegrale ausnutzen?

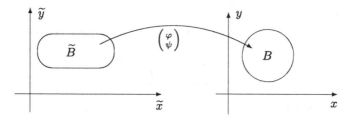

Abb. 7.5 Zur Transformationsformel

Satz 7.2 (Transformationsregel)
Durch die Funktionen

$$x = \varphi(\widetilde{x}, \widetilde{y}), \, y = \psi(\widetilde{x}, \widetilde{y})$$

werde der Bereich $\widetilde{B}$ der $(\widetilde{x}, \widetilde{y})$-Ebene mit stückweise glattem Rand eineindeutig auf den Bereich B der (x, y)-Ebene abgebildet. Die Funktionen $x = \varphi(\widetilde{x}, \widetilde{y})$ und $y = \psi(\widetilde{x}, \widetilde{y})$ und ihre partiellen Ableitungen erster Ordnung seien stetig in $\widetilde{B}$. Im Innern von $\widetilde{B}$ gelte für die Funktionaldeterminante

$$\det \begin{pmatrix} \varphi_{\widetilde{x}}(\widetilde{x}, \widetilde{y}) & \varphi_{\widetilde{y}}(\widetilde{x}, \widetilde{y}) \\ \psi_{\widetilde{x}}(\widetilde{x}, \widetilde{y}) & \psi_{\widetilde{y}}(\widetilde{x}, \widetilde{y}) \end{pmatrix} \neq 0. \tag{7.5}$$

Ist dann die Funktion $f(x, y)$ in B stetig, so gilt:

$$\iint_B f(x, y) \, dB = \iint_{\widetilde{B}} f(\varphi(\widetilde{x}, \widetilde{y}), \psi(\widetilde{x}, \widetilde{y}) \cdot \det \begin{pmatrix} \varphi_{\widetilde{x}} & \varphi_{\widetilde{y}} \\ \psi_{\widetilde{x}} & \psi_{\widetilde{y}} \end{pmatrix} \, d\widetilde{B}. \tag{7.6}$$

Das ist ja mal ein richtig großer Satz. Tatsächlich ist er sehr wichtig für die Anwendungen. Wir berechnen gleich ein Beispiel. Aber zuvor eine kleine Bemerkung zum Begriff ‚eineindeutig‘. Nein, nein, da haben wir nicht gestottert. Bei Abbildungen meint ‚eindeutig‘, dass jedem Urbild genau ein Bild zugeordnet wird. ‚Eineindeutig‘ verlangt darüber hinaus, dass verschiedenen Urbildern auch verschiedene Bilder zugeordnet werden. Machen Sie sich bitte klar, dass das zwei verschiedene Bedingungen sind. Die Nullabbildung, die also jedem Urbild die Null zuordnet, ist eindeutig. Jedes Urbild bekommt genau ein Bild, nämlich die Null. Aber verschiedene Urbilder erhalten nicht verschiedenen Bilder, alles klar? Diese Bedingung brauchen wir natürlich für unsere Transformation. Falls Sie z. B. die Ebene ein paar Mal falten, kann das natürlich nicht klappen mit der Formel (7.6).

Achten Sie bitte genau auf die Reihenfolge. Wir haben den Bereich $\widetilde{B}$ auf den Bereich B abgebildet und können dann das Integral über B auf das Integral über $\widetilde{B}$ zurückführen.

Beispiel 7.4

Wir betrachten noch mal das Beispiel von oben, also berechnen das Doppelintegral

$$\iint_B x\,y\,dB$$

über dem Viertelkreis

$$B := \{(x, y) : x^2 + y^2 \leq R^2, x \geq 0, y \geq 0, R \in \mathbb{R}\}.$$

Jetzt nehmen wir eine ganz geschickte Transformation vor (Abb. 7.6).

$\widetilde{B}$ ist also das Rechteck, B der Viertelkreis. Als Transformation nehmen wir

$$x = r\,\cos\alpha,\, y = r\,\sin\alpha,\, 0 \leq r \leq R,\, 0 \leq \alpha \leq \frac{\pi}{2}.$$

Diese Zuordnung ist eineindeutig: verschiedene Urbilder in $\widetilde{B}$ haben auch verschiedene Bilder in B.

Die beiden Funktionen

$$x = \varphi(\widetilde{x}, \widetilde{y}) = \varphi(r, \alpha) = r\,\cos\alpha,\, y = \psi(\widetilde{x}, \widetilde{y}) = \psi(r, \alpha) = r\,\sin\alpha$$

sind stetig, ihre partiellen Ableitungen

$$\varphi_r = \cos\alpha,\, \varphi_\alpha = -r\,\sin\alpha$$
$$\psi_r = \sin\alpha,\, \psi_\alpha = r\,\cos\alpha$$

sind ebenfalls stetig. Die Funktionaldeterminante

$$\det\begin{pmatrix} \varphi_{\widetilde{x}} & \varphi_{\widetilde{y}} \\ \psi_{\widetilde{x}} & \psi_{\widetilde{y}} \end{pmatrix} = \det\begin{pmatrix} \cos\alpha & -r\,\sin\alpha \\ \sin\alpha & r\,\cos\alpha \end{pmatrix}$$
$$= r\,\cos^2\alpha - (-r\,\sin^2\alpha) = r\,(\cos^2\alpha + \sin^2\alpha) = r$$

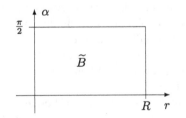 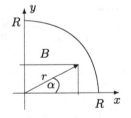

Abb. 7.6 Transformation von $\widetilde{B}$ nach B

ist – ganz wichtig unsere Einschränkung im Satz – im Innern von $\widetilde{B}$ ungleich Null; nur im Punkt $(0, 0)$, also für $r = 0$ ist sie gleich Null. Der Punkt liegt aber im Rand des Viertelkreises. Unser Transformationssatz ist also anwendbar. Wir erhalten

$$\iint_B x\,y\,dB = \iint_{\widetilde{B}} r\cos\alpha\, r\sin\alpha\, r\,dB = \int_0^R \left[\int_0^{\pi/2} r^3 \cos\alpha\,\sin\alpha\,d\alpha \right] dr$$

$$= \int_0^R r^3 \left[\frac{-\cos 2\alpha}{4} \right]_0^{\pi/2} dr$$

$$= \frac{1}{2} \int_0^R r^3\,dr = \frac{R^4}{8}.$$

So haben wir es auch schon oben erhalten Wir haben dieses Beispiel zweimal vorgerechnet, um die Alternativen aufzuzeigen. Es ist sicher Geschmacksache, welche dieser beiden Rechnungen leichter oder bequemer ist.

7.3 Rechenregeln

Satz 7.3 (Rechenregeln)

1. *Additivität bzgl. des Integranden: Sind f und G zwei integrierbare Funktionen, so gilt*

$$\iint_B [f(x, y) + g(x, y)]\,dB = \iint_B f(x, y)\,dB + \iint_B g(x, y)\,dB. \tag{7.7}$$

2. *Additivität bzgl. des Bereiches: Sind B_1 und B_2 zwei Bereiche ohne gemeinsame innere Punkte, so gilt*

$$\iint_{B_1 \cup B_2} f(x, y)\,dB = \iint_{B_1} f(x, y)\,dB + \iint_{B_2} f(x, y)\,dB. \tag{7.8}$$

3. *Konstanter Faktor: Ist k eine reelle Zahl, so gilt*

$$\iint_B k \cdot f(x, y)\,dB = k \cdot \iint_B f(x, y)\,dB. \tag{7.9}$$

4. *Monotonie: Ist für jeden Punkt $(x, y) \in B : f(x, y) \le g(x, y)$, so gilt*

$$\iint_B f(x, y)\,dB \le \iint_B g(x, y)\,dB. \tag{7.10}$$

5. *Abschätzung: Ist f über B integrierbar, so auch $|f|$, und es gilt*

$$\left| \iint_B f(x, y)\,dB \right| \le \iint_B |f(x, y)|\,dB. \tag{7.11}$$

6. *Eingrenzung: Ist m die untere, M die obere Grenze von f in B (m $\leq f(x, y) \leq$ M) und ist |B| der Flächeninhalt von B, so gilt*

$$m \cdot |B| \leq \iint_B f(x, y) \, dB \leq M \cdot |B|. \tag{7.12}$$

7. *Mittelwertsatz: Wenn f auf B stetig ist, so existiert auf B mindestens eine Stelle (ξ, η) mit*

$$\iint_B f(x, y) \, dB = f(\xi, \eta) \cdot |B|. \tag{7.13}$$

8. *Flächeninhalt: Ist $f(x, y) \equiv 1$, so ist $\iint_B dB$ das Volumen eines Zylinders mit der Deckfläche $z = f(x, y) = 1$ und daher ist*

$$\iint_B dB = |B| = \text{Flächeninhalt von } B. \tag{7.14}$$

Übung 15

1. Es sei

$$f(x, y) := x\,y, \quad B : x \geq 0, y \geq 0, x^2 + y^2 \leq 2, y \leq x^2.$$

Berechnen Sie

$$\iint_B f(x, y)\, dB.$$

2. Sei

$$B : x \geq 0, y \geq 0, x^2 + y^2 \leq R^2$$

und sei

$$f(x, y) := x^2 + y^2.$$

Berechnen Sie

$$\iint_B (x^2 + y^2)\, dB.$$

[Hinweis: Polarkoordinaten]

3. Bestimmen Sie die Fläche, die begrenzt ist durch die Parabeln

$$y^2 = 4 - x \quad \text{und} \quad y^2 = 4 - 4x.$$

4. Berechnen Sie das Integral

$$\iint_B e^{-(x^2 + y^2)}\, dB,$$

wobei B der Kreis in der (x, y)-Ebene sei:

$$x^2 + y^2 \leq a^2, a \in \mathbb{R}, a > 0.$$

5. Berechnen Sie das Volumen V der Kugel vom Radius R.

6. Berechnen Sie auf zwei verschiedenen Wegen den Flächeninhalt der Fläche B, die im 1. Quadranten liegt und durch die

(halb-kubische) Parabel $\quad y^2 = x^3 \quad$ und die Gerade $\quad y = x$

begrenzt wird.

7. Wie lautet die Funktionaldeterminante bei Doppelintegralen für eine Transformation mittels verallgemeinerter Polarkoordinaten?

$$x = a\,r\,\cos\alpha, \qquad y = b\,r\,\sin\alpha, \quad a, b \in \mathbb{R}, a, b > 0$$

8. Für die Funktion $y = e^{x^2}$ ist keine elementare Stammfunktion bekannt. Daher kann das Integral

$$\int_0^1 \int_{3y}^3 e^{x^2} \, dx \, dy$$

in der Form nicht berechnet werden. Berechnen Sie es durch Umkehrung der Integrationsreihenfolge.

Ausführliche Lösungen: https://www.springer.com/gp/book/9783662588314

Dreifachintegrale

8

Inhaltsverzeichnis

8.1   Berechnung.. 140
8.2   Rechenregeln 141
8.3   Transformation der Variablen 142
8.4   Kugel- und Zylinderkoordinaten 142

In diesem Kapitel stellen wir eine weitere Verallgemeinerung des gewöhnlichen Integrals vor. Erinnern wir uns, dass im $\mathbb{R}^1$ eine Funktion jedem Punkt z. B. eines Intervalls Werte zuordnete. Das gewöhnliche Integral berechnete dann den Flächeninhalt unter dem Graphen, berechnete also einen Flächeninhalt. Ein Doppelintegral berechnete in Verallgemeinerung dann ein Volumen. Was macht jetzt ein dreifaches Integral? Nun wir betrachten ein Gebilde im $\mathbb{R}^3$, z. B. einen Würfel, eine Kugel oder Ähnliches. Auf diesem Gebilde sei eine reellwertige Funktion gegeben. Da könnte man sich die Temperaturverteilung oder die Windstärke in jedem Punkt des Gebildes vorstellen. Das Dreifachintegral berechnet dann das ‚Volumen‘ dieses vierdimensionalen Gebildes, was sich unserer Vorstellung entzieht, weil wir als dreidimensionale Wesen nicht vierdimensional schauen können.

Wir können aber auch etwas anders herangehen. Denken Sie sich die Funktion als Dichtefunktion des betrachteten Körpers, also mit Dichte gleich Masse pro Volumen. Dann können wir ein Dreifachintegral benutzen, um die Gesamtmasse eines Körpers zu bestimmen. Genauso helfen uns die Dreifachintegrale, wenn wir einen geladenen Körper vor uns haben und seine Gesamtladung suchen. Wir integrieren über die Raumladungsdichte und erhalten das Ergebnis. So also nicht verzagen, Dreifachintegrale sind ungemein nützliche Wesen.

Wichtig ist, dass sich diese Dreifachintegrale recht leicht berechnen lassen, wir werden das vorführen. Wiederbegegnen werden sie uns dann später im berühmten Divergenzsatz von C.F. Gauß. Und dort helfen sie uns wirklich sehr. Aber dat krieje mer später!

© Springer-Verlag GmbH Deutschland, ein Teil von Springer Nature 2019
N. Herrmann, *Mathematik für Naturwissenschaftler,*
https://doi.org/10.1007/978-3-662-58832-1_8

8.1 Berechnung

Der folgende Spezialfall, für den wir die Berechnung des Dreifachintegrals angeben, ist gar nicht so speziell; denn viele andere Gebiete lassen sich in diese Form bringen. Vielleicht muss man auch Gebiete zertrennen, um auf diese Form zu kommen.

Es sei V ein Zylinder über einem Bereich B der (x, y)-Ebene mit der Grundfläche $z = z_1(x, y)$ und der Deckfläche $z = z_2(x, y)$. Dann gilt

$$\iiint_V f(x, y, z)\, dV = \iint_B \left[\int_{z_1(x,y)}^{z_2(x,y)} f(x, y, z)\, dz \right] dB. \qquad (8.1)$$

Erkennen Sie unseren Wassertopftrick (vgl. Abschn. 5.1)? Wir haben das unbekannte Dreifachintegral auf ein gewöhnliches inneres Integral und anschließend auf das bekannte Doppelintegral zurückgeführt. Ein typisches Vorgehen in der Mathematik. Und gar nicht witzig! Wir zeigen das mal an einem Beispiel.

Beispiel 8.1
Gegeben sei auf dem Bereich V, der im ersten Quadranten liegt und begrenzt wird durch die Ebenen $y = 0$, $z = 0$, $x + y = 2$, $x + 2y = 6$ und den Zylinder $y^2 + z^2 = 4$. Außerdem sei die Funktion $f(x, y, z) = z$ gegeben. B sei das Viereck in der (x, y)-Ebene, das von den begrenzenden Ebenen dort gebildet wird (Abb. 8.1).

Schauen wir uns das Bild genau an. B liegt, wie gesagt, in der (x, y)-Ebene. Darüber wölbt sich der Zylinder. So erhalten wir unsere beiden Deckflächen

$$z_1(x, y) = 0 \leq z \leq z_2(x, y) = \sqrt{4 - y^2}.$$

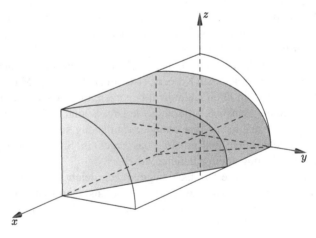

Abb. 8.1 Der Bereich V

$z_2(x, y)$ folgt also oben aus der Zylindergleichung $y^2 + z^2 = 4$. Dann rechnen wir einfach los.

$$\iiint_V f(x, y, z)\, dV = \iint_B \left[\int_0^{z=\sqrt{4-y^2}} z\, dz \right] dB$$

$$= \iint_B \frac{z^2}{2} \Big|_{z=0}^{z=\sqrt{4-y^2}} dB$$

$$= \iint_B \frac{4 - y^2}{2}\, dB.$$

Dies ist jetzt ein Doppelintegral wie im vorigen Kapitel. Mit $0 \le y \le 2$ und $2 - y \le x \le 6 - 2y$ folgt weiter

$$= \int_0^2 \int_{2-y}^{6-2y} \frac{4 - y^2}{2}\, dx\, dy$$

$$= \int_0^2 \frac{4 - y^2}{2} \cdot x \Big|_{x=2-y}^{x=6-2y} dy$$

$$= \int_0^2 \frac{4 - y^2}{2} \cdot [(6 - 2y) - (2 - y)]\, dy$$

$$= \frac{1}{2} \int_0^2 (4 - y^2) \cdot (4 - y)\, dy = \frac{1}{2} \int_0^2 (16 - 4y^2 - 4y + y^3)\, dy$$

$$= \frac{1}{2} \left[32 - \frac{4 \cdot 8}{3} - \frac{4 \cdot 4}{2} - \frac{16}{4} \right]$$

$$= \frac{1}{2} \left(28 - \frac{32}{3} \right) = \frac{26}{3}.$$

8.2 Rechenregeln

Auch hier können wir angeben, welche Funktionen auf jeden Fall integrierbar sind.

Satz 8.1

1. *Jede in V stetige Funktion ist auch über V integrierbar.*
2. *Jede Funktion, die in V stetig ist mit Ausnahme von Punkten, die auf einer end-lichen Anzahl von glatten Flächen liegen, ist auch über V integrierbar.*

Der Satz 7.3 mit den Rechenregeln für Doppelintegrale (vgl. Abschn. 7.3) überträgt sich vollständig.

8.3   Transformation der Variablen

Auch haben wir hier eine Transformationsregel, die natürlich wegen der höheren
Dimension etwas komplizierter ausfällt, im Wesentlichen aber das Gleiche aussagt.

Satz 8.2
Die Voraussetzungen seien hier für die Transformationsfunktionen

$$x = \varphi(\tilde{x}, \tilde{y}, \tilde{z}), y = \psi(\tilde{x}, \tilde{y}, \tilde{z}), z = \chi(\tilde{x}, \tilde{y}, \tilde{z})$$

*dieselben wie im Satz 7.2. Ist dann im Innern des Bereiches V die Funktionaldeter-
minante*

$$\det \begin{pmatrix} \frac{\partial \varphi}{\partial x} & \frac{\partial \psi}{\partial x} & \frac{\partial \chi}{\partial x} \\ \frac{\partial \varphi}{\partial y} & \frac{\partial \psi}{\partial y} & \frac{\partial \chi}{\partial y} \\ \frac{\partial \varphi}{\partial z} & \frac{\partial \psi}{\partial z} & \frac{\partial \chi}{\partial z} \end{pmatrix} \neq 0, \tag{8.2}$$

so gilt für jede stetige Funktion $f(x, y, z)$

$$\iiint_V f(x, y, z)\, dV = \iiint_{\tilde{V}} f(\varphi(\tilde{x}, \tilde{y}, \tilde{z}), \psi(\tilde{x}, \tilde{y}, \tilde{z}), \chi(\tilde{x}, \tilde{y}, \tilde{z})) \cdot \det \left(\cdots \right) d\tilde{V}. \tag{8.3}$$

8.4   Kugel- und Zylinderkoordinaten

Als Anwendung betrachten wir Kugelkoordinaten r, α, β und berechnen die Funktionaldeterminante für

$$\begin{aligned} x &= \varphi(r, \alpha, \beta) = r \cos \alpha \, \sin \beta, \\ y &= \psi(r, \alpha, \beta) = r \sin \alpha \, \sin \beta, \\ z &= \chi(r, \alpha, \beta) = r \cos \beta. \end{aligned} \tag{8.4}$$

Damit erhalten wir

$$\det \begin{pmatrix} \cos \alpha \, \sin \beta & \sin \alpha \, \sin \beta & \cos \beta \\ -r \sin \alpha \, \sin \beta & r \cos \alpha \, \sin \beta & 0 \\ r \cos \alpha \, \cos \beta & r \sin \alpha \, \cos \beta & -r \sin \beta \end{pmatrix} = r^2 \sin \beta.$$

Hier haben wir zweimal ausgenutzt, dass $\sin^2 \alpha + \cos^2 \alpha = 1$ ist. Rechnen Sie es
bitte nach, so wiederholen Sie die Regel von Sarrus und festigen Ihr Wissen über
Kugelkoordinaten.

In vielen Anwendungen braucht man Zylinderkoordinaten; also rechnen wir auch dafür die Funktionaldeterminante aus. Mit

$$x = r \cos\alpha, \, y = r \sin\alpha, \, z = \widetilde{z} \tag{8.5}$$

erhalten wir

$$\det \begin{pmatrix} \cos\alpha & \sin\alpha & 0 \\ -r\sin\alpha & r\cos\alpha & 0 \\ 0 & 0 & 1 \end{pmatrix} = r.$$

Eine interessante Anwendung finden wir in den Physikbüchern. Wenn wir irgend einen dreidimensionalen Körper V betrachten, so fragt man manchmal nach dessen Schwerpunkt. Bezeichnen wir mit $\vec{S} := (S_1, S_2, S_3)$ seine Koordinaten und ist der Bereich V mit der Massendichte $\varrho(x, y, z)$ belegt, so gilt

$$\vec{S} = \left(\frac{\iiint_V x \cdot \varrho(x, y, z)\, dV}{\iiint_V \varrho(x, y, z)\, dV}, \, \frac{\iiint_V y \cdot \varrho(x, y, z)\, dV}{\iiint_V \varrho(x, y, z)\, dV}, \, \frac{\iiint_V z \cdot \varrho(x, y, z)\, dV}{\iiint_V \varrho(x, y, z)\, dV} \right).$$
$$\tag{8.6}$$

Beispiel 8.2
Zur Übung mit Kugelkoordinaten berechnen wir hier das Volumen V einer Kugel vom Radius $R > 0$. Aus der Schule kennen wir $V = \frac{4}{3} \cdot \pi R^3$. Mal sehen, ob wir das ausrechnen können (Abb. 8.2).

Für eine Kugel kennen wir die Koordinatendarstellung

$$K = \{(x, y, z) \in \mathbb{R}^3 : x^2 + y^2 + z^2 \le R^2\}.$$

Abb. 8.2 Berechnung des Volumens einer Kugel vom Radius R. Hier ist eine Halbkugel dargestellt mit den entsprechenden Kugelkoordinaten

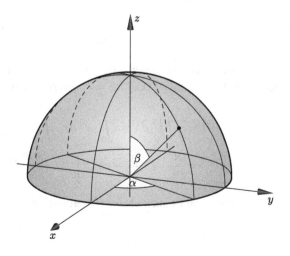

Mit den Kugelkoordinaten r, α, β und der Einschränkung

$$0 \le r \le R, 0 \le \alpha \le 2\pi, 0 \le \beta \le \pi$$

sowie mit der Funktion $f(x, y, z) \equiv 1$ erhalten wir

$$
\begin{aligned}
|V| &= \iiint_V dV = \int_0^R \int_0^{2\pi} \int_0^{\pi} r^2 \sin\beta \, d\beta \, d\alpha \, dr \\
&= \int_0^R \int_0^{2\pi} \left[-r^2 \cos\beta \right]_0^{\pi} d\alpha \, dr \\
&= \int_0^R \int_0^{2\pi} [-r^2(-1) - (-r^2)] \, d\alpha \, dr \\
&= \int_0^R \int_0^{2\pi} 2r^2 \, d\alpha \, dr = \int_0^R 2r^2 \alpha \Big|_0^{2\pi} dr \\
&= \int_0^R 2r^2 2\pi \, dr = \frac{4\pi}{3} r^3 \Big|_0^R = \frac{4\pi}{3} R^3.
\end{aligned}
$$

Manchmal hilft der folgende Satz bei der Berechnung von Dreifachintegralen.

Satz 8.3 (Dreifachintegral als Produkt von Einfachintegralen)
Hat das Dreifachintegral feste Grenzen und lässt sich der Integrand $f(x, y, z)$ schreiben als

$$f(x, y, z) = f_1(x) \cdot f_2(y) \cdot f_3(z),$$

so gilt

$$
\begin{aligned}
\iiint_V f(x, y, z) \, dV &= \int_{x_0}^{x_1} \int_{y_0}^{y_1} \int_{z_0}^{z_1} f(x, y, z) \, dz \, dy \, dx \\
&= \int_{x_0}^{x_1} f_1(x) \, dx \cdot \int_{y_0}^{y_1} f_2(y) \, dy \cdot \int_{z_0}^{z_1} f_3(z) \, dz. \quad (8.7)
\end{aligned}
$$

Für unsere Kugel ist dieser Satz anwendbar, denn als Integranden haben wir ja lediglich die Funktion $f(x, y, z) = r^2 \sin\beta$. Wir können also auch so rechnen:

$$
\begin{aligned}
|V| &= \iiint_V dV = \int_0^R r^2 \, dr \cdot \int_0^{2\pi} d\alpha \cdot \int_0^{\pi} \sin\beta \, d\beta \\
&= \frac{R^3}{3} \cdot 2\pi \cdot \left[-\cos\beta \right]_0^{\pi} = \frac{2\pi R^3}{3}[1 - (-1)] = \frac{4\pi R^3}{3}.
\end{aligned}
$$

Und so hatten wir es auch oben in Übereinstimmung mit der Schule berechnet.

Übung 16

1. Berechnen Sie folgende Dreifachintegrale:

   a)
$$\int_0^1 \int_0^{1-x} \int_0^{2-x} x\,y\,z\,dz\,dy\,dx,$$

   b)
$$\int_0^{\frac{pi}{2}} \int_0^1 \int_0^2 z\,r^2\,\sin\alpha\,dz\,dr\,d\alpha.$$

2. a) V sei der von den Koordinatenebenen und der Ebene

$$E: \quad x + y + z = 1$$

   begrenzte Körper. Skizzieren Sie diesen Körper.
   b) Berechnen Sie das Dreifachintegral

$$\iiint_V (2\,x + y + z)\,dV.$$

3. Berechnen Sie den Schwerpunk $S = (S_1, S_2, S_3)$ der Halbkugel H vom Radius $R > 0$ bei konstanter Massendichte $\varrho = 1$.

4. Berechnen Sie das Dreifachintegral

$$\iiint_V x\,y\,z\,dV,$$

   wo V die Einheitskugel ist.

Ausführliche Lösungen: https://www.springer.com/gp/book/9783662588314

Oberflächenintegrale

9

Inhaltsverzeichnis

9.1   Oberflächenintegrale 1. Art 147
9.2   Oberflächenintegrale 2. Art 151

In diesem Kapitel schildern wir die Verallgemeinerung der Kurvenintegrale für den $\mathbb{R}^2$. Und genau wie dort gibt es auch hier zwei verschiedene Möglichkeiten. Wir nennen sie Oberflächenintegrale 1. Art und 2. Art. Bei den Kurvenintegralen hatten wir als Ausgangsmenge eine Kurve im $\mathbb{R}^2$ oder im $\mathbb{R}^3$. Hier betrachten wir jetzt eine Fläche im $\mathbb{R}^3$. Für den $\mathbb{R}^2$ macht das keinen Sinn mehr. Auf dieser Fläche sei ein Skalarfeld oder ein Vektorfeld gegeben, darin unterscheiden sich die beiden Integrale.

9.1   Oberflächenintegrale 1. Art

Wir schauen zurück auf unsere Kurven. Die hatten wir definiert als Abbildung eines Intervalls $[a, b] \in \mathbb{R}^1$, wenn Sie bitte noch mal zurück blättern wollen. Hier werden wir jetzt alles um eine Dimension erhöhen, geben uns also einen Bereich $B \in \mathbb{R}^2$ statt des Intervalls vor und betrachten eine Abbildung dieses Bereiches.

Definition 9.1
Wir betrachten ein Flächenstück $\mathcal{F} \in \mathbb{R}^3$, gegeben durch

$$\mathcal{F} \in \mathbb{R}^3 := \{(x, y, z) \in \mathbb{R}^3 : (x = x(u, v), y = y(u, v), z = z(u, v)), (u, v) \in B\}. \tag{9.1}$$

B heißt der Parameterbereich, u und v sind die Parameter,
$\vec{x} := (x(u, v), y(u, v), z(u, v))$ (Abb. 9.1).

© Springer-Verlag GmbH Deutschland, ein Teil von Springer Nature 2019
N. Herrmann, *Mathematik für Naturwissenschaftler,*
https://doi.org/10.1007/978-3-662-58832-1_9

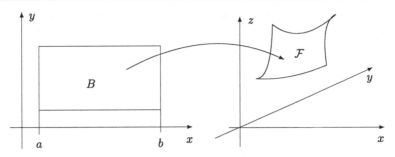

Abb. 9.1 Ein Flächenstück im $\mathbb{R}^3$ als Abbildung eines Rechtecks im $\mathbb{R}^2$

Definition 9.2
Auf $\mathcal{F}$ sei eine Funktion $f(\vec{x})$ gegeben. Dann nennen wir

$$\iint_{\mathcal{F}} f(\vec{x})\, dF := \iint_{B} f(\vec{x}(u, v)) \cdot |\vec{x}_u(u, v) \times \vec{x}_v(u, v)|\, dB \qquad (9.2)$$

Oberflächenintegral 1. Art.

Beachten Sie bitte wieder unseren Wassertopftrick. Rechts in Formel (9.2) steht ein Doppelintegral, wie wir es früher schon eingeführt haben. $\vec{x}_u(u, v)$ und $\vec{x}_v(u, v)$ sind die Tangentenvektoren. Der Betrag ihres Kreuzproduktes ist, wie wir uns aus der Schule erinnern, die Fläche des von diesen beiden Vektoren aufgespannten Parallelogramms. Sehen Sie die Analogie zum Kurvenintegral 1. Art? Dort hatten wir mit der Länge des Tangentenvektors multipliziert.

Beispiel 9.1
Sei $\mathcal{F}$ der Zylindermantel

$$\mathcal{F} := \{(x, y, z) \in \mathbb{R}^3 : x^2 + y^2 = 1 \text{ mit } 0 \le z \le 1.\}$$

Für die Funktion $f : \mathcal{F} \to \mathbb{R}$ mit $f(x, y, z) = x^2 z$ berechnen wir das Oberflächenintegral 1. Art über $\mathcal{F}$.

Natürlich bieten sich hier geradezu die Zylinderkoordinaten an (Abb. 9.2):

$$\vec{x}(u, v) = (\cos u, \sin u, v), 0 \le u \le 2\pi, 0 \le v \le 1.$$

Mit

$$\vec{x}_u = (-\sin u, \cos u, 0), \vec{x}_v = (0, 0, 1)$$

berechnen wir das Kreuzprodukt mit Hilfe der Formel

$$\vec{a} \times \vec{b} = \det \begin{pmatrix} \vec{e}_1 & \vec{e}_2 & \vec{e}_3 \\ a_1 & a_2 & a_3 \\ b_1 & b_2 & b_3 \end{pmatrix}$$

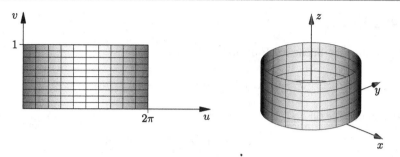

Abb. 9.2 Ein Zylindermantel als Flächenstück im $\mathbb{R}^3$

und dann der Sarrusregel. Für unsere beiden Tangentenvektoren $\vec{x}_u$ und $\vec{x}_v$ ergibt sich

$$\vec{x}_u \times \vec{x}_v = \det \begin{pmatrix} \vec{e}_1 & \vec{e}_2 & \vec{e}_3 \\ -\sin u & \cos u & 0 \\ 0 & 0 & 1 \end{pmatrix} = \cos u\,\vec{e}_1 + \sin u\,\vec{e}_2 = (\cos u, \sin u, 0).$$

Damit erhalten wir dann

$$\iint_{\mathcal{F}} x^2 z\, dF = \iint_B v \cos^2 u\, dB$$
$$= \int_0^{2\pi} \int_0^1 v \cos^2 u\, dv\, du = \int_0^{2\pi} \cos^2 u\, du \int_0^1 v\, dv$$
$$= \left[\frac{u}{2} + \frac{\sin 2u}{4} \right]_0^{2\pi} \cdot \left[\frac{v^2}{2} \right]_0^1$$
$$= \frac{2\pi}{2} \cdot \frac{1}{2} = \frac{\pi}{2}.$$

Haben Sie gesehen, wo wir das Oberflächenintegral in ein einfacheres Doppelintegral und dieses dann in zwei sehr einfache gewöhnliche Integrale umgewandelt haben? So simpel ist das.

Übung 17

1. Sei $\mathcal{F}$ die Oberfläche der Einheitskugel

$$\mathcal{F} := \{(x, y, z) \in \mathbb{R}^3 : x^2 + y^2 + z^2 = 1.\}$$

Berechnen Sie für

$$f(x, y, z) := a, \quad a \in \mathbb{R}, a = \text{const.}$$

das Oberflächenintegral

$$\iint_{\mathcal{F}} f(x, y, z) \, dF.$$

2. Sei $\mathcal{F}$ ein Flächenstück, gegeben als Graph einer Funktion über der (x,y)-Ebene:

$$\mathcal{F} := \{(x, y, z) \in \mathbb{R}^3 : z = g(x, y).\}$$

Berechnen Sie mit der sich auf natürliche Weise ergebenden Parametrisierung

$$|\vec{x}_u \times \vec{x}_v|$$

3. Berechnen Sie das Oberflächenintegral von $f(x, y, z) := x$

$$\iint_{\mathcal{F}} f(x, y, z) \, dF = \iint_{\mathcal{F}} x \, dF,$$

wobei $\mathcal{F}$ die Fläche $z = x^2 + y$ mit $0 \le x \le 1$, $-1 \le y \le 1$ ist.

4. Sei $\mathcal{F}$ die Halbkugelfläche

$$\mathcal{F} := \{(x, y, z) \in \mathbb{R}^3 : x^2 + y^2 + z^2 = 1, \ z > 0.\}$$

Sei $f(x, y, z) := x^2 y^2 z$. Berechnen Sie das Oberflächenintegral

$$\iint_{\mathcal{F}} f(x, y, z) \, dF.$$

Ausführliche Lösungen: https://www.springer.com/gp/book/9783662588314

9.2   Oberflächenintergale 2. Art

Analog zum Kurvenintegral 2. Art betrachten wir jetzt Integrale über Flächenstücken, bei denen der Integrand ein Vektorfeld ist. Natürlich muss dann das Differential $d\vec{x}$ ebenfalls vektorwertig sein.

Eine wichtige Bemerkung müssen wir vorweg schicken. Wenn wir so eine Fläche im $\mathbb{R}^3$ betrachten, so wollen wir voraussetzen, dass wir sie orientieren können. Wir möchten also festlegen können, wo außen und innen ist. Bei einer geschlossenen Kugelfläche ist das klar, aber auch bei einem Blatt Papier wollen wir das festlegen. Wir können auch oben und unten sagen. Wir wollen also, mathematisch ausgedrückt, den Normalenvektor der Fläche festlegen. Er ergibt sich aus dem Kreuzprodukt der Tangentenvektoren in einem Punkt. Wenn wir die Reihenfolge der Tangentenvektoren umkehren, zeigt der Normalenvektor rückwärts. Die Orientierung können wir also mit der Reihenfolge der Parameter u und v ändern. Wir wollen diese Parameter so wählen, dass ihr Kreuzprodukt mit der von uns gewählten Normalenrichtung übereinstimmt. Zur Not muss man also die beiden Parameter vertauschen, das fällt uns auch nicht schwer.

Betrachten wir dagegen ein sog. Möbiusband. Zur Herstellung nehmen Sie einfach einen Streifen Papier, halten jedes Ende mit einer Hand fest, verdrehen ein Ende des Bandes um 180° und kleben ihn dann zu einem Ring zusammen. Das entstehende Gebilde ist ein Möbiusband. Wenn Sie auf diesem mit dem Finger langfahren, kommen Sie nach zwei Umläufen wieder am Ausgangspunkt an, haben aber den Rand nicht überquert. Sie können auch am Rand langfahren und kommen ebenfalls nach zwei Umläufen wieder am Ausgangspunkt an. Das Band hat also merkwürdigerweise nur eine Seite und nur einen Rand. Daher ist es nicht orientierbar. Wenn wir einen Normalenvektor irgendwo auf das Band stellen und lassen ihn das Band ablaufen, so kommen wir nach einem Umlauf genau auf die Gegenseite und unser Normalenvektor zeigt genau in die entgegengesetzte Richtung. Wir können solch ein Band daher nicht orientieren. Falls Sie meinen, dass Sie solch ein Band noch nicht gesehen haben, so schauen Sie doch mal bei sich rum. Häufig hat man da Schlüsselbänder oder Umhängebänder bei Kongressen. Wenn Sie sich den Fortsatz, wo der Schlüssel oder Ihre Visitenkarte dranhängt, abgeschnitten denken, so ist der Rest ein Möbiusband. Wenn Sie ein solches Band um den Hals hängen, dann verknäult es sich nicht so. Ihre Visitenkarte bleibt immer schön lesbar.

Nun, so etwas wollen wir nicht betrachten. Falls Ihnen doch mal so ein Gebiet unterkommt, müssen Sie es in Teilgebiete unterteilen und die Teile einzeln betrachten. Geht doch auch, oder?

Definition 9.3

Sei $\mathcal{F}$ ein orientierbares Flächenstück, gegeben durch

$$\mathcal{F} := \{(x, y, z) \in \mathbb{R}^3 : (x = x(u, v), y = y(u, v), z = z(u, v)), (u, v) \in B\}. \tag{9.3}$$

Dann sei auf $\mathcal{F}$ eine Funktion $\vec{f}(\vec{x})$ gegeben. Dann nennen wir

$$\iint_{\mathcal{F}} \vec{f}(\vec{x}) \, d\vec{F} := \iint_{B} \vec{f}(\vec{x}) \cdot (\vec{x}_u(u, v) \times \vec{x}_v(u, v)) \, dB \qquad (9.4)$$

Oberflächenintegral 2. Art.
    Dabei sind $\vec{x}_u$ und $\vec{x}_v$ die Tangentenvektoren, $\vec{x}_u(u, v) \times \vec{x}_v(u, v)$ der Normalenvektor, nach außen gerichtet.

Dieses Integral beschreibt den Fluss einer strömenden Flüssigkeit durch die Fläche $\mathcal{F}$. Ist also $\vec{f}(\vec{x})$ das Geschwindigkeitsfeld der Flüssigkeit, so gibt $\iint_{\mathcal{F}} \vec{f}(\vec{x}) \, dF$ die durch $\mathcal{F}$ hindurchtretende Flüssigkeitsmenge an. Schon aus der Anschauung erkennen wir: Wenn das Vektorfeld $\vec{f}(\vec{x})$ senkrecht zum Normalenvektor $\vec{x}_u(u, v) \times \vec{x}_v(u, v)$ strömt, also in Richtung der Tangentenvektoren, so ergibt sich Null oder nüscht, wie die Sachsen sagen; denn dann ist das innere Produkt in (9.4) null.

Beispiel 9.2
Wir berechnen den Fluss des Vektorfeldes

$$\vec{f}(\vec{x}) := (z, y, z + 1)$$

durch die Oberfläche des Kegels

$$K := \{(x, y, z) : 0 \le z \le 2 - \sqrt{x^2 + y^2}\}.$$

Dabei werde der Fluss von innen nach außen gemessen, wir müssen also während der Rechnung stets die Richtung von $\vec{n}$ im Auge behalten.

In der Aufgabenstellung haben wir bereits von einem Kegel gesprochen. Können wir uns den vorstellen? Was ist also die Menge $\{(x, y, z) : z = 2 - \sqrt{x^2 + y^2}\}$? Mit dem Gleichheitszeichen betrachten wir nur den Mantel der Fläche. Für $x = y = 0$ ergibt sich $z = 2$. Über dem Nullpunkt in der (x, y)-Ebene haben wir also den Wert $z = 2$. Für beliebiges x und y erhalten wir (Abb. 9.3)

Abb. 9.3 Der Kegel

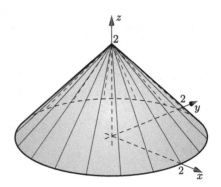

$$\sqrt{x^2 + y^2} = 2 - z \implies x^2 + y^2 = (2 - z)^2.$$

Das ist offensichtlich für jedes z mit $0 \leq z \leq 2$ ein Kreis mit dem Radius $z - 2$. Wenn wir von der (x, y)-Ebene, wo $z = 0$ ist, hochsteigen bis $z = 2$, wird dieser Radius immer kleiner. Ich hoffe, Sie sehen jetzt mit mir den Kegelmantel vor sich. Unser Bild zeigt ihn.

Wir wollen die ganze Oberfläche dieses Kegels bedenken, dazu gehört auch der Kreis K in der (x, y)-Ebene als Grundkreis. Das bedeutet, die ganze Oberfläche besteht aus

$$\text{Oberfläche} = \text{Kegelmantel } M + \text{Grundkreis } K.$$

Betrachten wir zunächst den Kegelmantel M. Wir wählen etwas veränderte Zylinderkoordinaten (Abb. 9.4):

$$x = r \cos\alpha,$$
$$y = r \sin\alpha,$$
$$z = 2 - r,$$
$$0 \leq r \leq 2, 0 \leq \alpha \leq 2\pi.$$

Damit ist unser Parameterbereich das rechts stehende Rechteck.

Mit

$$\vec{x} = (x, y, z) = (r \cos\alpha, r \sin\alpha, 2 - r)$$

folgt

$$\vec{x}_r = (\cos\alpha, \sin\alpha, -1), \vec{x}_\alpha = (-r \sin\alpha, r \cos\alpha, 0).$$

Damit erhalten wir den Normalenvektor

$$\vec{x}_r \times \vec{x}_\alpha = \det \begin{pmatrix} \vec{e}_1 & \vec{e}_2 & \vec{e}_3 \\ \cos\alpha & \sin\alpha & -1 \\ -r \sin\alpha & r \cos\alpha & 0 \end{pmatrix}$$
$$= r \cos^2\alpha \, \vec{e}_3 + r \sin\alpha \, \vec{e}_2 + r \sin^2\alpha \, \vec{e}_3 + r \cos\alpha \, \vec{e}_1$$
$$= r \cos\alpha \, \vec{e}_1 + r \sin\alpha \, \vec{e}_2 + r\vec{e}_3 = (r \cos\alpha, r \sin\alpha, r).$$

Abb. 9.4 Parameterbereich B

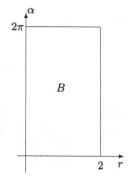

Mit diesen Polarkoordinaten gehen wir jetzt in den Integranden:

$$\vec{f}(\vec{x}(r,\alpha)) \cdot (\vec{x}_r \times \vec{x}_\alpha) = (2-r, r\sin\alpha, 2-r+1)\,(r\cos\alpha, r\sin\alpha, r)$$
$$= r((2-r)\cos\alpha + r\sin^2\alpha + 3 - r)$$
$$= (2r - r^2)\cos\alpha + r^2\sin^2\alpha + 3r - r^2.$$

Damit folgt für den Fluss durch den Mantel:

$$\iint_M \vec{f}(\vec{x})\,d\vec{M} = \int_0^2 \int_0^{2\pi} [(2r - r^2)\cos\alpha + r^2\sin^2\alpha + 3r - r^2]\,d\alpha\,dr$$

mit den festen Grenzen können wir Produkte bilden

$$= \int_0^2 (2r - r^2)\,dr \cdot \int_0^{2\pi} \cos\alpha\,d\alpha + \int_0^2 r^2\,dr \cdot \int_0^{2\pi} \sin^2\alpha\,d\alpha$$
$$+ \int_0^2 (3r - r^2)\,dr \cdot \int_0^{2\pi} 1\,d\alpha$$
$$= \underbrace{\left[\frac{2r^2}{2} - \frac{r^3}{3}\right]_0^2 \cdot \underbrace{\sin\alpha\Big|_0^{2\pi}}_{0}} + \underbrace{\left[\frac{r^3}{3}\right]}_{\frac{8}{3}} \cdot \underbrace{\left[\frac{\alpha}{2} - \frac{\sin 2\alpha}{4}\right]_0^{2\pi}}_{\pi}$$
$$+ \underbrace{\left[\frac{3r^2}{2} - \frac{r^3}{3}\right]_0^2}_{8 - \frac{8}{3}} \cdot \underbrace{\alpha\Big|_0^{2\pi}}_{2\pi}$$
$$= \frac{28\pi}{3}.$$

Dieses war der erste Streich, jetzt kommt der zweite, nämlich das Integral über den Grundkreis K. Den parametrisieren wir wieder mit Polarkoordinaten, das bietet sich bei Kreisen geradezu an.

$$\vec{x} = (r\cos\alpha, r\sin\alpha, 0),\ 0 \le r \le 2,\ 0 \le \alpha \le 2\pi.$$

Wir erhalten

$$\vec{x}_r \times \vec{x}_\alpha = \det\begin{pmatrix} \vec{e}_1 & \vec{e}_2 & \vec{e}_3 \\ \cos\alpha & \sin\alpha & 0 \\ -r\sin\alpha & r\cos\alpha & 0 \end{pmatrix} = (0, 0, r).$$

Aber Achtung, dieser Vektor zeigt vom Nullpunkt senkrecht nach oben, also ins Innere des Kegels. Wir hatten aber verabredet, dass Normalenvektoren bitte nach außen zu zeigen haben. Also werden wir das Vorzeichen ändern und $-\vec{x}_r \times \vec{x}_\alpha = (0, 0, -r)$ betrachten.

Damit folgt

$$\vec{f}(\vec{x})(r, \alpha) \cdot (-\vec{x}_r \times \vec{x}_\alpha) = (0, r\sin\alpha, 1) \cdot (0, 0, -r) = -r.$$

Wir erhalten

$$\iint_K \vec{f}(\vec{x}) \, d\vec{K} = -\int_0^2 \int_0^{2\pi} r \, d\alpha \, dr = -4\pi.$$

Damit ist der Gesamtfluss

$$\iint_{\mathcal{F}} \vec{f}(\vec{x}) \, d\vec{F} = \frac{28\pi}{3} - 4\pi = \frac{16\pi}{3}.$$

Zusammenstellung der Integrale

gewöhnliches Integral
$\int_a^b f(x) \, dx$
vgl. Schule
Doppelintegral
$\iint_B f(x, y) \, dB = \int_a^b \left[\int_{y_1(x)}^{y_2(x)} f(x, y) \, dy \right] dx$
vgl. (7.2)
Dreifachintegral
$\iiint_V f(x, y, z) \, dV = \iint_B \left[\int_{z_1(x,y)}^{z_2(x,y)} f(x, y, z) \, dz \right] dB$
vgl. (8.1)
Kurvenintegral 1. Art
$\int_\kappa f(\vec{x}) \, ds := \int_a^b f(\varphi(t), \psi(t)) \cdot \vert(\varphi'(t), \psi'(t))\vert \, dt$
vgl. (6.2)
Kurvenintegral 2. Art
$\int_\kappa \vec{f}(\vec{x}) \cdot d\vec{x} := \int_a^b \vec{f}(\varphi(t), \psi(t)) \cdot (\varphi'(t), \psi'(t)) \, dt$
vgl. (6.5)
Oberflächenintegral 1. Art
$\iint_{\mathcal{F}} f(\vec{x}) \, dF := \iint_B f(\vec{x}(u, v)) \cdot \vert\vec{x}_u(u, v) \times \vec{x}_v(u, v)\vert \, dB$
vgl. (9.2)
Oberflächenintegral 2. Art
$\iint_{\mathcal{F}} \vec{f}(\vec{x}) \, d\vec{F} := \iint_B \vec{f}(\vec{x}) \cdot (\vec{x}_u(u, v) \times \vec{x}_v(u, v)) \, dB$
vgl. (9.4)

Übung 18

1. Sei $\mathcal{F}$ die Oberfläche der Einheitskugel

$$\mathcal{F} := \{(x, y, z) \in \mathbb{R}^3 : x^2 + y^2 + z^2 = 1.\}$$

Sei

$$f(x, y, z) := x^2 + y^2 + z^2, \quad \vec{n} \text{ der Normaleneinheitsvektor an } \mathcal{F}.$$

Berechnen Sie das Integral

$$\iint_{\mathcal{F}} \operatorname{grad} f(x, y, z) \cdot \vec{n} \, dF.$$

2. Sei $\mathcal{F}$ die Oberfläche der Kugel vom Radius $a > 0$:

$$\mathcal{F} := \{(x, y, z) \in \mathbb{R}^3 : x^2 + y^2 + z^2 = a^2, \quad a > 0.\}$$

Sei

$$\vec{v}(x, y, z) := (x, y, z).$$

Berechnen Sie den Fluss von $\vec{v}$ durch die Fläche $\mathcal{F}$.

Ausführliche Lösungen: https://www.springer.com/gp/book/9783662588314

Integralsätze

10

Inhaltsverzeichnis

10.1 Divergenz 157
10.2 Der Divergenzsatz von Gauß 158
10.3 Der Satz von Stokes 160

In diesem Kapitel stellen wir Ihnen ganz großartige Sätze vor, die dazu auch noch enorme Bedeutung in der Praxis haben. Es sind Sätze, die Mathematikern ein Glitzern in die Augen treiben und Naturwissenschaftler zum Strahlen bringen. Lassen Sie sich überraschen.

10.1 Divergenz

Diesen Begriff werden wir erst nach dem berühmten Satz von Gauß kommentieren. Hier erst mal die Definition.

Definition 10.1
Sei $\vec{f}$ eine vektorwertige Funktion

$$\vec{f}(\vec{x}) = (f_1(x, y, z), f_2(x, y, z), f_3(x, y, z)).$$

Dann verstehen wir unter der Divergenz von $\vec{f}$ den Ausdruck

$$\operatorname{div} \vec{f}(\vec{x}) = \frac{\partial f_1(x, y, z)}{\partial x} + \frac{\partial f_2(x, y, z)}{\partial y} + \frac{\partial f_3(x, y, z)}{\partial z}. \tag{10.1}$$

Das ist zwar recht einfach, trotzdem hilft immer ein Beispiel.

© Springer-Verlag GmbH Deutschland, ein Teil von Springer Nature 2019
N. Herrmann, *Mathematik für Naturwissenschaftler,*
https://doi.org/10.1007/978-3-662-58832-1_10

Beispiel 10.1
Sei

$$\vec{f}(\vec{x}) := (xy, x^2 z, x\sqrt{z}).$$

Wir berechnen die Divergenz von $\vec{f}$.

$$\operatorname{div} \vec{f}(\vec{x}) = y + 0 + \frac{x}{2\sqrt{z}} = \frac{x}{2\sqrt{z}} + y.$$

10.2   Der Divergenzsatz von Gauß

Dieser Begriff ‚Divergenz' spielt die zentrale Rolle im Satz von Gauß.

Satz 10.1 (Divergenzsatz von Gauß)
*Sei $V \in \mathbb{R}^3$ ein beschränktes Gebiet mit stückweise glatter und orientierbarer Rand-
fläche ∂V. Sei $\vec{f}$ stetig differenzierbar. $\vec{n}$ sei der nach außen gerichtete Normaleneinheitsvektor auf $\mathcal{F} = \partial V$. Dann gilt*

$$\iiint_V \operatorname{div} \vec{f}(\vec{x})\, dV = \iint_{\mathcal{F}} \vec{f}(\vec{x}) \cdot \vec{n}\, dF. \tag{10.2}$$

Das ist also der große Divergenzsatz. Rechts das Integral beschreibt den Fluss durch
die Oberfläche ∂V des Körpers V. Wenn jetzt links im Integral die Divergenz positiv
ist, so ist auch das Integral rechts positiv, es fließt also etwas aus der Fläche heraus.
Ist dagegen die Divergenz links negativ, so wird Flüssigkeit verschluckt. Im ersten
Fall ist also innerhalb V eine Quelle, im zweiten Fall nennt man es eine Senke. Die
Divergenz beschreibt also, ob Quellen oder Senken in einem Gebiet liegen.

Die Voraussetzungen des Satzes sollten uns nicht so sehr unruhig machen. Mit der
Divergenz wollen wir ja partielle Ableitungen bilden, also müssen wir den Integranden als stetig differenzierbar voraussetzen. Damit wir rechts das Oberflächenintegral
überall bilden können, darf diese Oberfläche nur stückweise nicht glatt sein. Mit
diesen Voraussetzungen können wir dann die schwierige Berechnung eines Oberflächenintegrals auf die hoffentlich leichtere Aufgabe der Berechnung eines Volumenintegrals zurückführen. Am besten ist dazu ein Beispiel.

Beispiel 10.2
Für das Vektorfeld

$$\vec{f}(x, y, z) := (xy, yz, x)$$

und den Rand $\mathcal{F}$ des Gebietes

$$G := \{(x, y, z) \in \mathbb{R}^3 : x^2 + y^2 < z, 0 < z < 1\}$$

möchten wir gerne das Integral

$$\iint_{\mathcal{F}} \vec{f}(x, y, z) \cdot \vec{n}\, dF$$

berechnen.

Zur Veranschaulichung des Gebietes G betrachten wir die Menge

$$\{(x, y, z) \in \mathbb{R}^3 : x^2 + y^2 = z, 0 < z < 1\}.$$

Für jedes $z \in (0, 1)$ ist das ein schlichter Kreis parallel zur x-y-Ebene mit Radius $\sqrt{z}$. Setzen wir $x = 0$ und betrachten $z = y^2$, so ist das eine Parabel, analog ist für $y = 0$ auch $z = x^2$ eine Parabel. Das Ganze ist also ein nach oben offenes Paraboloid. Ein Bildchen finden Sie auf Abschn. 4.3.

Das gesuchte Oberflächenintegral 2. Art ist schwierig zu berechnen. Wegen des hervorragenden Satzes von Gauß können wir uns aber auf die Berechnung des Volumenintegrals über das ganze Gebiet G beschränken. Dazu brauchen wir die Divergenz des Vektorfeldes.

$$\operatorname{div} \vec{f}(x, y, z) = y + z + 0 = y + z.$$

Zur Berechnung des Volumenintegrals benutzen wir unsere guten alten Polarkoordinaten

$$x = r \cos \alpha, \, y = r \sin \alpha, \, z = z, 0 \leq \alpha \leq 2\pi.$$

$$\iint_{\mathcal{F}} \vec{f} \cdot \vec{n}\, dF = \int_0^1 \iint_{x^2+y^2 \leq z} (y + z)\, dx\, dy\, dz$$

$$= \int_0^1 \int_0^{2\pi} \int_0^{\sqrt{z}} (r \sin \alpha + z) \cdot r\, dr\, d\alpha\, dz$$

hier ist r die Funktionaldet. der Polarkoord.

$$= \int_0^1 \int_0^{2\pi} \int_0^{\sqrt{z}} r^2 \sin \alpha\, dr\, d\alpha\, dz + \int_0^1 \int_0^{2\pi} \int_0^{\sqrt{z}} r \cdot z\, dr\, d\alpha\, dz$$

$$= \int_0^1 \int_0^{2\pi} \frac{r^3}{3} \sin \alpha \Big|_0^{\sqrt{z}}, d\alpha\, dz + \int_0^1 \int_0^{2\pi} z \cdot \frac{r^2}{2} \Big|_0^{\sqrt{z}}, d\alpha\, dz$$

$$= \int_0^1 \int_0^{2\pi} \frac{\sqrt{z}^3}{3} \sin \alpha\, d\alpha\, dz + \int_0^1 \int_0^{2\pi} \frac{z \cdot z}{2}\, d\alpha\, dz$$

$$= \underbrace{\int_0^1 \frac{\sqrt{z}^3}{3}(-\cos \alpha) \Big|_0^{2\pi}\, dz}_{=0} + \int_0^1 \frac{z^2}{2} \cdot 2\pi\, dz$$

$$\underbrace{\hspace{5cm}}_{\text{also} = 0}$$

$$= \pi \frac{z^3}{3} \Big|_0^1$$
$$= \frac{\pi}{3}.$$

Zum Schluss der Hinweis, dass echte Typen diesen Satz natürlich auswendig kennen. Der Autor hat ihn seinerzeit während der Expo in Hannover im deutschen Pavillon an eine dort für Bemerkungen (Ohh, wie toll hier!) aufgehängte Tafel geschrieben. Tatsächlich ist mir, ich weiß nicht mehr, wann, auf der Straße eine junge Frau entgegen gekommen, die hatte die Formel (10.2) auf ihrem T-Shirt stehen. Mir ist fast die Spucke weg geblieben.

Hier ein kleiner Hinweis, wie man sich die Formel merken kann. Da steht links ein dreifaches Integral, natürlich über einem Volumen V, und rechts ein Oberflächenintegral, natürlich über der zugehörigen Oberfläche ∂V. Gleichheit über verschiedene Dimensionen ist ungewöhnlich. Aber bei dem Volumenintegral steht der Ableitungsoperator div. So quasi wird damit ein Integral aufgehoben. Und so macht das Ganze Sinn. Merke: dreifaches Integral aufheben mit div. Dass rechts noch der Normalenvektor steht, ist nicht verwunderlich, denn dieses Integral gibt ja den Fluss durch die Oberfläche an, da braucht man schon die Richtung des Flusses.

10.3 Der Satz von Stokes

Hier schildern wir Ihnen den zweiten berühmten Integralsatz, den Satz von Stokes. Er sieht sehr analog zum Gaußschen Divergenzsatz aus, aber kleine Unterschiede sind zu beachten.

Satz 10.2 (Satz von Stokes)
Sei $\mathcal{F} \in \mathbb{R}^3$ ein stückweise glattes orientierbares Flächenstück im $\mathbb{R}^3$ mit stückweise glatter orientierbarer Randkurve κ. Sei $\vec{f}$ eine vektorwertige stetig differenzierbare Funktion auf einem Gebiet $G \in \mathbb{R}^3$, das $\mathcal{F}$ enthält, und sei $\vec{n}$ der Normaleneinheitsvektor auf $\mathcal{F}$. Seine Richtung kann frei gewählt werden. Die Orientierung der Randkurve κ, gegeben durch die Tangente $\vec{t}$, von $\mathcal{F}$ ist nach Festlegung von $\vec{n}$ so zu wählen, dass ein Mensch, dessen Körper in Richtung von $\vec{n}$ auf κ steht, beim Vorwärtsschreiten in Richtung von $\vec{t}$ das Flächenstück zur Linken hat. Dann gilt

$$\iint_{\mathcal{F}} rot\, \vec{f}(x, y, z) \cdot d\vec{F} = \int_{\kappa} \vec{f}(x, y, z) \cdot d\vec{x} \qquad (10.3)$$

bzw.

$$\iint_{\mathcal{F}} rot\, \vec{f}(x, y, z) \cdot \vec{n}\, dF = \int_{\kappa} \vec{f}(x, y, z) \cdot \vec{t}\, ds. \qquad (10.4)$$

Wir sehen, dass auch hier ein Dimensionssprung stattfindet. Links ein (zweidimensionales) Oberflächenintegral, rechts ein (eindimensionales) Kurvenintegral. Und

auch hier die kleine Merkregel, dass ja der Operator rot ein Differentialoperator ist
und quasi eine Integration aufhebt. Darum steht er links. Und klar, beim Oberflächenintegral steht die Normale, beim Kurvenintegral die Tangente.

Zum besseren Verständnis wieder ein Beispiel. Wir wählen es so, dass wir den
Satz von Stokes überprüfen, d. h. wir geben uns alle Einzelheiten vor und rechnen
dann beide Seiten der Formel aus, um zu verifizieren, dass der Satz zumindest in
diesem Beispiel stimmt. Das ist natürlich kein Beweis. Wir wollen lediglich üben.

Beispiel 10.3
Sei

$$\vec{f}(x, y, z) := (4y, -4x, 3)$$

*und $\mathcal{F}$ die Kreisscheibe mit Radius 1 und Mittelpunkt $(0, 0, 1)$ in der Ebene $z = 1$.
Wir verifizieren den Satz von Stokes.*

Wir berechnen die linke Seite von Gl. (10.4):

$$\text{rot } \vec{f}(x, y, z) = \det \begin{pmatrix} \vec{e}_1 & \vec{e}_2 & \vec{e}_3 \\ \frac{\partial}{\partial x} & \frac{\partial}{\partial y} & \frac{\partial}{\partial z} \\ 4y & -4x & 3 \end{pmatrix}$$
$$= 0 \cdot \vec{e}_1 - 4 \cdot \vec{e}_3 + 0 \cdot \vec{e}_2 - 4 \cdot \vec{e}_3 + 0\vec{e}_1 + 0 \cdot \vec{e}_2$$
$$= (0, 0, -8).$$

Den Normaleneinheitsvektor entnehmen wir der Anschauung. Die Kreisscheibe liegt
in der Ebene $z = 1$, ist also parallel zur x-y-Ebene. Senkrecht dazu steht der Vektor

$$\vec{n} = (0, 0, 1)$$

und ist normiert. Wir hätten auch den Vektor $\widetilde{\vec{n}} = (0, 0, -1)$ wählen können. Wir
müssen jetzt nur bei der Randkurve aufpassen, dass wir sie passend orientieren.

Dann ist

$$\text{rot } \vec{f} \cdot \vec{n} = (0, 0, -8) \cdot (0, 0, 1) = -8.$$

Damit folgt

$$\iint_{\mathcal{F}} \text{rot } \vec{f} \cdot \vec{n} \, dF = -8 \cdot \iint_{\mathcal{F}} dF = -8\pi,$$

weil die Kreisfläche den Inhalt $\pi \cdot r^2$ hat und $r = 1$ ist. Das war es schon.

Jetzt flugs zur rechten Seite. Die Randkurve κ ist ja die Kreislinie. Zur Integration
greifen wir wieder auf die Polarkoordinaten zurück:

$$x = \cos t, y = \sin t, z = 1, 0 \le t \le 2\pi.$$

Wie ist das mit der Orientierung? Wir starten für $t = 0$ mit dem Punkt $(1, 0, 1)$. Wenn wir jetzt von oben auf die Kreisscheibe in der Ebene $z = 1$ herabschauen, so sehen wir, dass wir mit wachsendem t die Kreislinie im Gegenuhrzeigersinn umlaufen. Stellen wir uns auf den Anfangspunkt in Richtung der von uns gewählten Normalen $\vec{n}$ und laufen im Gegenuhrzeigersinn um den Kreis herum, so bleibt dieser immer links von uns. Das passt zusammen. Jetzt nur noch rechnen.

$$\vec{f}(x, y, z) = (4 \sin t, -4 \cos t, 3)$$

$$d\vec{x} = (-\sin t \, dt, \cos t \, dt, 0)$$

$$\int_{\kappa} \vec{f} \cdot d\vec{x} = \int_0^{2\pi} [4 \sin t \, (-\sin t) - 4 \cos t \cos t] \, dt$$

$$= \int_0^{2\pi} -4(\sin^2 t + \cos^2 t) \, dt$$

$$= -4 \int_0^{2\pi} dt = -8\pi.$$

Und das stimmt genau mit der linken Seite überein. Wär' ja auch noch schöner! Gestatten Sie mir noch zwei kleine Bemerkungen zu den Integralsätzen.

1. Wir fassen noch einmal kurz die wesentlichen Inhalte beider Integralsätze zusammen.

   a) Gauß betrachtet ein Volumen, also einen Körper oder so etwas, und dessen Oberfläche. Dann liefert uns der Satz einen Zusammenhang zwischen dem Dreifachintegral über dem Körper und dem Oberflächenintegral über die gesamte Oberfläche. Benutzt wird er vor allem dazu, das komplizierte Oberflächenintegral mittels des leichter zu berechnenden Raumintegrals auszuwerten. Man muss ja nur die Divergenz des Vektorfeldes berechnen.

   b) Stokes bietet eine andere Welt. Betrachtet wird ein Flächenstück und seine Randkurve. Dieser Satz liefert den Zusammenhang zwischen dem Oberflächenintegral über die Fläche und dem Kurvenintegral über die Randkurve. Häufig lässt sich so das komplizierte Oberflächenintegral mit dem leichter zu berechnenden Randintegral knacken.

2. Das folgende Beispiel sei als Warnung angefügt. Es sieht aus wie ein Gegenbeispiel zum Satz von Stokes (Abb. 10.1).

Beispiel 10.4

Gegeben sei das Vektorfeld

$$\vec{v}(x, y, z) = \left(\frac{-y}{x^2 + y^2}, \frac{x}{x^2 + y^2}, z \right)$$

und der Torus D, den man dadurch erhält, dass der Kreis $(x - 2)^2 + z^2 \leq 1$, $y = 0$ um die z-Achse rotiert. In Beispiel 6.8 hatten wir gesehen, dass in D gilt:

$$\text{rot } \vec{v} = 0,$$

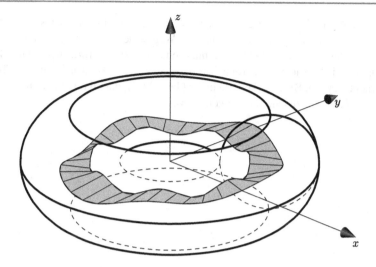

Abb. 10.1 Der Torus mit ganz im Innern verlaufendem Band

aber

$$\oint_k \vec{v}\, d\vec{x} \neq 0,$$

wobei k der Kreis $x^2 + y^2 = 4$, $z = 0$ ist. Warum lässt sich daraus kein Gegenbeispiel zum Satz von Stokes konstruieren?

Die Aufgabe liefert natürlich kein Gegenbeispiel zum Satz von Stokes, wo das Flächenintegral über die Rotation des Vektorfeldes ja wegen der Rotationsfreiheit den Wert Null lieferte, wohingegen das Kurvenintegral einen Wert ungleich Null hat. Der erste Gedanke könnte sein, dass unser betrachtetes Gebiet, der Torus, wahrlich nicht einfach zusammenhängt. Aber Vorsicht, so einfache Gedanken haben manchmal einen Haken. Im Satz von Stokes haben wir nirgendwo verlangt, dass unser Gebiet einfach zusammenhängen möge. War das ein Fehler? Das könnten Sie mir aber schrecklich vorwerfen – und ich würde mich schämen. Nein, so einfach ist das nicht!

Dieser Satz setzt ein Integral über ein Flächenstück in Beziehung zu einem Integral über die gesamte Randkurve des Flächenstücks. Hier kneift die Sache. Als Flächenstück im Torus bietet sich ein geschlossenes Band an, das ganz im Torus verläuft. Dieses hat aber neben der betrachteten Kurve *k* noch eine zweite Randkurve. Zur Anwendung des Stokesschen Satzes muss also noch ein zweites Randintegral betrachtet werden. Wegen der Orientierungsvorschrift ist diese Randkurve entgegengesetzt zur ersten Randkurve zu orientieren. Somit ergäbe das Integral über diese Randkurve den negativen Wert zum ersten Integral, die Summe würde also verschwinden in guter Übereinstimmung mit der Rotationsfreiheit und dem Satz von Stokes.

Ein Flächenstück, das nur den in der Aufgabe erwähnten Kreis als Randkurve besitzt, wäre zum Beispiel eine Halbkugel. Wegen der Singularität der gesamten z-Achse für das betrachtete Vektorfeld mussten wir aber den Torus betrachten. Eine Halbkugel, bei der die Symmetrieachse die z-Achse ist, kann nicht in den Torus eingebracht werden. Bitte packen Sie in Ihr Gedächtnis, dass das Gebiet im Satz von Stokes *nicht* einfach zusammen hängen muss.

Übung 19

1. Sei $V \in \mathbb{R}^3$ der Einheitswürfel

$$V := \{(x, y, z) \in \mathbb{R}^3 : 0 \leq x, y, z \leq 1.\}$$

Verifizieren Sie für

$$\vec{v}(x, y, z) := (4xz, -y^2, yz)$$

den Gaußschen Divergenzsatz.

2. Verifizieren Sie den Divergenzsatz von Gauß für folgende Funktion:

$$\vec{v}(x, y, z) := (4x, -2y^2, z^2)$$

auf $V := \{(x, y, z) \in \mathbb{R}^3 : x^2 + y^2 \leq 4, 0 \leq z \leq 3.\}$

3. Verifizieren Sie den Satz von Stokes für die Funktion

$$\vec{f}(x, y, z) := (2x - y, -yz^2, -y^2 z).$$

Dabei sei $\mathcal{F}$ die obere Halbkugelfläche mit Radius $R > 0$ um den Nullpunkt und $\vec{n}$ der nach außen gerichtete Normaleneinheitsvektor. Außen seien dabei alle Punkte des $\mathbb{R}^3$ mit $z > 0$, deren Abstand von $(0, 0, 0)$ größer als R ist.
[Hinweis: Die Berechnung des Oberflächenintegrals muss nicht zu Ende geführt werden.]

4. Berechnen Sie unter geschickter Ausnutzung des Satzes von Stokes das Oberflächenintegral

$$\iint_{\mathcal{F}} \operatorname{rot} \vec{f}(x, y, z) \cdot \vec{n} \, dF.$$

Dabei sei

$$\vec{f}(x, y, z) := (3y, -xz, yz^2)$$

und $\mathcal{F}$ das nach oben geöffnete Paraboloid

$$\mathcal{F} := \{(x, y, z) \in \mathbb{R}^3 : 2z = x^2 + y^2, \text{ beschränkt durch } Z = 2\}$$

und $\vec{n}$ sei der nach außen gerichtete Normaleneinheitsvektor.

Ausführliche Lösungen: https://www.springer.com/gp/book/9783662588314

Interpolation mit Splines

11

Inhaltsverzeichnis

11.1 Einführendes Beispiel 167
11.2 Existenz und Eindeutigkeit der Polynominterpolation 169
11.3 Interpolation mit linearen Splines 172
11.4 Interpolation mit Hermite-Splines 178
11.5 Interpolation mit kubischen Splines 184

Oft schon sind Studierende zu mir gekommen mit dem Problem: Sie haben durch ein Experiment viele, manchmal wirklich sehr viele Daten erhalten und sollen diese nun auswerten. Am besten geht das, wenn man statt der Daten eine Kurve vorliegen hat. Aber woher die Kurve nehmen? Schließlich liegen nur furchtbar viele Punkte vor uns. Eine einfach zu beschreibende Idee haben wir schon in der Schule kennen gelernt. Wir legen durch zwei Punkte eine Gerade, durch drei Punkte eine Parabel usw. Allgemein suchen wir ein Polynom n-ten Grades, das durch $n + 1$ Punkte hindurchgeht. Diese Aufgabe heißt Interpolation mit Polynomen. Wir werden uns aber schnell überlegen, dass diese Methode für die Praxis gänzlich ungeeignet ist.

In diesem Kapitel wollen wir eine Methode zur Interpolation kennenlernen, die aus dem Schiffbau stammt. Dort wurden schon in alten Zeiten feststehende Pflöcke benutzt, um Seitenwände für Boote zu bauen. Die einzuspannenden Latten heißen Straklatten, englisch Splines. Daran orientieren wir uns, der Name Strakfunktion, ursprünglich mal vorgeschlagen, hat sich nicht durchgesetzt. Heute sprechen wir von einer Spline-Funktion oder kurz einem Spline.

11.1 Einführendes Beispiel

Hier sehen wir ein Blatt, auf dem die Daten eines sozusagen jungfräulichen Magneten aufgezeichnet sind. Magnetisches Material zeigt im Urzustand keine magnetische Außenwirkung. Die sogenannten Elementarmagnete liegen fröhlich durcheinander. Erst wenn man ein äußeres Magnetfeld anlegt, richten sich die Weißschen Bezirke nacheinander in Richtung des äußeren Feldes und es entsteht die magnetische Wirkung.

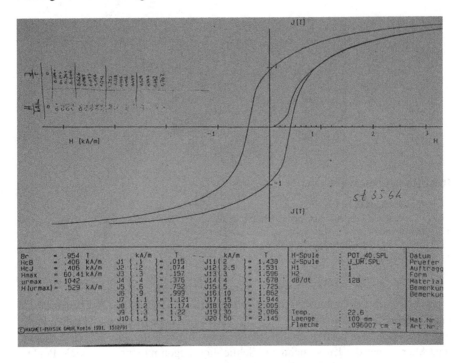

Unten am Rand stehen die Messdaten der sog. Neukurve. Diese Neukurve ist für die Herstellung wichtig. Ein Student, der mir diese Daten brachte, hatte sich viel Mühe gegeben, hier eine Kurve zu erkennen. Er versuchte es mit einer Arctan-Funktion. Viel Versuche hat es ihn gekostet, bis er mit dieser Funktion ankam:

$$f(x) = 1,14296 \cdot \arctan 1,91714x + 0,0126213x.$$

Wir zeigen das Ergebnis an den folgenden Bildern (Abb. 11.1).

Gerade im Bereich um 50 herum sehen wir, dass die Arctan-Funktion weiter ansteigt, während die Messdaten sich abflachen. Ein weiterer Unterschied zeigt sich, wenn wir uns die Daten um Null herum genauer anschauen. Schauen Sie sich das Zoom-Bild auf der nächsten Seite an.

Die Neukurve macht gerade am Anfang einen Schlenker nach rechts und dann weiter nach oben, die Arctan-Funktion steigt gleich direkt nach oben. Besonders dieser Anfang war für den Studenten sehr wichtig. Da half also Arctan nicht wirklich. Am besten wäre eine Interpolation der Punkte, aber mit Polynomen kann das hier nicht klappen. Wir werden am Schluss dieses Kapitels die Lösung verraten.

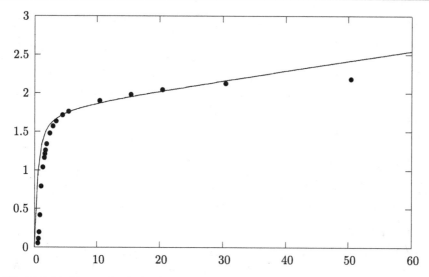

Abb. 11.1 Die Messpunkte der Neukurve und Versuch mit der Arctan-Funktion $f(x) = 1{,}14296 \cdot$ arctan $1{,}91714x + 0{,}0126213x$

11.2   Existenz und Eindeutigkeit der Polynominterpolation

Bei der Differenzierbarkeit hatten wir schon einmal das Problem, eine vorgegebene Funktion durch ein Polynom zu ersetzen. Damals half uns die Taylorentwicklung. Half sie uns wirklich? Nur in einer kleinen Umgebung konnten wir zu einer unendlich oft differenzierbaren Funktion ein approximierendes Polynom angeben. Das hilft nicht wirklich. Approximieren ist schon nicht unser Ziel und in einer kleinen Umgebung erst recht nicht. Und das Ganze nur für unendlich oft differenzierbare Funktionen, das geht in der Praxis gar nicht.

Unser erstes Ziel ist zu interpolieren. Das haben wir in der Schule geübt und ging so (Abb. 11.2).

Beispiel 11.1
Wir betrachten die Punkte (0,0) und (1,1) in der Ebene und suchen eine möglichst einfache Funktion, die durch diese beiden Punkte hindurch geht. Klar, das ist die Gerade $y(x) = x$, also die erste Winkelhalbierende.

Das formulieren wir allgemeiner.

Definition 11.1 (Interpolationsaufgabe)
Gegeben seien im $\mathbb{R}^2$ die Punkte

$$P_0 = (x_0, y_0),\ P_1 = (x_1, y_1), \ldots, P_N = (x_N, y_N),\ x_0 < x_1 < \cdots < x_N.$$

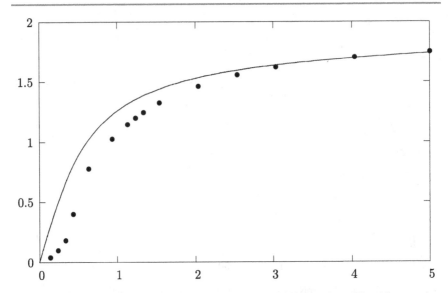

Abb. 11.2 Eine Vergrößerung, also ein Zoom in der Nähe des Nullpunktes. Hier sieht man, dass die Arctan-Funktion nicht optimal approximiert

Gesucht ist ein Polynom $p(x)$ mit grad $p(x) \leq N$, *das diese Punkte interpoliert, für das also gilt:*

$$p(x_i) = y_i, i = 0, 1, \ldots, N.$$

Beachten Sie bitte zwei Kleinigkeiten in dieser Definition.

1. Wir benennen den letzten Punkt mit N, damit wir nicht mit n durcheinander kommen; denn n wird in fast allen Büchern als Dimension des zugrunde liegenden Raums verwendet, hier also in der Ebene ist $n = 2$.
2. Wir beginnen bei der Nummerierung der Punkte mit 0. Dadurch haben wir, bitte zählen Sie das nach, $N + 1$ Punkte gegeben. Achtung jetzt, bei zwei gegebenen Punkten reicht eine Gerade, also Polynom vom Grad ≤ 1, bei drei Punkten eine Parabel, also Polynom vom Grad ≤ 2, usw. Bei $N + 1$ gegebenen Punkten suchen wir deshalb ein Polynom vom Grad $\leq N$. Das ist so schön einfach. Wenn Sie stattdessen die Zählerei bei 1 begännen, hätten Sie nur N Punkte und müssten ein Polynom vom Grad $\leq N - 1$ suchen, wie unangenehm.

Der folgende Satz ist so hübsch einfach zu beweisen, dass wir das unbedingt vorführen wollen.

Satz 11.1 (Eindeutigkeit)
Es gibt höchstens ein Polynom mit grad $\leq N$, *das obige Interpolationsaufgabe löst.*

Beweis Nehmen wir an, wir hätten zwei Polynome $p(x)$ und $q(x)$, beide vom grad $\leq N$, die die Aufgabe lösen, also mit

$$p(x_i) = y_i, \quad q(x_i) = y_i, 0 \leq i \leq N. \tag{11.1}$$

Dann kommen wir mit einem Trick, wir betrachten die Differenz

$$r(x) := p(x) - q(x).$$

Als Differenz zweier Polynome mit grad $\leq N$ ist $r(x)$ natürlich wieder ein Polynom mit grad $r(x) \leq N$. Beachten Sie das ‚$\leq$‘. Das müssen wir sehr ernst nehmen. Wegen (11.1) haben wir dann aber

$$r(x_0) = r(x_1) = \cdots = r(x_N) = 0. \tag{11.2}$$

Das sind $N + 1$ Nullstellen für das Polynom $r(x)$, das aber nur einen Grad $\leq N$ hat. Als Folgerung aus dem Fundamentalsatz der Algebra ergibt sich aber, dass ein Polynom mit grad $\leq N$ höchstens N Nullstellen haben kann. Widerspruch? Nein, denn im Fundamentalsatz gibt es die Einschränkung, dass wir nur Polynome vom Grad ≥ 1 betrachten. Die einzige Chance, nicht zu einem Widerspruch zu kommen: $r(x)$ muss das Nullpolynom sein. Das hat nämlich unendlich viele Nullstellen. Aus $r(x) = 0$ für alle x folgt aber

$$p(x) = q(x) \text{ für alle x}.$$

Es gibt also höchstens ein solches Polynom. $\qquad\qquad\qquad\qquad\qquad\qquad\qquad$ □

Mit dieser niedlichen Überlegung haben wir also die Eindeutigkeit. Die Existenz könnten wir im Prinzip jetzt dadurch beweisen, dass wir einfach für beliebige $N + 1$ Punkte ein solches Polynom angeben. Dazu haben sich berühmte Leute wie Lagrange, Newton, Hermite u. a. viele Verfahren einfallen lassen. Mit ihrer Hilfe wäre also leicht ein Existenznachweis konstruktiv zu führen. Wir lassen das lieber, weil es in der Praxis sowieso nicht funktioniert, wie wir gleich unten erläutern, zitieren aber den zugehörigen Satz, wobei wir eine kleine Einschränkung an die Stützstellen beachten müssen.

Satz 11.2 (Existenz)
Zu vorgegebenen Punkten $P_0 = (x_0, y_0)$, $P_1 = (x_1, y_1)$, ..., $P_N = (x_N, y_N)$ mit $x_i \neq x_j, i, j = 1, \ldots, N, i \neq j$ gibt es stets ein Polynom $p(x)$ mit $\mathrm{grad}\, p(x) \leq N$, das die Interpolationsaufgabe aus Definition 11.1 löst.

Diese Bedingung $x_i \neq x_j$ bedeutet, dass zwei Punkte nicht übereinander liegen dürfen. Na, das hätten wir sowieso nicht gewollt.

Nach dieser im Prinzip guten Nachricht kommt jetzt aber der Pferdefuß. Wenn Sie schon mal tausend Punkte gegeben haben, wollen Sie doch nicht ernsthaft mit einem Polynom mit grad ≤ 999 arbeiten, oder? Sie können sich sicher vorstellen, was das für ein Ungetüm wäre. Völlig ausgeschlossen. Ganz abgesehen davon, dass dieses Ding vielleicht 999 Nullstellen haben könnte. Das schwingt dann hin und her, total unbrauchbar. Zum Glück können wir das viel besser.

11.3   Interpolation mit linearen Splines

Die erste Idee klingt geradezu primitiv. Wir verbinden die gegebenen Punkte einfach durch Geradenstücke. Viele, vor allem ältere Plot-Programm nutzen diese Idee. Wenn wir solch einen Plot nur etwas vergrößern, sehen wir, dass dort die ‚Kurve' im wesentlichen aus kleinen Geradenstücken besteht.

Wir betrachten eine fest vorgegebene Stützstellenmenge

$$x_0 < x_1 < \cdots < x_N, \tag{11.3}$$

auf die wir im weiteren unsere Aussagen beziehen, ohne dies jedesmal ausdrücklich zu erwähnen.

Definition 11.2   *Unter dem* **Vektorraum der linearen Splines** *verstehen wir die Menge*

$$\mathcal{S}_1^0 := \{L \in \mathcal{C}[x_0, x_N] : L|_{[x_i, x_{i+1}]} \in \mathbb{P}_1, \; i = 0, \ldots, N-1\} \tag{11.4}$$

Hier müssen wir einige Erläuterungen hinzufügen.

1. Dass es sich bei dieser Menge um einen Vektorraum handelt, ist nicht schwer zu erkennen. Da es uns hier nicht weiter führt, verweisen wir auf weitere Literatur, z. B. [13].
2. Die Definition besteht im wesentlichen aus zwei Bedingungen.
   a) **Globale Bedingung:** Die Funktionen $L \in \mathcal{C}[x_0, x_N]$ sind im ganzen Intervall $[x_0, x_N]$ stetig. Das ist also eine globale Eigenschaft, die wir verlangen. Stetige Funktionen auf einem Intervall (a, b) bezeichnen wir ja mit $\mathcal{C}(a, b)$ oder zur Unterscheidung von den Funktionen $\mathcal{C}^1(a, b)$, deren erste Ableitung noch stetig sein möge, mit $\mathcal{C}^0(a, b)$; daher kommt also die hochgestellte 0 in $\mathcal{S}_1^0$.
   b) **Lokale Bedingung:** In jedem der Teilintervalle seien die Funktionen $L \in \mathbb{P}_1$, also Polynome mit grad $L \leq 1$; dort sind es also lineare Funktionen oder Geraden. Und das ergibt den unteren Index 1 in $\mathcal{S}_1^0$.

Wir fassen das wegen der Wichtigkeit und wegen vieler Fehler, die der Autor in Prüfungen immer wieder gehört hat, zusammen:

Lineare Splines sind (bei vorgegebenen Stützstellen) Funktionen, die auf dem gesamten Intervall stetig und in jedem Teilintervall Polynome höchstens ersten Grades sind.

Splines sind also keine Polynome. Man darf höchstens sagen, dass es stückweise Polynome sind. Das Wort ‚stückweise' ist dabei sehr wichtig.

Dies ist das typische Verhalten der Splines. Global, also im Gesamtintervall $[x_0, x_N]$, gehören sie zu einer Stetigkeitsklasse. Das ist nur interessant an den inneren Stützstellen, wo zwei Teile der Funktion zusammenkommen. Lokal sind es Polynome von einem gewissen Grad. Dieser Grad ist festgewählt und steigt nicht mit der Zahl der Stützstellen an, wie es ja bei der Polynominterpolation so schrecklich passiert. Er kann natürlich bei geeigneten Stützstellen kleiner werden. Wenn zwei Punkte gleichen y-Wert haben, ist das verbindende Geradenstück natürlich parallel zur x-Achse, also ein Polynom mit Grad 0.

Definition 11.3 (Interpolationsaufgabe mit linearen Splines)
Gegeben seien die Stützstellen

$$x_0 < x_1 < \cdots < x_N, \qquad (11.5)$$

und an jeder Stelle ein Wert y_i, $i = 0, \ldots, N$, der vielleicht der Funktionswert einer gesuchten Funktion ist.

Gesucht ist dann eine lineare Spline-Funktion $L(x) \in \mathcal{S}_1^0$, die diese Werte interpoliert, für die also gilt:

$$L(x_i) = y_i, \quad i = 0, \ldots, N \qquad (11.6)$$

In jedem Teilintervall sind damit zwei Werte vorgegeben. Allein schon die Anschauung sagt uns, dass damit die Aufgabe genau eine Lösung hat. Wir halten dieses einfache Ergebnis in einem Satz fest, um den Aufbau dieses Abschnittes in den nächsten Abschnitten übernehmen zu können.

Satz 11.3
Die Aufgabe 11.3 hat genau eine Lösung.

Mit der aus der 8. Klasse bekannten Zwei-Punkte-Form ist diese Aussage sofort einsichtig. Da eine Gerade zwei Unbekannte besitzt, führt diese Zwei-Punkte-Form in jedem Intervall zu einem kleinen linearen (2×2)-Gleichungssystem. Um uns die Arbeit zu vereinfachen, wählen wir einen etwas geschickteren Ansatz, so dass wir ohne LGS auskommen. Das werden wir in den nächsten Abschnitten sogar noch verbessern können.

Konstruktion linearer Splines

Die Konstruktion der interpolierenden linearen Splines $L(x)$ geschieht über den Ansatz

$$L(x) = \begin{cases} a_0 + b_0(x - x_0) & \text{für} \quad x \in [x_0, x_1) \\ a_1 + b_1(x - x_1) & \text{für} \quad x \in [x_1, x_2) \\ \quad \vdots & \quad \vdots \qquad \vdots \\ a_{N-1} + b_{N-1}(x - x_{N-1}) & \text{für } x \in [x_{N-1}, x_N] \end{cases} \qquad (11.7)$$

Man sieht unmittelbar

$$a_i = y_i, \quad i = 0, \ldots, N-1. \tag{11.8}$$

Die anderen Koeffizienten erhält man dann aus

$$a_i + b_i(x_{i+1} - x_i) = y_{i+1}, \quad i = 0, \ldots, N-1. \tag{11.9}$$

Wir können also die unbekannten a_i und b_i sofort aus den Vorgabedaten ausrechnen. Um es genau zu durchschauen, betrachten wir ein kleines Beispiel.

Beispiel 11.2
Wir suchen einen linearen Spline $L(x)$, der die Punkte

$$P_0(x_0, y_0) = (1, 1), \ P_1(x_1, y_1) = (2, 4), \ P_2(x_2, y_2) = (4, -1)$$

interpoliert.

Wir wählen den Ansatz

$$L(x) = \begin{cases} a_0 + b_0(x - x_0) \text{ für } x \in [1, 2) \\ a_1 + b_1(x - x_1) \text{ für } x \in [2, 4) \end{cases}$$

Jetzt berechnen wir in jedem der beiden Teilintervalle die Gerade.
In $[1, 2)$ ist $a_0 = y_0 = 1, b_0 = \frac{y_1 - y_0}{x_1 - x_0} = \frac{4-1}{2-1} = 3$.
In $[2, 3)$ ist $a_1 = y_1 = 4, b_1 = \frac{y_2 - y_1}{x_2 - x_1} = \frac{-1-4}{4-2} = -\frac{5}{2}$.
Also ist

$$L(x) = \begin{cases} 1 + 3(x - 1) \text{ für } x \in [1, 2) \\ 4 - \frac{5}{2}(x - 2) \text{ für } x \in [2, 4) \end{cases}$$

Hier sehen wir die typische Antwort, wenn wir nach einem interpolierenden Spline fragen. Für jedes der beteiligten Teilintervalle erhalten wir ein eigenes Polynom. Klar, bei tausend gegebenen Punkten ist das eine lange Liste. Niemand will so etwas mit Hand auswerten, aber dafür haben wir ja unsere Knechte, die Computer, die das leicht für uns erledigen.
Machen wir noch schnell die Probe:

$$L(1) = 1, \ L(2) = 4, \ L(4) = -1.$$

Sieht alles gut und richtig aus.
Die zugehörige stückweise lineare Funktion, die diese Werte interpoliert, haben wir unten dargestellt (Abb. 11.3).

Abb. 11.3 Drei
Vorgabepunkte und linearer
Spline

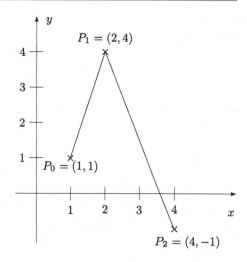

Wie gut sind die linearen Splines?

Dieser Abschnitt bringt uns eine ganz erstaunliche Sicht auf die so simplen linearen
Splines. Wir denken uns eine gewisse Funktion f gegeben, von der wir aber leider
nur ein paar Stützstellen kennen, und berechnen für diese unseren linearen Spline.
Den Abstand der Stützstellen nennen wir h. Wenn nicht alle Abstände gleich sind,
nennen wir den größten Abstand h. Jetzt verkleinern wir diesen Abstand z. B. durch
Halbieren. Dadurch verdoppeln wir quasi die Anzahl der Stützstellen. Und wieder
betrachten wir den zugehörigen Spline. Ist er näher an der für uns unbekannten
Funktion dran? Wir halbieren vielleicht noch ein weiteres Mal und betrachten den
zugehörigen Spline. Und das geht immer weiter, immer h verkleinern und den zugehörigen Spline betrachten. So erzeugen wir im Prinzip eine unendliche Folge von
Splines. Dann macht es Sinn zu fragen, ob diese unendliche Folge sich der vorgegebenen Funktion nähert. Diese kennen wir aber normalerweise nicht; sonst würden
wir ja nicht interpolieren.

Jetzt kommt das Unglaubliche. Obwohl wir die Funktion f nicht kennen, können
wir doch angeben, wie genau sich die interpolierenden Splines ihr nähern. Fast mag
man das nicht glauben. Aber der folgende Satz sagt uns genau das. Wenn wir den
Abstand der Stützstellen immer weiter verfeinern und jedesmal den zugehörigen
Spline berechnen, so erhalten wir eine Folge von solchen Splines, und diese Folge
nähert sich unter recht schwachen Voraussetzungen dieser unbekannte Funktion f.
Von der Funktion f wird dabei lediglich zweimalige stetige Differenzierbarkeit
vorausgesetzt.

Für die ganze Überlegung betrachten wir ein fest vorgegebenes Intervall $[a, b]$.
Dort sei die unbekannte Funktion erklärt, und in diesem mögen alle Stützstellen
liegen, auch wenn wir verfeinern und verfeinern.

Satz 11.4

Für die Stützstellen (11.3) sei

$$h := \max_{0 \le i < N} |x_{i+1} - x_i|. \tag{11.10}$$

Sei $f \in C^2[a, b]$, und sei L der f in den Stützstellen (11.3) interpolierende lineare Spline. Dann gilt:

$$\max_{x \in [a,b]} |f(x) - L(x)| \le \frac{h^2}{8} \cdot \max_{x \in [a,b]} |f''(x)|. \tag{11.11}$$

Betrachten wir jetzt also eine Folge von Zerlegungen so, dass der größte Stützstellen-abstand, den wir ja mit h bezeichnet haben, gegen 0 strebt. Die zugehörigen linearen Splines interpolieren dann an immer mehr Stützstellen, woraus aber noch nichts folgt für die Werte zwischen den Stützstellen. Der obige Satz sagt aber, dass auch dort der Unterschied kleiner wird, sogar mit quadratischer Ordnung. Halt, werden Sie sagen, das ist doch nicht richtig. Rechts steht doch die unbekannte Zahl $\max_{x \in [a,b]} |f''(x)|$. Wir kennen f nicht, schon gar nicht die zweite Ableitung und können deshalb ja wohl kaum den maximalen Absolutwert dieser Ableitung angeben. Was soll das also bitte?

Nun, weil f zweimal stetig differenzierbar ist, ist ihre zweite Ableitung noch stetig im Intervall $[a, b]$, das alle Stützstellen enthalten möge. Dort nimmt sie nach dem Satz von Weierstraü, vgl. den Teil 3. von Satz 4.2, ihr Maximum an. Wir wissen nicht, wie groß es ist, aber es ist eine *endliche* Zahl, die sich bei Zunahme der Stützstellen nicht ändert; nur das ist wichtig. Wenn wir jetzt h immer kleiner machen, wird der Faktor $h^2/8$ viel kleiner und dann auch irgendwann viel kleiner als dieses unbekannte Maximum. Für $h \to 0$ geht also die rechte Seite garantiert gegen Null. Damit nähert sich L überall der unbekannten Funktion f. Das ist fast eine hinterhältige Argumentation, oder?

Wir wollen nicht vergessen, zum Schluss darauf hinzuweisen, dass diese so ein-fach daherkommenden linearen Splines eine ganz große Bedeutung bei der numeri-schen Berechnung der Lösung von Differentialgleichungen besitzen. Sie sind das wesentliche Element in den sogenannten FEM-Programmen, die heute aus dem Arbeitsalltag sehr vieler Anwender nicht mehr wegzudenken sind.

Übung 20

1. Gegeben seien in der (x, y)-Ebene die 13 Punkte:

x_i	−6	−5	−4	−3	−2	−1	0	1	2	3	4	5	6
y_i	1	1	1	1	$1+\sqrt{5}$	$1+\sqrt{8}$	4	$1+\sqrt{8}$	$1+\sqrt{5}$	1	1	1	1

   a) Skizzieren Sie diese Punkte.
   b) Stellen Sie zur Berechnung des Polynoms $p(x)$, welches diese Punkte interpoliert, das zugehörige lineare Gleichungssystem auf.
   c) Bestimmen Sie (exemplarisch für drei Punkte) den zugehörigen linearen Spline, der diese Punkte interpoliert, und skizzieren Sie das Ergebnis.
2. Betrachten Sie die Funktion

$$f(x) := x^4, \qquad x \in [-1, 1].$$

   a) Bestimmen Sie den linearen Spline $L_1(x)$, der f in den drei Knoten $x_0 = -1$, $x_1 = 0$ und $x_2 = 1$ interpoliert.
   b) Bestimmen Sie den linearen Spline $L_2(x)$, der f in den fünf Knoten $x_0 = -1$, $x_1 = -1/2$, $x_2 = 0$, $x_3 = 1/2$ und $x_4 = 1$ interpoliert.
   c) Skizzieren Sie das Ergebnis.
   d) Was können Sie über den Fehler

$$\sup_{[-1,1]} |f(x) - L(x)|$$

aussagen, wenn $L(x)$ der lineare Spline ist, der bei äquidistanten Stützstellen die Funktion f für $h = 1$, $h = 1/2$ und $h = 1/4$ im Intervall $[-1, 1]$ interpoliert?

Ausführliche Lösungen: https://www.springer.com/gp/book/9783662588314

11.4   Interpolation mit Hermite-Splines

In der zwölften Klasse haben manche von Ihnen vielleicht eine weiterführende Interpolationsaufgabe kennengelernt. Dort waren nicht nur die Werte einer evtl. unbekannten Funktion an vorgegebenen Stützstellen gegeben, sondern zusätzlich auch die Werte der ersten Ableitung, also die Steigung der Funktion. Wieder wurde nach einem interpolierenden Polynom gefragt. Diese Aufgabe können wir hierher verfrachten und dabei alles über lineare Splines Gelernte wiederholen; denn es ändern sich nur Kleinigkeiten.

Wieder betrachten wir die fest vorgegebene Stützstellenmenge

$$x_0 < x_1 < \cdots < x_N. \tag{11.12}$$

Definition 11.4
Unter dem **Vektorraum der Hermite-Splines** *verstehen wir die Menge*

$$\mathcal{S}_3^1 := \{ H \in \mathcal{C}^1[x_0, x_N] : H|_{[x_i, x_{i+1}]} \in \mathbb{P}_3, \ i = 0, \ldots, N-1 \}. \tag{11.13}$$

Und wiederum sehen wir die Zweiteilung in der Definition:

1. **Globale Eigenschaft:** Im ganzen Intervall $[x_0, x_N]$ sei die Funktion H einmal stetig differenzierbar.
2. **Lokale Eigenschaft:** In jedem Teilintervall sei H ein Polynom mit grad ≤ 3.

Definition 11.5 (Interpolationsaufgabe mit Hermite-Splines)
Gegeben seien wieder die Stützstellen (11.3) und an jeder Stelle ein Wert y_i, $i = 0, \ldots, N$, der vielleicht der Funktionswert einer gesuchten Funktion ist, und ein Wert y_i^1, der dann der Wert der ersten Ableitung der unbekannten Funktion an dieser Stelle ist.

Gesucht ist ein Hermite-Spline $H \in \mathcal{S}_3^1$, der diese Werte interpoliert, für den also gilt:

$$H(x_i) = y_i, \ H'(x_i) = y_i^1, \quad i = 0, \ldots, N \tag{11.14}$$

In jedem Teilintervall sind damit vier Werte vorgegeben, mit denen wir natürlich sofort ein Polynom mit grad ≤ 3 bestimmen können (Abb. 11.4).

Satz 11.5
Die Aufgabe 11.5 hat genau eine Lösung.

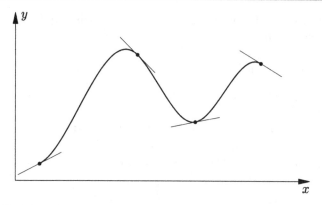

Abb. 11.4 Wir haben vier Punkte und an jedem Punkt, angedeutet durch eine kleine Gerade, die erste Ableitung vorgegeben. Wir suchen eine stückweise kubische Funktion, die diese Punkte interpoliert und an jedem Punkt die vorgegebene Ableitung hat

Konstruktion von Hermite-Splines

Die Konstruktion eines interpolierenden Hermite-Splines $\mathfrak{h}(x)$ geschieht über den Ansatz

$$H(x) = \begin{cases} a_0 + b_0(x - x_0) + c_0(x - x_0)^2 + d_0(x - x_0)^3 & \text{für } x \in [x_0, x_1) \\ a_1 + b_1(x - x_1) + c_1(x - x_1)^2 + d_1(x - x_1)^3 & \text{für } x \in [x_1, x_2) \\ \quad \vdots \\ a_{N-1} + b_{N-1}(x - x_{N-1}) + c_{N-1}(x - x_{N-1})^2 + d_{N-1}(x - x_{N-1})^3 \\ \hspace{6cm} \text{für } x \in [x_{N-1}, x_N) \end{cases}$$

(11.15)

Man sieht unmittelbar

$$a_i = y_i, \ b_i = y_i^1, \quad i = 0, \dots, N - 1. \tag{11.16}$$

Die anderen Koeffizienten c_i und d_i erhält man dann für $i = 0, \dots, N - 1$ jeweils aus dem linearen Gleichungssystem

$$\begin{aligned} c_i(x_{i+1} - x_i)^2 + d_i(x_{i+1} - x_i)^3 &= y_{i+1} - a_i - b_i(x_{i+1} - x_i) \\ 2c_i(x_{i+1} - x_i) + 3d_i(x_{i+1} - x_i)^2 &= y_{i+1}^1 - b_i \end{aligned} \tag{11.17}$$

Beispiel 11.3

Eine Funktion f sei durch folgende Wertetabelle beschrieben:

x_i	1	2	4
$f(x_i)$	0	1	1
$f'(x_i)$	1	2	1

.

Wir berechnen den dieser Wertetabelle genügenden Hermite-Spline.

Wie es sich für einen Spline gehört, gehen wir intervallweise vor. Im Intervall [1,2] machen wir den Ansatz

$$H(x) = a_0 + b_0(x - 1) + c_0(x - 1)^2 + d_0(x - 1)^3.$$

Die Ableitung lautet

$$H'(x) = b_0 + 2c_0(x - 1) + 3d_0(x - 1)^2$$

Die Interpolationsbedingung $H(1) = 0$ ergibt sofort

$$a_0 = 0,$$

die weitere Bedingung $H'(1) = 1$ bringt

$$b_0 = 1.$$

Jetzt nutzen wir die Interplationsbedingungen am rechten Rand aus und erhalten zwei Gleichungen

$$H(2) = 1 \Rightarrow 1 + c_0 + d_0 = 1$$
$$H'(2) = 2 \Rightarrow 1 + 2c_0 + 3d_0 = 2$$

Daraus erhält man

$$c_0 = -1, \; d_0 = 1,$$

und so lautet der Spline im Intervall [1, 2]

$$H(x) = (x - 1) - 1(x - 1)^2 + (x - 1)^3 \text{ in } [1,2]$$

Ein analoges Vorgehen im Intervall [2, 4] führt zur Funktionsgleichung im Intervall [2,4]

$$H(x) = 1 + 2(x - 2) - \frac{10}{4}(x - 2)^2 + \frac{3}{4}(x - 2)^3 \text{ in } [2,4]$$

□

Wie gut sind die Hermite-Splines?

In der Spezialliteratur sind viele Aussagen zu finden, die sich mit der Güte der Annäherung der Hermite-Splines an eine unbekannte Funktion befassen. Wir zitieren hier einen Satz, der eine Aussage vergleichbar mit den linearen Splines macht.

Satz 11.6

Für die Stützstellen (11.3) sei

$$h := \max_{0 \le i < N} |x_{i+1} - x_i|. \tag{11.18}$$

Sei $f \in C^4[a, b]$, und sei H der f in den Stützstellen (11.3) interpolierende Hermite-Spline. Dann gilt:

$$\max_{x \in [a,b]} |f(x) - H(x)| \le \frac{h^4}{384} \cdot \max_{x \in [a,b]} |f^{(iv)}(x)|. \tag{11.19}$$

Bitte schauen Sie zurück, wie wir die analoge Formel für lineare Splines diskutiert haben (vgl. Abschn. 11.3). Hier entdecken wir zum Unterschied die Potenz 4 beim Stützstellenabstand. Das bedeutet natürlich viel bessere Annäherung; wenn wir $h = 1/10$ wählen, erhalten wir ja schon $h^4 = 1/10\,000$. Mit $h = 1/100$ erhielten wir $h^4 = 1/100\,000\,000$. Diese Annäherung ist natürlich hervorragend, auch wenn viele Stützstellen zu berechnen sind, aber diese Rechnung macht ja wieder unser Computer. Also was soll's? Soll er doch!

Übung 21

1. Ist die Funktion

$$f(x) := \begin{cases} x & x \in [-4, 1] \\ -\frac{1}{2} \cdot (2 - x)^2 + \frac{3}{2} & x \in [1, 2] \\ \frac{3}{2} & x \in [2, 4] \end{cases}$$

   ein Hermite-Spline in $\mathcal{S}_3^1$? Begründen Sie Ihre Aussagen.
2. Welche der folgenden Funktionen ist ein Hermite-Spline in $\mathcal{S}_3^1$?
   a)

$$f(x) = \begin{cases} x^3 - 1 & x \in \left[-1, \frac{1}{2}\right] \\ 3 \cdot x^3 - 1 & x \in \left[\frac{1}{2}, 1\right] \end{cases}$$

   b)

$$f(x) = \begin{cases} x^3 - 1 & x \in [-1, 0] \\ 3 \cdot x^3 - 1 & x \in [0, 1] \end{cases}$$

3. Können a und b so bestimmt werden, dass die Funktion

$$f(x) := \begin{cases} (x - 2)^3 + a \cdot (x - 1)^2 & x \in [0, 2] \\ (x - 2)^3 - (x - 3)^2 & x \in [2, 3] \\ (x - 3)^3 + b \cdot (x - 2)^2 & x \in [3, 5] \end{cases}$$

   ein Hermite-Spline in $\mathcal{S}_3^1$ ist? Begründung!
4. Zeigen Sie, dass die Interpolationsaufgabe mit Hermite-Splines genau eine Lösung besitzt.
5. Der Hermite-Spline H_i^0, $0 < i < N$, sei gegeben durch die Vorgaben

$$\begin{array}{llll} H_i^0(x_i) := 1, & H_i^0(x_j) := 0, & j \neq i, \ j = 0, 1, \ldots, N \\ H_i^{0'}(x_i) := 0, & H_i^{0'}(x_j) := 0, & j \neq i, \ j = 0, 1, \ldots, N \end{array},$$

   der Hermite-Spline H_i^1, $0 < i < N$, sei gegeben durch die Vorgaben

$$\begin{array}{llll} H_i^1(x_i) := 0, & H_i^1(x_j) := 0, & j \neq i, \ j = 0, 1, \ldots, N \\ H_i^{1'}(x_i) := 1, & H_i^{1'}(x_j) := 0, & j \neq i, \ j = 0, 1, \ldots, N \end{array}.$$

   Skizzieren Sie qualitativ beide Funktionen.

6. Gegeben seien folgende Werte einer ansonsten unbekannten Funktion f:

x_i	0	1	2	3
$f(x_i)$	0	1	-1	0
$f'(x_i)$	0	1	-1	1

Bestimmen Sie den Hermite-Spline $H(x)$, der diese Werte interpoliert.

7. Betrachten Sie die Funktion

$$f(x) = x^4, \qquad x \in [-1, 1].$$

Angenommen, wir interpolieren diese Funktion mit einem Hermite-Spline $H(x)$,

a) indem wir die Stützstellen $-1, 0, 1$,

b) indem wir die Stützstellen $-1, -1/2, 0, 1/2, 1$,

c) indem wir die Stützstellen $-1, -3/4, -1/2, -1/4, 0, 1/4, 1/2, 3/4, 1$

benutzen. Was können Sie jedes Mal über den Fehler

$$\sup_{x \in [x_0, x_N]} |f(x) - H(x)|$$

aussagen?

Ausführliche Lösungen: https://www.springer.com/gp/book/9783662588314

11.5   Interpolation mit kubischen Splines

Kubische Splines

Die Überschrift könnte Verwirrung stiften; denn auch die Hermite-Splines bestanden ja stückweise aus kubischen Polynomen. Es hat sich aber eingebürgert, die nun zu erklärenden Spline mit dem Zusatz kubisch zu versehen.

Der Vektorraum der kubischen Splines

Auch hier betrachten wir die fest vorgegebene Stützstellenmenge

$$x_0 < x_1 < \cdots < x_N \quad \text{mit} \quad h_k := x_{k+1} - x_k, k = 0, \ldots, N - 1. \tag{11.20}$$

Definition 11.6
Unter dem **Vektorraum der kubischen Splines** *verstehen wir die Menge*

$$\mathcal{S}_3^2 := \{K \in \mathcal{C}^2[x_0, x_N] : s|_{[x_i, x_{i+1}]} \in \mathbb{P}_3, \ i = 0, \ldots, N - 1\} \tag{11.21}$$

Der Unterschied zu den Hermite-Splines liegt also in der größeren Glattheit; die zweite Ableitung möchte noch stetig sein.

Interpolation mit kubischen Splines

Unsere Interpolationsaufgabe gestaltet sich hier etwas komplizierter, weil wir $N + 3$ Freiheiten haben, aber nur $N + 1$ Stützstellen. Wir werden also auf jeden Fall zur Interpolation alle Stützstellen verwenden. Damit haben wir schon mal $N + 1$ Bedingungen.

Definition 11.7 (Interpolationsaufgabe mit kubischen Splines)
Gegeben seien wieder die Stützstellen (11.3) und an jeder Stelle ein Wert y_i, $i = 0, \ldots, N$, der vielleicht der Funktionswert einer gesuchten Funktion ist.

Gesucht ist ein kubischer Spline $K(x) \in \mathcal{S}_2^3$, der diese Werte interpoliert, für den also gilt:

$$K(x_i) = y_i, \quad i = 0, \ldots, N \tag{11.22}$$

Zählen wir einmal kurz nach, so erkennen wir, dass damit $N + 1$ Interpolationsbedingungen vorgegeben sind. Wir kommen gleich darauf zurück.

Für das weitere Vorgehen wählen wir den gleichen Ansatz wie bei den Hermite-Splines.

Definition 11.8

Ansatz zur Interpolation mit kubischen Splines:

$$
K(x) := \begin{cases}
a_0 + b_0(x - x_0) + c_0(x - x_0)^2 + d_0(x - x_0)^3 \\
\quad f\ddot{u}r\ x \in [x_0, x_1) \\
a_1 + b_1(x - x_1) + c_1(x - x_1)^2 + d_1(x - x_1)^3 \\
\quad f\ddot{u}r\ x \in [x_1, x_2) \\
\vdots \\
a_{N-1} + b_{N-1}(x - x_{N-1}) + c_{N-1}(x - x_{N-1})^2 + d_{N-1}(x - x_{N-1})^3 \\
\quad f\ddot{u}r\ x \in [x_{N-1}, x_N)
\end{cases}
$$

$$(11.23)$$

In diesem Ansatz haben wir damit $4N$ unbekannte Koeffizienten, nämlich $a_0, \ldots,$ $a_{N-1}, b_0, \ldots, b_{N-1}, c_0, \ldots, c_{N-1}$ und $d_0, \ldots, d_{N-1}$. Bei $N+1$ Interpolationsbedingungen haben wir noch viel Freiheit. Wir suchen eine zweimal stetig differenzierbare Funktion. Das ist aber nur interessant an den inneren Knoten, wo man von rechts und von links an die Stelle herankommt. Am Rand bei x_0 und x_N ist das keine Einschränkung. Wir haben insgesamt $N - 1$ innere Stützstellen, nämlich $x_1, \ldots x_{N-1}$. Dort mögen also übereinstimmen

1. die Funktionswerte wegen der Stetigkeit,
2. die Steigungen wegen der ersten Ableitung,
3. und so etwas wie die Krümmung wegen der zweiten Ableitung.

Das sind insgesamt $3(N - 1)$ Bedingungen, die unsere Splines einschränken. Wir fassen zusammen

$$4N - 3(N - 1) = N + 3.$$

Fügen wir die $N + 1$ Interpolationsbedingungen hinzu, erhalten wir

$$4N - 3(N - 1) - (N + 1) = 2.$$

Was sehen wir? Wir haben immer noch zwei freie Parameter zuviel, können also noch zwei Bedingungen hinzufügen.

Es gibt sicherlich sehr viele Möglichkeiten, diese zwei zusätzlichen Freiheiten sinnvoll für eine Interpolationsaufgabe zu nutzen. Eine verbreitete Idee bezieht sich auf den Ursprung der Splines im Schiffbau.

Definition 11.9

*Unter einem **natürlichen kubischen Spline** verstehen wir einen Spline $K(x) \in S_3^2$, der außerhalb der vorgegebenen Knotenmenge $x_0, \ldots, x_N$ als Polynom ersten Grades, also linear fortgesetzt wird mit C^2-stetigem Übergang an den Intervallenden.*

Man stelle sich einen Stab vor, der gebogen wird und durch einige Lager in dieser gebogenen Stellung gehalten wird. So wurden genau die Straklatten im Schiffbau eingesetzt, um den Schiffsrumpf zu bauen. Außerhalb der äußeren Stützstellen verlauft der Stab dann gerade, also linear weiter. So erklärt sich auch die Bezeichnung „natürlich".

Mathematisch betrachtet müssen die zweiten Ableitungen am linken und rechten Interpolationsknoten verschwinden, d. h. $K''(x_0) = K''(x_N) = 0$. Aus der Definition der natürlichen kubischen Splines erhalten wir folgende Zusatzbedingungen:

Satz 11.7
Bei natürlichen kubischen Splines sind die Koeffizienten c_0 und c_N gleich Null.

Damit erhalten wir den vollständigen Algorithmus:

Algorithmus zur Berechnung kubischer Splines

$\boxed{1}$ $\quad a_k \quad = y_k \quad$ für $k = 0, \dots, N$

$\boxed{2}$ $\quad c_{k-1} \quad h_{k-1} + 2c_k(h_{k-1} + h_k) + c_{k+1}h_k$

$$= \frac{3}{h_k}(a_{k+1} - a_k) - \frac{3}{h_{k-1}}(a_k - a_{k-1})$$

für $k = 1, \dots, N - 1$, $c_0 = c_N = 0$

$\boxed{3}$ $\quad b_k \quad = \frac{a_{k+1} - a_k}{h_k} - \frac{1}{3}(2c_k + c_{k+1})h_k$ für $k = 0, \dots, N - 1$

$\boxed{4}$ $\quad d_k \quad = \frac{1}{3h_k}(c_{k+1} - c_k)$ für $k = 0, \dots, N - 1$

Der Schritt $\boxed{1}$ folgt unmittelbar aus der Interpolationsbedingung. Interessant ist der Schritt $\boxed{2}$. Hier entsteht ein lineares Gleichungssystem zur Bestimmung der Koeffizienten $c_1, \dots, c_{N-1}$. Wenn wir wegen $c_0 = c_N = 0$ gleich die nullte und N-te Spalte dieses Systems weglassen, erhalten wir:

$$S = \begin{pmatrix} 2(h_0 + h_1) & h_1 & 0 \dots & & \dots & & 0 \\ h_1 & 2(h_1 + h_2) & h_2 & \ddots & & & \vdots \\ 0 & h_2 & \ddots & \ddots & & \ddots & \vdots \\ \vdots & & \ddots & \ddots & \ddots & & \ddots & 0 \\ \vdots & & & \ddots & \ddots & 2(h_{N-3} + h_{N-2}) & h_{N-2} \\ 0 & & \dots & \dots & 0 & h_{N-2} & 2(h_{N-2} + h_{N-1}) \end{pmatrix}$$

Diese Matrix ist offensichtlich quadratisch, symmetrisch und tridiagonal. Es lässt sich zeigen, dass sie auch regulär ist. Dann hat das System genau eine Lösung.

Satz 11.8 (Existenz und Eindeutigkeit)
Es gibt genau einen natürlichen kubischen Spline, welcher die Interpolationsaufgabe 11.7 löst.

Diesen Algorithmus wenden wir jetzt auf unser Eingangsbeispiel, der Neukurve eines Industriemagneten, an. Wir erhalten mit Hilfe eines Rechenprogramms folgenden Ausdruck:

Gerade in der Nähe des Nullpunktes, wo die Arctan-Funktion versagte, erhalten wir mit Splines ein gutes Ergebnis. Mein Student war jedenfalls sehr zufrieden, da er nun auch Zwischenpunkte ablesen bzw. mit meinem kleinen Programm berechnen konnte (Abb. 11.5).

Und wie gut sind kubische Splines?

Mit einem sehr komplizierten Beweisverfahren kann man auch für die kubischen Splines eine Aussage herleiten, die sicherstellt, dass mit der Erhöhung der Knotenzahl eine immer bessere Annäherung einhergeht. Wir verweisen für den Beweis auf Spezialliteratur und zitieren lediglich die Hauptaussage.

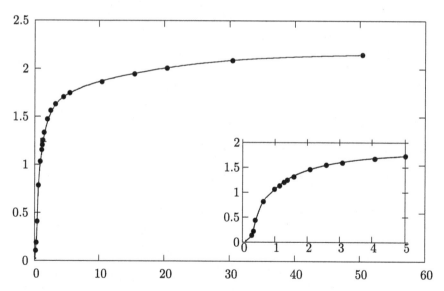

Abb. 11.5 Die Neukurve, dargestellt durch einen natürlichen kubischen Spline, im Inset ein Zoom in der Nähe des Nullpunktes

Satz 11.9

Für die Stützstellen (11.3) sei

$$h := \max_{0 \le i < N} |x_{i+1} - x_i|. \tag{11.24}$$

Sei $f \in C^4[a, b]$, und sei K der f in den Stützstellen (11.3) interpolierende kubische Spline mit den zusätzlichen Randbedingungen $K'(x_0) = f'(x_0)$, $K'(x_N) = f'(x_N)$. Dann gilt:

$$\max_{x \in [a,b]} |f(x) - K(x)| \le \frac{5h^4}{384} \cdot \max_{x \in [a,b]} |f^{(iv)}(x)|. \tag{11.25}$$

Der Faktor $\frac{5}{384}$ ist dabei nicht zu verbessern. Der entscheidende Punkt liegt wieder in der 4-ten Potenz des Stützstellenabstandes h. Genau die gleiche Potenz war auch für die Konvergenz der kubischen Hermite-Splines verantwortlich.

Übung 22

1. Berechnen Sie mit dem Algorithmus von Abschn. 11.7 jeweils den natürlichen kubischen Spline K, der

   (a) $f(x) = x^4$ in den Punkten $x_0 = -1$, $x_1 = 0$, $x_2 = 1$ interpoliert,

   (b) der folgenden Wertetabelle genügt:

x	-2	-1	0	1	2
$f(x)$	$0{,}2$	$0{,}5$	1	$0{,}5$	$0{,}2$

2. Bestimmen Sie den natürlichen kubischen Spline K, der die Sinusfunktion gemäß unten stehender (Näherungs-)Wertetabelle interpoliert, und berechnen Sie den Wert von K bei $x = 1$:

0	$\pi/6$	$2\pi/6$	$\pi/2$
0	$0{,}5$	$0{,}9$	1

Ausführliche Lösungen: https://www.springer.com/gp/book/9783662588314

CAD

12

Inhaltsverzeichnis

12.1   Punkte und Vektoren 192
12.2   Der de Casteljau-Algorithmus 194
12.3   Bernstein-Polynome und ihre grundlegenden Eigenschaften 196
12.4   Definition von Bézier-Kurven mit Bernstein-Polynomen........................... 198
12.5   Der Bernstein-Operator 200
12.6   Komonotone C^1-Interpolation 204
12.7   Komonotone C^2-Interpolation 215
12.8   Ebene Kurven und das Viertelkriterium... 217
12.9   Anwendungen 225
12.10 Ausgleich mit kubischen Splinefunktionen 229
12.11 Weitere Anwendungen 235

Im vorigen Kapitel haben wir Methoden kennen gelernt, wie eine große Zahl an Messdaten, die Anwender z. B. aus einem Experiment gewonnen haben, durch eine Kurve verbunden werden können. Häufig weiß der Anwender dabei bereits Genaueres über das zu erwartende Ergebnis. Vielleicht ist es eine Sättigungskurve, und schon ist klar, dass die zu suchende Kurve eine bestimmte Schranke nicht überschreiten darf. So schön die Interpolation mit Splinefunktionen sich anließ, versagt sie bei solchen Aufgaben doch allzu oft. Denn eine kubische Splinefunktion ist eben stückweise ein Polynom höchstens dritten Grades und verfügt demnach in jedem Teilintervall eventuell über einen Wendepunkt, der die Kurve wackelig erscheinen lässt. Ideal wäre es da, wenn z. B. bei Daten, die sich als monoton ergeben haben, auch die interpolierende Kurve wieder monoton wäre. Die gewöhnlichen polynomialen Splinefunktionen können dabei nicht helfen.

In diesem Kapitel entwickeln wir weitergehende Ansätze, um solche Probleme mit Hilfe eines Computers zu lösen.

Die Abkürzung CAD in der Überschrift dieses Kapitels bedeutet Computer Aided Design, also computerunterstützte Gestaltung. Dahinter verbirgt sich die Idee, am Computer eine Form entwickeln und verbessern zu können. Früher hat man dabei zum Beispiel in der Automobilindustrie ein neues Automodell aus Lehm gebaut.

© Springer-Verlag GmbH Deutschland, ein Teil von Springer Nature 2019
N. Herrmann, *Mathematik für Naturwissenschaftler,*
https://doi.org/10.1007/978-3-662-58832-1_12

Dann haben die Konstrukteure mit Spachteln an dem Modell herumgewerkelt. Anschließend hat man Wochen gebraucht, um das fertige Lehmmodell in einen Computer zu übertragen. Es wäre ja viel praktischer, wenn man gleich am Computer ohne Lehmpanscherei das Modell entwickeln könnte. Genau das geschieht mittels CAD.

In diesem Zusammenhang sind noch zwei weitere Abkürzungen geläufig, die wir der Vollständigkeit wegen kurz erwähnen. In der Differentialgeometrie haben Mathematiker schon seit langem Hilfsmittel entwickelt, um Kurven und Flächen durch Parametrisierung darzustellen. Dieses Einbeziehen der Geometrie in die Berechnung mit Computern heißt Computer Aided Geometric Design (CAGD).

Hat der Ingenieur jetzt das Modell am Computer fertig designed, so möchte man es direkt in die Werkhalle an die einzelnen Maschinen schicken, um das fertige Bauteil automatisch erstellen zu können. Das nennt man Computer Aided Manufactoring (CAM).

12.1 Punkte und Vektoren

Jetzt müssen wir ganz vorne anfangen, um die neue Methode der komonotonen Interpolation kennen zu lernen. Zunächst brauchen wir in dem Raum, wo wir alles betrachten wollen, ein Koordinatensystem. Da können wir willkürlich walten und schalten, allerdings sollte unsere freie Wahl nicht Eigenschaften unserer Objekte beeinflussen. Unser Vorgehen muss unabhängig vom Koordinatensystem sein.

Dann müssen wir zwischen Punkten und Vektoren unterscheiden.

- Vektoren sind Elemente des dreidimensionalen Vektorraums $\mathbb{R}^3$.
- Punkte sind Elemente des dreidimensionalen euklidischen Raums $\mathbb{E}^3$.

Wie wir wissen, können wir in einem Vektorraum Vektoren addieren und auch mit reellen Zahlen multiplizieren. Welche Operationen sind aber mit Punkten möglich? Nun, eine Addition macht offensichtlich keinen Sinn. Wir können aber Punkte koordinatenweise subtrahieren. Das Ergebnis ist ein Vektor:

$$\vec{v} = \vec{b} - \vec{a}, \quad \vec{a}, \vec{b} \in \mathbb{E}^3, \vec{v} \in \mathbb{R}^3.$$

Für die Addition können wir aber einen Ersatz anbieten, nämlich eine baryzentrische Kombination:

Definition 12.1
Unter einer baryzentrischen Kombination verstehen wir die gewichtete Summe von Punkten, wobei sich die Gewichte zu eins aufaddieren müssen:

$$\vec{b} = \sum_{j=0}^{n} \alpha_j \vec{b}_j, \quad \vec{b}_j \in \mathbb{E}^3 \quad mit \quad \sum_{j=0}^{n} \alpha_j = 1. \tag{12.1}$$

Hier sieht es so aus, als ob wir das, was wir gerade moniert haben, doch tun, nämlich Punkte zu addieren. Unsere Zusatzbedingung $\sum_{j=0}^{n} \alpha_j = 1$ führt uns aber auf den richtigen Weg:

$$\alpha_0 + \cdots + \alpha_n = 1 \iff \alpha_0 = 1 - \alpha_1 - \cdots - \alpha_n.$$

Damit lässt sich Gl. (12.1) folgendermaßen umbauen:

$$\vec{b} = (1 - \alpha_1 - \cdots - \alpha_n)\vec{b}_0 + \sum_{j=1}^{n} \alpha_j \vec{b}_j$$

$$= \vec{b}_0 + \sum_{j=1}^{n} \alpha_j \cdot (\vec{b}_j - \vec{b}_0)$$

Diese Gleichung macht Sinn, denn hier werden durch die Subtraktion zweier Punkte jeweils Vektoren erzeugt, die wir im Vektorraum mit Zahlen α_j multiplizieren dürfen. Danach dürfen wir sie addieren und am Schluss auch noch den Punkt $\vec{b}_0$ addieren. Die Summe ist damit ein Vektor. Zum Punkt $\vec{b}_0$ wird also ein Vektor addiert. Das Ergebnis bleibt damit ein Punkt. Diese baryzentrische Kombination ist also ein gewisser Ersatz für die Addition von Punkten.

Wir können aus Punkten auch wieder einen Vektor erzeugen. Bei der folgenden Summe

$$\vec{b} = \sum_{j=0}^{n} \alpha_j \vec{b}_j, \quad \vec{b}_j \in \mathbb{E}^3 \quad \text{mit} \quad \sum_{j=0}^{n} \alpha_j = 0 \tag{12.2}$$

müssen wir lediglich fordern, dass die Summe der Koeffizienten nicht 1, sondern 0 ergibt, wie wir es schon eingefügt haben. Dann gehen wir analog zu oben vor:

$$\alpha_0 + \cdots + \alpha_n = 0 \iff \alpha_0 = -\alpha_1 - \cdots - \alpha_n$$

Dann folgt:

$$\vec{b} = \sum_{j=0}^{n} \alpha_j \vec{b}_j$$

$$= \alpha_0 \vec{b}_0 + \sum_{j=1}^{n} \alpha_j \vec{b}_j$$

$$= (-\alpha_1 - \cdots - \alpha_n) \cdot \vec{b}_0 + \sum_{j=1}^{n} \alpha_j \vec{b}_j$$

$$= \sum_{j=1}^{n} \alpha_j \cdot (\vec{b}_j - \vec{b}_0)$$

In jedem Summanden steht die Differenz $\vec{b}_j - \vec{b}_0$ zweier Punkte, also ein Vektor. Der wird mit einer reellen Zahl α_j multipliziert, anschließend wird die ganze Summe gebildet. Somit entsteht ein Vektor.

12.2 Der de Casteljau-Algorithmus

Um später durch Verallgemeinerung zu Bézierkurven zu gelangen, beschreiben wir jetzt eine einfache Konstruktion zur Erzeugung einer Parabel (Abb. 12.1).
   Seien $\vec{b}_0, \vec{b}_1, \vec{b}_2$ drei beliebige Punkte im $\mathbb{E}^3$, $t \in \mathbb{R}$.
Wir bilden

(1) $\vec{b}_0^1 = (1 - t)\vec{b}_0 + t\vec{b}_1$
(2) $\vec{b}_1^1 = (1 - t)\vec{b}_1 + t\vec{b}_2$
(3) $\vec{b}_0^2 = (1 - t)\vec{b}_0^1 + t\vec{b}_1^1$

Werden (1) und (2) in (3) eingesetzt, so folgt

$$\vec{b}_0^2 = (1 - t)[(1 - t)\vec{b}_0 + t\vec{b}_1] + t[(1 - t)\vec{b}_1 + t\vec{b}_2]$$
$$= (1 - t)^2\vec{b}_0 + 2t(1 - t)\vec{b}_1 + t^2\vec{b}_2. \tag{12.3}$$

Bezüglich der Variablen t ist das eine quadratische Gleichung und daher graphisch Teil einer Parabel. Wenn t von $-\infty$ bis ∞ läuft, durchläuft $\vec{b}_0^2$ eine vollständige Parabel, die wir $\vec{b}^2$ nennen.
   Dieses Schema können wir leicht auf die Konstruktion polynomialer Kurven mit beliebigem Grad n verallgemeinern.

Abb. 12.1 Parabelkonstruktion
für $t = 0{,}4$

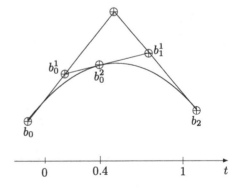

Definition 12.2
de Casteljau-Algorithmus

$$Gegeben: \vec{b}_0, \vec{b}_1, \ldots, \vec{b}_n \in \mathbb{E}^3, \quad t \in \mathbb{R}$$
$$Setze: \vec{b}_i^0 = \vec{b}_i, \quad i = 0, 1, \ldots, n$$
$$\vec{b}_i^r = (1 - t)\vec{b}_i^{r-1} + t\vec{b}_{i+1}^{r-1}, \quad f\ddot{u}r \, r = 1, \ldots, n,$$
$$i = 0, \ldots, n - r. \qquad (12.4)$$

Die Zwischenpunkte können wir in einer Dreiecksmatrix von Punkten, dem de Casteljau-Schema, anordnen.

$$
\begin{array}{lllll}
\vec{b}_0 & & & & \\
\vec{b}_1 & \vec{b}_0^1 & & & \\
\vec{b}_2 & \vec{b}_1^1 & \vec{b}_0^2 & & \\
\vec{b}_3 & \vec{b}_2^1 & \vec{b}_1^2 & \vec{b}_0^3 & \\
\vdots & \vdots & \vdots & \vdots & \ddots \\
\vec{b}_n & \vec{b}_{n-1}^1 & \vec{b}_{n-2}^2 & \vec{b}_{n-3}^3 & \cdots & \vec{b}_0^n
\end{array}
\qquad (12.5)
$$

Wie wir aus (12.4) sehen, können wir die einzelnen Punkte des Schemas sehr leicht berechnen.

Definition 12.3
Wenn t von $-\infty$ bis ∞ läuft, erzeugt $\vec{b}_0^n$ eine Parabel n-ter Ordnung, die wir $\vec{b}^n$ nennen. Diese Kurve nennen wir Bézier-Kurve n-ter Ordnung.
Die Punkte $\vec{b}_0, \vec{b}_1, \ldots, \vec{b}_n \in \mathbb{E}^3$ heißen ihre Kontrollpunkte.
Das Polygon P, welches durch die Kontrollpunkte $\vec{b}_0, \vec{b}_1, \ldots, \vec{b}_n$ beschrieben wird, heißt Kontrollpolygon der Kurve $\vec{b}^n$.

Eine kleine Bemerkung zur Benennung „Kontrollpunkte". Das englische Wort to control bedeutet: etwas überwachen, lenken, steuern, kann dann auch mit kontrollieren übersetzt werden, das aber im Sinne der anderen Begriffe. Eigentlich sollten wir also „Steuerungspunkte" sagen. Und in der Tat, wir werden sehen, dass wir mit der Wahl dieser Punkte die Form der Kurve beeinflussen können, wir können die Form steuern, nicht kontrollieren im Sinne eines Passkontrolleurs. Wir folgen hier aber der allgemeinen Gepflogenheit.

Der Fall einer kubischen Kurve ($n = 3$) ist für $t = 0,6$ in der Abb. 12.2 dargestellt.

Für $t = 0,6$ haben wir auf den Ausgangsseiten $\overline{\vec{b}_0, \vec{b}_1}$, $\overline{\vec{b}_1, \vec{b}_2}$ und $\overline{\vec{b}_2, \vec{b}_3}$ die Punkte $\vec{b}_0^1, \ldots, \vec{b}_2^1$ bestimmt und die neuen Strecken $\overline{\vec{b}_0^1, \vec{b}_1^1}$ und $\overline{\vec{b}_1^1, \vec{b}_2^1}$ eingezeichnet. Anschließend wurde diese Konstruktion ein zweites und ein drittes Mal wiederholt, bis zum Schluss der Punkt $\vec{b}_0^3$ entstand. Dieser ist der Punkt der Bézier-Kurve zum Parameterwert $t = 0,6$. Die letzte Gerade ist die Tangente an die Kurve in diesem Punkt.

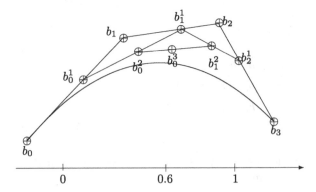

Abb. 12.2 Geometrische Konstruktion einer Bezierkurve für $n = 3$ für $t = 0,6$

12.3   Bernstein-Polynome und ihre grundlegenden Eigenschaften

Oben haben wir Bézier-Kurven mit dem Algorithmus von de Casteljau beschrieben. Jetzt werden wir Bézier-Kurven mit Hilfe von Bernstein-Polynomen (Serge N. Bernstein (1880–1968) erklären. Wir werden sehen, dass sich dieselben Kurven ergeben.

Definition 12.4
Bernstein-Polynome *sind folgendermaßen definiert:*

$$B_i^n(t) = \binom{n}{i} t^i (1 - t)^{n-i} \tag{12.6}$$

Im Folgenden spielen die Binomial-Koeffizienten eine wichtige Rolle. Wir wiederholen daher kurz ihre Definition.

Definition 12.5
Die Binomial-Koeffizienten $\binom{n}{i}$ sind für alle natürlichen Zahlen n und i (sogar für $n \in \mathbb{R}$) definiert, und es gilt:

$$\binom{n}{i} = \begin{cases} \dfrac{n!}{i!(n-i)!} & : \quad 0 \le i \le n \\ 0 & : \quad 0 \le n < i \end{cases} \tag{12.7}$$

Bernstein-Polynome haben mehrere für die Entwicklung von Bézier-Kurven sehr wichtige Eigenschaften, die wir im folgenden Satz zusammenfassen.

Satz 12.1 (Eigenschaften der Bernstein-Polynome)
Bernstein-Polynome besitzen
folgende Eigenschaften:

1. *Das erste Bernstein-Polynom ist eine Konstante:*

$$B_0^0(t) \equiv 1 \tag{12.8}$$

2. *Bernstein-Polynome genügen folgender Rekursionsgleichung:*

$$B_i^n(t) = (1 - t)B_i^{n-1}(t) + t B_{i-1}^{n-1}(t) \tag{12.9}$$

3. *Es gilt*

$$B_i^n(t) \equiv 0 \quad \text{für } i \notin \{0, \ldots, n\} \tag{12.10}$$

4. *Bernstein-Polynome bilden eine* **Partition der Eins,** *es gilt also*

$$\sum_{j=0}^{n} B_j^n(t) \equiv 1 \tag{12.11}$$

5. *Die Bernsteinpolynome* B_i^n, $n > 0$ *haben auf dem Intervall* $(0, 1)$ *genau ein Maximum. Es liegt bei*

$$x = \frac{i}{n}.$$

Die Bernstein-Polynome können selbstverständlich durch die lineare Transformation

$$t = \frac{x - a}{b - a}$$

auf ein beliebiges Intervall $[a, b]$ übertragen werden. Für $t = 0$ ergibt sich $x = a$ und für $t = 1$ folgt $x = b$. Durchläuft t das Intervall $[0, 1]$, so durchläuft x das Intervall $[a, b]$.

Definition 12.6
Die **verallgemeinerten Bernstein-Polynome** *lauten*

$$B_i^n(x) = \frac{1}{(b - a)^n}\binom{n}{i}(x - a)^i(b - x)^{n-i} \quad i = 0, \ldots, n, \quad x \in [a, b]. \tag{12.12}$$

Die folgende Eigenschaft beweisen wir gleich für die verallgemeinerten Bernstein-Polynome.

Satz 12.2
Sei $x \in (a, b)$ *mit* $a, b \in \mathbb{R}$ *und* $a < b$, $n \in \mathbb{N}_{>0}$ *und* $i = 0, \ldots, n$. *Dann gilt stets:*

$$B_i^n(x) > 0. \tag{12.13}$$

Beweis Für $n = 0$ ist nichts zu zeigen, da $B_0^0(t) \equiv 1$ ist.

Für $n > 0$ erhalten wir:

$$B_i^n(x) = \underbrace{\frac{1}{(b-a)^n}}_{>0} \binom{n}{i} \underbrace{(x-a)^i}_{>0} \underbrace{(b-x)^{n-i}}_{>0} > 0.$$

$\square$

Satz 12.3
Die B_i^n bilden für jedes vorgegebene $n \in \mathbb{N}$ eine Basis des Polynomraums $\mathbb{P}_n$ aller Polynome vom Grad kleiner oder gleich n.

12.4 Definition von Bézier-Kurven mit Bernstein-Polynomen

Die oben eingeführten Bernstein-Polynome mit ihren Eigenschaften können wir nun heranziehen, um die Bézier-Kurven zu beschreiben.

Dazu zeigen wir zuerst, dass die Punkte $\vec{b}_i^r$ durch Bernstein-Polynome vom Grad r ausgedrückt werden können.

Satz 12.4
Die in Definition 12.3 eingeführten Punkte lassen sich folgendermaßen durch Bernstein-Polynome ausdrücken:

$$\vec{b}_i^r(t) = \sum_{j=0}^{r} \vec{b}_{i+j} B_j^r(t), \quad r = 0, \ldots, n, \ i = 0, \ldots, n-r \qquad (12.14)$$

Damit können wir unmittelbar den Bogen zu den Bézier-Kurven schlagen. Für $r = n$ und $i = 0$ erhält man nämlich aus Gl. (12.14) folgende Darstellungsformel:

Satz 12.5
Eine Bézier-Kurve ist eine baryzentrische Kombination aus den Kontrollpunkten $\vec{b}_i$ und den Bernstein-Polynomen $B_j^n(t)$. In einer Formel ausgedrückt, lautet dies:

$$\vec{b}_0^n(t) = \vec{b}^n(t) = \sum_{j=0}^{n} \vec{b}_j B_j^n(t) \qquad (12.15)$$

Diese Gleichung stellt den de Casteljau-Punkt auf der Kurve dar. Für $t \in (-\infty, \infty)$ wird die entsprechende Kurve vom Grad n durchlaufen.

Der folgende Satz wird sich bei der Interpolation als sehr wertvoll erweisen, weil wir damit die Endpunkte erreichen. Das sind in Anwendungen häufig fest vorgegebene Punkte.

Satz 12.6

Die Bézier-Kurve verläuft durch die Kontrollpunkte $\vec{b}_0$ und $\vec{b}_n$. Genauer heißt das:

$$\vec{b}^n(0) = \vec{b}_0 \text{ und } \vec{b}^n(1) = \vec{b}_n$$

Weil der Satz wichtig ist und weil der Beweis nicht schwierig ist, wollen wir ihn hier anführen.

Beweis Sei $\delta_{i,j} = \left\{ \begin{array}{l} 1, \text{wenn } i = j \\ 0, \text{wenn } i \neq j \end{array} \right\}$ das Kronecker-Symbol. Dann gilt zunächst einmal für die Bernstein-Polynome:

$$B_j^n(0) = \binom{n}{j} 0^j (1 - 0)^{n-j} = \frac{n!}{j!(n-j)!} 0^j = \delta_{j,0}$$

$$B_j^n(1) = \binom{n}{j} 1^j (1 - 1)^{n-j} = \binom{n}{j} 0^{n-j} = \delta_{j,n}$$

Dabei haben wir natürlich die Festlegung

$$0^0 := 1$$

beachtet. Nutzt man diese beiden Identitäten aus, so erhält man mit Gl. (12.15):

$$\vec{b}^n(0) = \sum_{j=0}^{n} \vec{b}_j B_j^n(0) = \sum_{j=0}^{n} \vec{b}_j \delta_{j,0} = \vec{b}_0$$

$$\vec{b}^n(1) = \sum_{j=0}^{n} \vec{b}_j B_j^n(1) = \sum_{j=0}^{n} \vec{b}_j \delta_{j,n} = \vec{b}_n$$

$\square$

Der nächste Satz enthält einen ersten Hinweis auf die Formerhaltung, die wir ja anstreben.

Satz 12.7

Liegen die Kontrollpunkte auf einer Geraden, so ist die Bézier-Kurve gleich der Geraden, es gilt also

$$\sum_{j=0}^{n} \frac{j}{n} B_j^n(t) = t \quad \text{für } t \in [0, 1]. \tag{12.16}$$

Der Beweis ist recht technisch, bietet aber keine neue Erkenntnis, also lassen wir ihn beiseite.

12.5   Der Bernstein-Operator

Mit Hilfe der Bernstein-Polynome bilden wir den Bernstein-Operator, der jeder stetigen Funktion f eine Linearkombination aus Bernstein-Polynomen zuordnet.

Definition 12.7

$$B_n : \begin{cases} C([0,1]) \longrightarrow P^n \\ B_n f(x) := \sum_{i=0}^{n} f\left(\frac{i}{n}\right) \binom{n}{i} x^i (1-x)^{n-i} \ (=: B(x; f, n)) \end{cases} \qquad (12.17)$$

heißt der n-te **Bernstein-Approximationsoperator.**

Auch hier ist eine Transformation auf ein beliebiges Intervall $[a, b]$ möglich.

Definition 12.8
Wir definieren den n-ten **Bernstein-Approximationsoperator** *für ein beliebiges Intervall durch*

$$B_n f(x) = \frac{1}{(b-a)^n} \sum_{i=0}^{n} f\left(a + \frac{i(b-a)}{n}\right) \binom{n}{i} (x-a)^i (b-x)^{n-i}, \ x \in [a, b], \ n \in \mathbb{N}$$

$$(12.18)$$

Eine erste wichtige Aussage über den Bernstein-Approximationsoperator betrifft seine Beschränktheit.

Satz 12.8
Sei eine auf $[0, 1]$ beschränkte Funktion f gegeben, so ist $B_n f$ ebenfalls beschränkt und hat sogar dieselben Schranken:

$$m \le f(x) \le M \ \forall x \in [0, 1] \quad \Rightarrow \quad m \le B_n f(x) \le M \ \forall x \in [0, 1]$$

Um weitere Eigenschaften der Bernstein Operatoren kennenzulernen, wird zunächst der Begriff „positiver Operator" definiert.

Definition 12.9
*Sei $f \in C([a, b])$, $a, b \in \mathbb{R}$ und $a < b$. Dann wird ein Operator A **positiv** genannt, wenn gilt*

$$f \ge 0 \ auf \ [a, b] \Rightarrow Af \ge 0 \ auf \ [a, b]. \qquad (12.19)$$

Nun können wir folgende Eigenschaft zeigen:

Satz 12.9

Die Bernstein-Operatoren B_n sind positiv.

Beweis Der Beweis ergibt sich unmittelbar aus Satz 12.8, wenn wir $m = 0$ wählen; denn dann folgt

$$0 \le f(x) \quad \Longrightarrow \quad 0 \le B_n f(x).$$

$\square$

Ein erstaunlicher Satz für positive Operatoren ist der Satz von Korrovkin, den wir hier ohne den recht aufwendigen Beweis angeben.

Satz 12.10 (Korrovkin)

Sei (A_n) eine Folge positiver Operatoren auf $C([a, b])$ und seien die Funktionen f_k, $k = 0, 1, 2$ folgendermaßen definiert:

$$f_0(x) := 1, \quad f_1(x) := x, \quad f_2(x) := x^2.$$

Dann gilt:

$$Aus \ A_n f_k \overset{n \to \infty}{\longrightarrow} f_k, \ k = 0, 1, 2 \ folgt \ A_n f \overset{n \to \infty}{\Longrightarrow} f \quad \forall f \in C([a, b]).$$

Dabei bedeutet der einfache Pfeil die punktweise Konvergenz, der doppelte Pfeil dagegen die gleichmäßige Konvergenz. Eine exakte Definition dieser beiden Begriffe wollen wir hier nicht geben. Sie sind auch für die weiteren Ausführungen nicht erforderlich. Interessenten können in der Spezialliteratur zur „Analysis" Einzelheiten nachlesen. Wir wollen lediglich versuchen, den wesentlichen Unterschied beider Konvergenzbegriffe zu erläutern. Der Begriff der punktweisen Konvergenz ist lokal, eben punktweise. In jedem Punkt kann Konvergenz nachgewiesen werden. „Gleichmäßig" hingegen ist ein globaler Begriff, der sich auf das ganze Definitionsgebiet der Funktionenfolge bezieht. Man kann mit ein und derselben Voraussetzung in allen Punkten des Definitionsgebietes Konvergenz nachweisen. Das schließt z. B. aus, dass am Rand des Definitionsgebietes ein Pol der Grenzfunktion vorliegt.

Korrovkin sagt also: Konvergiert $A_n f_k$ für $n \to \infty$ und $k = 0, 1, 2$ punktweise gegen f_k, so konvergiert $A_n f$ gleichmäßig gegen f.

Die recht schwache Voraussetzung der punktweisen Konvergenz wird dabei nur von den ersten drei Polynomfunktionen verlangt. Dann ergibt sich bereits die starke gleichmäßige Konvergenz aller stetigen Funktionen, eine Folgerung aus der Positivität der Operatoren.

Mit Hilfe dieses Satzes lässt sich ziemlich leicht der Satz von Bernstein beweisen.

Satz 12.11 (Bernstein)
Sei B_n der n-te Bernsteinsche Approximationsoperator, dann gilt

$$B_n f \stackrel{n \to \infty}{\Longrightarrow} f,$$

d. h. $B_n f$ konvergiert für n gegen ∞ auf $[a, b]$ gleichmäßig gegen f.

Auch für den Satz von Bernstein ist die Transformation auf ein beliebiges Intervall $[a, b]$ möglich. Nach Koordinatentransformation verläuft der Beweis analog, allerdings mit etwas mehr Schreibarbeit. Wir lassen ihn daher weg.

Der folgende Satz spielt eine ganz wesentliche Rolle bei unseren weiteren Überlegungen, sichert er doch die Interpolation jeweils in den Endpunkten der Teilintervalle. Einen Vorgeschmack haben wir ja schon im Satz 12.6 erhalten, wo wir die Endpunktinterpolation der Bézier-Kurven gezeigt haben. Hier jetzt die analoge Aussage für Bernsteinoperatoren.

Satz 12.12 (Randpunktinterpolation)
Es gilt

$$B(a; f, n) = f(a) \quad und$$
$$B(b; f, n) = f(b).$$

Die Formerhaltung der Bernstein-Operatoren

Wir beginnen unsere Untersuchung mit der Frage der Monotonieerhaltung.

Definition 12.10
Seien $a, b \in \mathbb{R}$ und $f : [a, b] \to \mathbb{R}$ gegeben. Falls gilt

$$x_1 < x_2 \Longrightarrow f(x_1) \leq f(x_2) \forall x_1, x_2 \in [a, b], \tag{12.20}$$

*dann heißt f **monoton wachsend**. Analog nennen wir eine Funktion **monoton fallend**, wenn gilt:*

$$x_1 < x_2 \Longrightarrow f(x_1) \geq f(x_2) \quad \forall x_1, x_2 \in [a, b], \tag{12.21}$$

Der nächste Satz gibt uns mit Hilfe der Ableitung ein handliches Kriterium, wie man die Monotonie einer Funktion überprüfen kann.

Satz 12.13 (Monotoniekriterium)
Sei $[a, b]$ ein Intervall, $f : [a, b] \to \mathbb{R}$. Ist $f : [a, b] \to \mathbb{R}$ stetig und in allen inneren Punkten des Intervalls differenzierbar, so gilt:

Ist $f'(x) \geq 0$ ($f'(x) \leq 0$) in allen inneren Punkten $x \in (a, b)$, so ist f monoton steigend (monoton fallend).

Da dieser Satz wohlbekannt ist, verzichten wir auf den Beweis und kommen gleich zur Anwendung auf den Bernstein-Operator.

Satz 12.14
Sei $f \in C([a, b])$ gegeben. Ist f auf (a, b) stetig differenzierbar, dann gilt

$$f \text{ monoton} \implies B_n f \text{ monoton}.$$

Wenn also eine monotone Funktion mit einem Bernstein-Operator abgebildet wird, so ist die Bildfunktion ebenfalls monoton. Der Beweis ergibt sich aus der Positivität der Bernsteinoperatoren, angewandt auf die Funktion f'.

Wir beschränken uns hier auf das offene Intervall (a, b), um nicht am Rand des Intervalls mit einseitigen Ableitungen hantieren zu müssen.

In ähnlicher Weise behandeln wir nun die Frage nach der Erhaltung der Konvexität und der Konkavität.

Definition 12.11
Seien $a, b \in \mathbb{R}$ und $f : [a, b] \to \mathbb{R}$ gegeben. Falls für alle $x_1, x_2 \in [a, b]$ und für alle $q \in (0, 1)$ gilt:

$$f\left((1 - q)x_1 + q x_2\right) \leq (1 - q)f(x_1) + qf(x_2), \qquad (12.22)$$

so heißt f **konvex.**
Gilt andererseits

$$f\left((1 - q)x_1 + q x_2\right) \geq (1 - q)f(x_1) + qf(x_2), \qquad (12.23)$$

so nennen wir f **konkav.**

Wiederum können wir mit Hilfe der Differenzierbarkeit einer Funktion ein leicht anwendbares Kriterium dafür angeben, dass diese Funktion konvex ist:

Satz 12.15 (Konvexitätskriterium)
Sei $[a, b]$ ein Intervall, $f : [a, b] \to \mathbb{R}$. Ist $f : [a, b] \to \mathbb{R}$ zweimal differenzierbar in (a, b), so gilt:
Ist $f''(x) \geq 0$ ($f''(x) \leq 0$) in allen inneren Punkten $x \in (a, b)$, so ist f konvex (konkav).

Damit ist es nun wiederum nicht schwer, die Erhaltung der Konvexität bzw. der Konkavität des Bernstein-Operators zu zeigen.

Satz 12.16

Sei $f \in C([a, b])$ gegeben. Ist f auf dem Intervall (a, b) zweimal stetig differenzierbar, dann gilt:

$$f \text{ konvex (konkav)} \implies B_n f \text{ konvex (konkav)}$$

Also erhält der Bernstein-Operator nicht nur die Monotonie, sondern auch die Konvexität bzw. Konkavität.

12.6 Komonotone C^1-Interpolation

Jetzt nähern wir uns in großen Schritten unserer angestrebten formerhaltenden Interpolation. Angenommen, es seien Paare von Messdaten gegeben, die bezüglich der Abszisse der Größe nach geordnet sind:

$$D := \{(x_i, y_i) \in \mathbb{R}^2, \quad i = 0, \dots, N, \quad x_{i-1} < x_i \ (i = 1, \dots, N)\} \qquad (12.24)$$

Dazu wird nun eine Interpolationsfunktion $s : [x_0, x_N] \to \mathbb{R}$ gesucht, die die vorgegebenen Daten so interpoliert, dass eine in den Daten vorhandene Monotonie erhalten bleibt. Eine solche Funktion werden wir komonoton nennen.

Definition 12.12

Sei $s \in C^1[x_0, x_N]$ eine die gegebenen Daten D interpolierende Funktion, also mit $s(x_i) = y_i \ (i = 0, \dots, N)$.

*Dann heißt s **komonoton** bezüglich der Datenmenge D, wenn mit dem Differenzenquotienten*

$$m_i := \frac{y_i - y_{i-1}}{x_i - x_{i-1}} \quad (i = 1, \dots, N)$$

gilt:

$$\forall x \in (x_{i-1}, x_i) : s'(x) \cdot m_i > 0 \quad \text{für } m_i \neq 0$$
$$\forall x \in [x_{i-1}, x_i] : \qquad s'(x) = 0 \quad \text{für } m_i = 0.$$

Ist also der Differenzenquotient nicht Null, so verlangen wir, dass die Steigung $s'(x)$ der Interpolierenden s und der Differenzenquotient m_i das gleiche Vorzeichen haben. Das bedeutet, dass die Interpolierende im ganzen Teilintervall monoton steigt ($s'(x) > 0$), wenn die Daten monoton steigen ($m_i > 0$) bzw. monoton fällt ($s'(x) < 0$), wenn die Daten monoton fallen ($m_i < 0$). Wenn dagegen der Differenzenquotient verschwindet, die Daten demnach gleiche Ordinaten haben, so möge die Interpolierende in diesem Intervall parallel zur x-Achse verlaufen. So erklärt sich der Name „komonoton".

Dem folgenden Algorithmus liegt die Idee zugrunde, zunächst eine stückweise lineare und komonotone Hilfsfunktion l auf $[x_0, x_N]$ zu konstruieren, die die Daten interpoliert:

$$l \in S_1^0[x_0, x_N] := \{l \in C[x_0, x_N] : l \in \mathbb{P}_1, x \in [t_{j-1}, t_j], j = 1, \ldots, 2N + 1\}$$
(12.25)

Mit $\mathbb{P}_k$ bezeichnen wir wie schon früher die Menge der Polynome vom Grad kleiner oder gleich k, $k \in \mathbb{N}$.

Diese wird anschließend mit dem Bernstein-Operator dritten Grades derart abgebildet, dass eine kubische C^1-Spline-Funktion s entsteht, die bezüglich D komonoton ist:

$$s \in S_3^1[x_0, x_N] := \{s \in C^1[x_0, x_N] : s \in \mathbb{P}_3, x \in [x_{i-1}, x_i], i = 1, \ldots, N\}$$
(12.26)

Zunächst wollen wir den Algorithmus vorstellen, mit dem eine komonotone Interpolation ermöglicht wird. Dabei werden in Schritt $\boxed{2}$ Hilfsknoten t_j ($j = 0, \ldots, 2N + 1$) eingeführt, die jedes Teilintervall äquidistant zerlegen. Dies ist für die Anwendung des Bernstein-Operators notwendig. Anschließend zeigen wir im Abschn. 12.6, dass alle Anforderungen erfüllt sind. In Satz 12.21 werden wir einen alternativen Algorithmus vorstellen, bei dem die Hilfsfunktion $\tilde{l}$ nicht mehr komonoton mit den Daten D ist. Trotzdem erfüllt der Algorithmus die Bedingungen der Interpolation und der Komonotonie ebenfalls. Man kann also die einschränkende Konstruktion der Hilfsfunktion etwas abschwächen.

Der Algorithmus

$\boxed{1}$ Vorgabe der Datenmenge D, vgl. (12.24)

$\boxed{2}$ Konstruktion der Hilfsknoten t_j, $j = 0, \ldots, 2N + 1$

$$r_i := \frac{x_i - x_{i-1}}{3} \quad (i = 1, \ldots, N)$$
$$t_0 := x_0$$
$$t_{2i-1} := x_{i-1} + r_i \quad (i = 1, \ldots, N)$$
$$t_{2i} := x_i - r_i \quad (i = 1, \ldots, N)$$
$$t_{2N+1} := x_N$$

$\boxed{3}$ Berechnung der Differenzenquotienten

$$m_i := \frac{y_i - y_{i-1}}{x_i - x_{i-1}} \quad (i = 1, \ldots, N)$$

4 | Bestimmung der stückweise linearen komonotonen Funktion l

a) $l(x_i) := y_i \quad (i = 0, \ldots, N)$
b) $l'(x_i) := d_i \quad (i = 1, \ldots, N-1)$

$$\text{mit } d_i := \begin{cases} 0 & \text{für} \quad m_i \cdot m_{i+1} \leq 0 \\ \dfrac{m_i}{m_{i+1}} \cdot \dfrac{3m_{i+1} - m_i}{2} & \text{für } 0 < |m_i| \leq |m_{i+1}| \\ \dfrac{m_{i+1}}{m_i} \cdot \dfrac{3m_i - m_{i+1}}{2} & \text{für} \quad |m_i| > |m_{i+1}| \end{cases}$$

c) $d_0 := 2m_1 - d_1$
$\quad d_N := 2m_N - d_{N-1}$

Mit diesen Werten werden in den Zwischenintervallen $[t_{2i}, t_{2i+1}]$ lineare Funktionen $l_i := l|_{[t_{2i}, t_{2i+1}]}$ mit Hilfe der Punkt-Steigungs-Form bestimmt:

$$l_i := d_i(x - x_i) + y_i \tag{12.27}$$

5 | Berechnung der Funktionswerte an den Hilfsknoten

$$l_0(t_1), l_i(t_{2i}), l_i(t_{2i+1}), l_N(t_{2N}) \quad (i = 1, \ldots, N-1) \tag{12.28}$$

6 | Abbildung des zusammengesetzten linearen Splines l mit dem Bernstein-Operator

$$B_3 l(x) = s \in S_1^3 \tag{12.29}$$

Diese Abbildung erfolgt stückweise und wird jeweils für ein Intervall $[x_{i-1}, x_i]$ $(i = 1, \ldots, N)$ durchgeführt.

Beispiel 12.1
Die einzelnen Schritte sind in den Abb. 12.3, 12.4 und 12.5 dargestellt.

1. Folgende Datenmenge D sei vorgegeben:

i	0	1	2	3	4
x_i	1	4	5	8	12
y_i	0	1	3	3	1

2. Bei der Konstruktion der Hilfsknoten wird jedes Intervall gedrittelt:

i	0	1	1	2	2	3	3	4	4	4
j	0	1	2	3	4	5	6	7	8	9
t_j	1,000	2,000	3,000	4,333	4,667	6,000	7,000	9,333	10,667	12,000

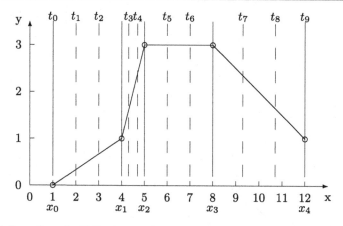

Abb. 12.3 Darstellung der Differenzenquotienten und Hilfsknoten t_j

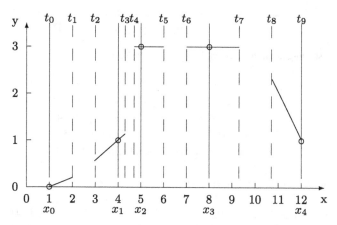

Abb. 12.4 Darstellung der stückweise linearen Hilfsfunktion, die fehlenden Stücke müssen nicht berechnet werden

3. Die Differenzenquotienten:

i	1	2	3	4
m_i	0,333	2,000	0,000	−0,500

4. Stückweise lineare komonotone Funktion l, $l_i = d_i \cdot x + b_i$:

i	0	1	2	3	4
d_i	0,194	0,472	0,000	0,000	−1,000
b_i	−0,194	−0,888	3,000	3,000	13,000

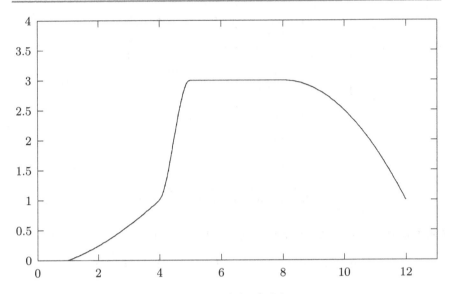

Abb. 12.5 Darstellung der komonotonen Interpolationsfunktion

5. Hilfsfunktionswerte:

i	0	1	2	3	4
$l_i(t_{2i})$	0,000	0,528	3,000	3,000	2,333
$l_i(t_{2i+1})$	0,194	1,157	3,000	3,000	1,000

6. Stückweise definierte Interpolierende:

$$\begin{aligned}
s_1 &= 0,046x^2 + 0,102x - 0,148 && in\ [1,4] \\
s_2 &= -3,528x^3 + 47,389x^2 - 209,306x + 305,77 && in\ [4,5] \\
s_3 &= 3,000 && in\ [5,8] \\
s_4 &= -0,125x^2 + 2x - 5 && in\ [8,12]
\end{aligned}$$

Sätze und Beweise zum Algorithmus

Weil wir diesen Algorithmus hier zum ersten Mal in einem Textbuch schildern, wollen wir nicht versäumen, die Aussagen jeweils zu beweisen. Wer lediglich an der Anwendung interessiert ist, mag diesen Abschnitt getrost überschlagen.

Satz 12.17
Die im Algorithmus 12.6 konstruierte lineare Hilfsfunktion l ist eindeutig bestimmt.

Beweis Das ist ziemlich klar, denn nach dem Algorithmus haben wir in jedem Teilintervall den Anfangspunkt $l(x_i) = y_i$ und die Anfangssteigung $l'(x_i) = d_i$ gegeben. Dadurch ist eine lineare Funktion festgelegt. □

Satz 12.18
Die im Algorithmus 12.6 konstruierte lineare Spline-Funktion l ist komonoton bezüglich der in (12.24) vorgegebenen Datenmenge D.

Beweis Wir betrachten lediglich den Fall, dass die Daten monoton steigen. Im Fall monoton fallender Daten lässt sich der Beweis wörtlich übertragen, wenn man die Daten an der Abszissenachse spiegelt.

Sei also $m_i \geq 0$ $\forall i$. Wir werden dann zeigen, dass auch die Steigung von l nichtnegativ ist.

Da die Steigungen d_i der linearen Spline-Funktion in den Randintervallen und den inneren Intervallen unterschiedlich bestimmt werden, muss die Komonotonie für beide Fälle gesondert gezeigt werden.

1. Innere Intervalle
Im Teilintervall $[x_{i-1}, t_{2i-1}]$ muss d_{i-1}, im Teilintervall $[t_{2i}, x_i]$ muss d_i betrachtet werden.
Betrachtung von d_i:

a) $m_i = m_{i+1}:$ $\quad 0 \leq d_i = \dfrac{m_i}{m_{i+1}} \cdot \left(\dfrac{3m_{i+1} - m_i}{2} \right) = \dfrac{2m_i}{2} = m_i < \dfrac{3}{2} m_i$

b) $m_i > m_{i+1}:$ $\quad 0 \leq d_i = \dfrac{m_{i+1}}{m_i} \cdot \left(\dfrac{3m_i - m_{i+1}}{2} \right) < \dfrac{3}{2} m_i$

c) $m_i < m_{i+1}:$ $\quad 0 \overset{(1)}{\leq} d_i = \dfrac{m_i}{m_{i+1}} \cdot \left(\dfrac{3m_{i+1} - m_i}{2} \right) = \dfrac{m_i}{2} \cdot \left(3 - \dfrac{m_i}{m_{i+1}} \right) \overset{(2)}{<}$ $\dfrac{3}{2} m_i$

Damit liegt die Steigung von l_i in allen Fällen im Intervall $[0, \frac{3}{2} m_i)$.
Die Abschätzung läuft für d_{i-1} analog, indem m_{i+1} durch m_{i-1} ersetzt wird und d_{i-1} ebenfalls auf $\frac{3}{2} m_i$ vergrößert wird.

Mit Hilfe dieser Abschätzungen erhält man ein Band, in dem die Hilfsfunktion l_i liegen kann. Abb. 12.6 zeigt die monotone Steigung in den Intervallen $[x_{i-1}, t_{2i-1}]$ und $[t_{2i}, x_i]$. Dadurch sind der Endpunkt $l_{i-1}(t_{2i-1})$ von l_{i-1} im Intervall $[x_{i-1}, t_{2i-1}]$ und der Anfangspunkt $l_i(t_{2i})$ von l_i festgelegt, und es ergibt sich das Band im Intervall $[t_{2i-1}, t_{2i}]$, das ebenfalls nur nichtnegative Steigungen zulässt. Die über den Ungleichheitszeichen befindlichen Ziffern im obigen Fall (c) weisen auf Bereiche hin, die wir in der Skizze angedeutet haben.

2. Randintervalle
Der Beweis führen wir exemplarisch für das Anfangsintervall $[x_0, x_1]$, das Endintervall $[x_{N-1}, x_N]$ verhält sich symmetrisch dazu. In diesem Fall ergeben sich verschiedene Monotoniebereiche, in denen sich Konvexität ($m_1 \leq m_2$) bzw. Konkavität ($m_1 > m_2$) der vorgegebenen Daten schon andeuten.

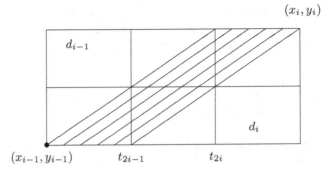

Abb. 12.6 Komonotoniebereich im Fall nichtnegativer Steigungen für innere Intervalle

a) $m_1 > m_2 \geq 0$

   i. Abschätzung nach oben: $d_0 \overset{Def.}{=} 2m_1 - d_1 \overset{(1)}{\leq} 2m_1$

   ii. Abschätzung nach unten:

      da $m_1 > m_2 \geq 0$, gilt mit $m_2 - m_1 < 0$:

$$
\begin{aligned}
(m_1 - m_2)^2 &> m_1(m_2 - m_1) \\
\Leftrightarrow \quad m_1^2 + m_2^2 - 2m_1m_2 &> m_1m_2 - m_1^2 \\
\Leftrightarrow \quad 2m_1^2 &> 3m_1m_2 - m_2^2 \\
\Leftrightarrow \quad m_1^2 &> m_2\left(\tfrac{3m_1 - m_2}{2}\right) \\
\Leftrightarrow \quad m_1 &\overset{(3)}{>} \tfrac{m_2}{m_1}\left(\tfrac{3m_1 - m_2}{2}\right) \\
&= d_1
\end{aligned}
$$

$$
\Rightarrow \quad d_0 = 2m_1 - d_1 \overset{(2)}{>} 2m_1 - m_1 = m_1
$$

b) $0 < m_1 \leq m_2$

   i. Abschätzung nach oben:
$$
d_0 = 2m_1 - d_1 = 2m_1 - \frac{m_1}{m_2}\cdot\frac{3m_2 - m_1}{2} \overset{(4)}{\leq} 2m_1 - \frac{m_1}{m_2}\cdot\frac{2m_2}{2} = m_1
$$

   ii. Abschätzung nach unten:
$$
d_0 = 2m_1 - d_1 \overset{(5)}{>} 2m_1 - \tfrac{3}{2}m_1 = \tfrac{1}{2}m_1, \text{da } d_1 \overset{(6)}{<} \tfrac{3}{2}m_1
$$

Damit ergeben sich analog zu den inneren Intervallen die in Abb. 12.7 dargestellten Monotoniebereiche, in denen die lineare Hilfsfunktion jeweils verläuft. $\qquad\qquad\qquad\qquad\qquad\qquad\qquad\qquad\qquad\qquad\qquad\square$

Um zeigen zu können, dass das Verfahren eine auf dem Gesamtintervall $[x_0, x_N]$ einmal stetig differenzierbare Interpolationsfunktion liefert, benötigt man die Randsteigungserhaltung bei der Abbildung mit dem Bernstein-Operator. Diese liefert der folgende Satz.

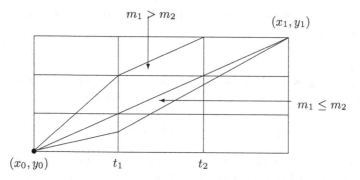

Abb. 12.7 Komonotoniebereich im Anfangsintervall für nichtnegative Steigungen

Satz 12.19

Sei für $n \in \mathbb{N}$ das Intervall $[a, b]$ in n Teilintervalle zerlegt, und für eine einmal stetig differenzierbare Funktion f gelte

$$f'(a) = \frac{f(a + \frac{b-a}{n}) - f(a)}{\frac{b-a}{n}}, \tag{12.30}$$

$$f'(b) = \frac{f(b) - f(a + \frac{n-1}{n}(b-a))}{(b-a)\frac{1}{n}}. \tag{12.31}$$

Dann gilt:

$$(B_n f)'(a) = f'(a) \quad und \quad (B_n f)'(b) = f'(b). \tag{12.32}$$

Da wir mit dem Bernstein-Operator dritten Grades arbeiten wollen, also $n = 3$ ist, muss zur Anwendung des Satzes das Intervall gedrittelt sein. Genau das übernimmt unser Algorithmus. Außerdem werden wir den Satz auf die lineare Hilfsfunktion l anwenden. Für die sind aber die Voraussetzungen (12.30) und (12.31) erfüllt, und somit bleiben die Randsteigungen bei der Abbildung erhalten.

Beweis

$$B'(a; f, n) = \frac{n}{(b-a)^n} \cdot \sum_{i=0}^{n-1} \Delta^1 f(a + \frac{i}{n}(b-a)) \binom{n-1}{i} \underbrace{(a-a)^i}_{0 \text{ wenn } i \neq 0} (b-a)^{n-i-1}$$

$$= \frac{n}{(b-a)^n} \cdot \Delta^1 f(a)(b-a)^{n-1}$$

$$= \frac{n}{b-a}(f(a + \frac{1}{n}(b-a)) - f(a))$$

$$= f'(a).$$

Der Beweis für $B'(b; f, n)$ verläuft analog. $\square$

Wir wenden diesen Satz auf unsere lineare Hilfsfunktion l an, und für die passen die Voraussetzungen.

Satz 12.20

Sei $l \in L_0^1[x_0, x_N]$ die in Algorithmus 12.6 konstruierte lineare Hilfsfunktion. Dann ist die in jedem Teilintervall $[x_{i-1}, x_i]$ $i = 1, \ldots, N$ durch

$$s|_{[x_{i-1}, x_i]} := B_3|_{[x_{i-1}, x_i]}l, \quad i = 1, \ldots, N$$

erklärte Funktion s eine kubische Spline-Funktion aus $S_1^3[x_0, x_N]$, und sie ist eine komonotone Interpolierende der Datenmenge D.

Beweis Wir müssen nachweisen, dass s die vorgegebenen Daten interpoliert, auf dem Intervall $[x_0, x_N]$ stetig differenzierbar ist und die Komonotonie erfüllt. Dazu betrachtet wir

$$s_i := s|_{[x_{i-1}, x_i]} = B_3|_{[x_{i-1}, x_i]}l \quad (i = 1, \ldots, N).$$

1. Zur Interpolation
   Es gilt $s_1(x_0) = l(x_0)$ und $s_i(x_i) = l(x_i)$ für $i = 1, \ldots, N$ wegen der Randpunktinterpolation von $B_3 f$ nach Satz 12.12. Außerdem wissen wir $l_i(x_i) = y_i$ ($i = 0, \ldots, N$) nach Konstruktion im Algorithmus $\boxed{4}$ (a)). Also werden die Daten interpoliert.

2. Zur stetigen Differenzierbarkeit
   Die lineare Hilfsfunktion war so konstruiert, dass sie an jeder Stützstelle mit derselben Steigung ein Drittel des vorhergehenden und ein Drittel des nachfolgenden Teilintervalls durchläuft. Damit erfüllt sie auch, wie wir oben bereits angemerkt haben, in jedem Teilintervall die Voraussetzungen von Satz 12.19. Bei der Abbildung mit dem Bernstein-Operator dritten Grades bleibt also die Steigung an den Knoten erhalten. Und so ist der Übergang der ersten Ableitung der konstruierten Spline-Funktion in jedem Knoten stetig.

3. Komonotonie
   l ist nach Satz 12.18 komonoton und $B_3 f$ nach Satz 12.14 monotonieerhaltend. Also ist auch s komonoton.   □

Eine alternative Hilfsfunktion

Die Monotonieerhaltung des Bernsteinoperators ist eine so starke Eigenschaft, dass der oben aufgeführte Algorithmus sogar für gewisse nicht komonotone Hilfsfunktionen eine komonotone Interpolierende ergibt. Dabei müssen die linearen Stücke der Hilfsfunktion in den Intervallen $[t_{2i}, t_{2i+1}]$, in denen jeweils ein vorgegebener Knoten x_i liegt, komonoton bleiben, wie der Beweis zum folgenden Satz zeigen wird. In den Bereichen $[t_{2i-1}, t_{2i}]$, die dazwischen liegen, ist dies jedoch nicht erforderlich. Das eröffnet die Möglichkeit, durch änderung der Steigungen der stückweise linearen

Hilfsfunktion die resultierende Interpolationsfunktion im Bereich der vorgegebenen, meist gemessenen Wertepaare gezielt an das Problem anzupassen. Insbesondere kann die Steigung im Bereich der Knoten größer gewählt werden, wenn aus Messungen bekannt ist, dass sich die Werte hier schneller ändern als zwischen zwei Messpunkten. Die größten Effekte werden dabei erreicht, wenn zwischen zwei großen ein sehr kleiner Differenzenquotient liegt.

Satz 12.21

$\tilde{l} \in L_0^1[x_0, x_N]$ *sei die folgende stückweise lineare Hilfsfunktion wie im Algorithmus 12.6 konstruiert, aber mit veränderter Steigung:*

$$\tilde{d}_i := \ := \begin{cases} 0 & f\ddot{u}r \quad m_i \cdot m_{i+1} \leq 0 \\[2mm] \dfrac{3|m_i||m_{i+1}|}{|m_{i+1}| + 2|m_i|} \cdot sign(m_{i+1}) & f\ddot{u}r \ 0 < |m_i| \leq |m_{i+1}| \\[2mm] \dfrac{3|m_i||m_{i+1}|}{|m_i| + 2|m_{i+1}|} \cdot sign(m_i) & f\ddot{u}r \quad |m_i| > |m_{i+1}| \end{cases}$$

$$\tilde{d}_0 := \frac{1}{2}(3m_1 - d_1)$$

$$\tilde{d}_N := \frac{1}{2}(3m_N - d_{N-1})$$

Dann ist $\tilde{s} = B_3^{[x_{i-1}, x_i]}\tilde{l} \in S_1^3[x_0, x_N]$ *eine komonotone Interpolierende der Datenmenge D.*

Beweis

1. Interpolation und
2. stetige Differenzierbarkeit werden wie für Satz 12.20 bewiesen.
3. Komonotonie

   Wir betrachten wieder nur den Fall, dass die Daten monoton steigen ($m_i \geq 0 \ (i = 1, \ldots, N)$).

   Betrachtung von d_i:

   a) $m_i \leq m_{i+1}$ $\quad 0 \leq d_i = \dfrac{3m_i m_{i+1}}{m_{i+1} + 2m_i} = 3m_i \underbrace{\dfrac{m_{i+1}}{m_{i+1}+2m_i}}_{<1} < 3m_i$

   b) $m_i > m_{i+1}$

   $\quad 0 \leq d_i = 3m_i \dfrac{m_{i+1}}{m_i + 2m_{i+1}} \leq 3m_i \dfrac{m_{i+1}}{3m_{i+1}} = m_i < 3m_i$

Für d_{i-1} wird analog gegen m_i abgeschätzt.

Damit ergibt sich der in Abb. 12.8 dargestellte Bereich für mögliche Steigungen, wobei man erkennt, dass im mittleren Teilintervall auch negative Steigungen angenommen werden können.

Ist $\tilde{l}$ komonoton, ist der Beweis wegen Satz 12.20 fertig.

Sei also $\tilde{l}$ nicht komonoton. Der Übersichtlichkeit halber wird der Beweis für das Intervall [0,1] geführt (Transformationen auf ein beliebiges Intervall s. voriger

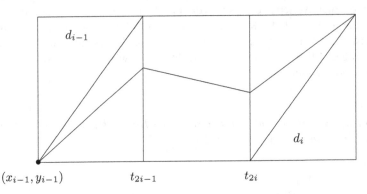

(x_i, y_i)

d_{i-1}

d_i

(x_{i-1}, y_{i-1}) t_{2i-1} t_{2i}

Abb. 12.8 Beispiel für den Komonotoniebereich einer nicht komonotonen stückweise linearen Hilfsfunktion

Paragraph).
Wir führen folgende Abkürzungen ein:

$$a := \tilde{l}\left(\tfrac{1}{3}\right) - \tilde{l}(0) > 0$$
$$b := -\tilde{l}\left(\tfrac{2}{3}\right) + \tilde{l}\left(\tfrac{1}{3}\right) > 0$$
$$c := \tilde{l}(1) - \tilde{l}\left(\tfrac{2}{3}\right) > 0$$

Wegen der Symmetrie des Monotoniebereichs sei o. B. d. A. $a > c$.

Dann ist $b = a + c - m_i < c - \tfrac{1}{2}m_i < c$, denn $a > \tfrac{1}{2}m_i$ wegen $a > c$ und $b > 0$
$\Rightarrow\quad a > c > b > 0$.

Mit $(B_3\tilde{l})'(x) = 3\sum_{j=0}^{2} \Delta^1\tilde{l}(\tfrac{j}{3}\binom{2}{j})x^j(1-x)^{2-j})$ erhält man

$$\frac{1}{3}(B_3\tilde{l})'(x) = [\tilde{l}\frac{1}{3}) - \tilde{l}(0)](1-x)^2 + [\tilde{l}(\frac{2}{3}) - \tilde{l}(\frac{1}{3})]\cdot 2\cdot x(1-x)$$
$$+ [\tilde{l}(1) - \tilde{l}(\frac{2}{3})]x^2$$
$$= a(1 - 2x + x^2) - b(2x - 2x^2) + cx^2$$
$$\geq c(1 - 2x + 2x^2) - b(2x - 2x^2) \qquad \text{wegen } a > c$$
$$= x^2(2c + 2b) - x(2c + 2b) + c$$
$$= -(2c + 2b)x(1 - x) + c$$
$$\geq -(2c + 2b)\cdot\frac{1}{4} + c$$

$$> -4c \cdot \frac{1}{4} + c \quad \text{wegen} \quad c > b$$

$$= 0$$

Daher ist $(B_3 l)'(x) > 0$ und damit $B_3 l$ monoton steigend. Analog geht man für $m_i < 0$ vor. $\qquad\qquad\qquad\qquad\qquad\qquad\qquad\qquad\qquad\qquad\qquad\qquad\quad \square$

Mit Hilfe eines Bernsteinoperators höheren Grades kann man mit ähnlichen Überlegungen Verfahren entwickeln, die eine höhere stetige Differenzierbarkeit gewährleisten. Außerdem sind Algorithmen möglich, die (zusätzlich) Konvexität und Konkavität erhalten.

12.7 Komonotone C^2-Interpolation

Bevor wir nun auf die Anwendung von Interpolationskurven auf das oben geschilderte Problem eingehen, wollen wir kurz die komonotone C^2-Interpolation nach Costantini [1987] vorstellen. Die Methode ähnelt stark der komonotonen C^1-Interpolation in 12.6. Da die Beweise genau analog verlaufen, wollen wir auf sie verzichten.

Der Algorithmus

$\boxed{1}$ Vorgabe der Datenmenge D

$$D := \{(x_i, y_i) \in \mathbb{R}^2, \quad i = 0, \dots, N, \quad x_{i-1} < x_i \ (i = 1, \dots, N)\}$$

$\boxed{2}$ Konstruktion der Hilfsknoten $t_j (j = 0, \dots, 4N + 1)$

$$r_i := \frac{x_{i+1} - x_i}{5} \quad (i = 0, \dots, N - 1)$$

$$t_0 := x_0$$

$$t_{4i+1} := x_i + r_i \quad (i = 0, \dots, N - 1)$$

$$t_{4i+2} := x_i + 2r_i \quad (i = 0, \dots, N - 1)$$

$$t_{4i+3} := x_i + 3r_i \quad (i = 0, \dots, N - 1)$$

$$t_{4i+4} := x_i + 4r_i \quad (i = 0, \dots, N - 1)$$

$$t_{4N+1} := x_N$$

$\boxed{3}$ Berechnung der Differenzenquotienten

$$m_i := \frac{y_i - y_{i-1}}{x_i - x_{i-1}} \quad (i = 1, \dots, N)$$

$\boxed{4}$ Bestimmung der stückweise linearen komonotonen Funktion l

a) $l(x_i) := y_i \quad (i = 0, \ldots, N)$
b) $l'(x_i) := d_i \quad (i = 1, \ldots, N-1)$

$$\text{mit } d_i := \begin{cases} 0 & \text{für } m_i \cdot m_{i+1} \leq 0 \\ \frac{m_i}{m_{i+1}} \cdot \frac{5m_{i+1} - m_i}{4} & \text{für } 0 < |m_i| \leq |m_{i+1}| \\ \frac{m_{i+1}}{m_i} \cdot \frac{5m_i - m_{i+1}}{4} & \text{für } |m_i| > |m_{i+1}| \end{cases}$$

c) $d_0 := 2m_1 - d_1$
$ d_N := 2m_N - d_{N-1}$

Dabei sind die Stücke $l_i := l|_{[t_{4(i-1)+3}, t_{4i+2}]}$ linear. Die entsprechenden Geradengleichungen werden mit Hilfe der Punktsteigungsform $l_i := d_i \cdot x - d_i \cdot x_i + y_i$ bestimmt.

$\boxed{5}$ Berechnung der Hilfsfunktionswerte an den Hilfsknoten

$\boxed{6}$ Abbildung des zusammengesetzten linearen Splines l mit dem Bernsteinoperator

$$B_5 l(x) = s \in S_2^5$$

Diese Abbildung erfolgt stückweise und wird jeweils für ein Intervall $[x_{i-1}, x_i]$ $(i = 1, \ldots, N)$ durchgeführt.

Die d_i erhält man aus der Überlegung, wie der Bereich aussehen darf, in dem die linearen Stücke liegen, so dass diese komonoton bzgl. D sind. Dabei erhält man Abb. 12.9, aus der sich eine Abschätzung mit $0 \leq d_i \leq \frac{5}{4} m_i$ für den Fall monoton steigender Kurven ergibt.

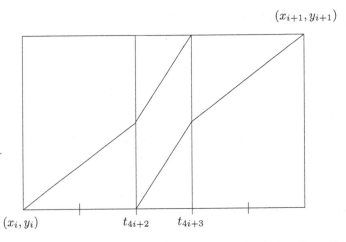

Abb. 12.9 Komonotoniebereich im Fall nichtnegativer Steigungen in inneren Intervallen

Beweis der zweifachen stetigen Differenzierbarkeit:
Zu zeigen ist

$$\lim_{x \to x_i^-} s_i''(x_i) = \lim_{x \to x_i^+} s_{i+1}''(x_i) \quad (i = 1, \ldots, N)$$

Es ist

$$B_i''(x; l, 5) = \frac{1}{(x_{i+1} - x_i)^5} \cdot \frac{5!}{3!} \sum_{\nu=0}^{3} \binom{3}{\nu} \Delta^2 l(x_i + \frac{\nu}{5}(x_{i+1} - x_i))$$

$$\cdot (x - x_i)^\nu (x_{i+1} - x)^{3-\nu}$$

$$\Rightarrow B_i''(x_i; l, 5) = \frac{1}{(x_{i+1} - x_i)^2} \cdot \frac{5!}{3!} \Delta^2 l(x_i), \text{ mit}$$

$$\Delta^2 l(x_i) = l(x_i + \frac{2}{5}(x_{i+1} - x_i)) - 2l(x_i + \frac{1}{5}(x_{i+1} - x_i)) + l(x_i)$$

$$= 0$$

Also gilt auch $B_i''(x_i; l, 5) = 0$. Das gleiche gilt für $B_{i+1}''(x_i; l, 5)$. Damit folgt die Behauptung. □

12.8 Ebene Kurven und das Viertelkriterium

In diesem Abschnitt wollen wir zunächst eine wichtige Verallgemeinerung angeben, deren Durchführung sich aber als sehr einfach herausstellen wird. Wir wollen nämlich unsere Interpolation auf Kurven in der Ebene oder im Raum ausdehnen. Dazu geben wir den folgenden Algorithmus an:

Algorithmus 12.8.1 (Komonotone Interpolation ebener Kurven)
Gegeben seien reelle Daten

$$P_i := (x_i, y_i), \ P_i \neq P_{i+1}, \ i = 0, 1, \ldots, N.$$

Wir konstruieren nun eine Knotenmenge $C := \{c_i : i = 0, 1, \ldots, N\}$ in $[0, 1]$ und zwei komonotone Funktionen $s_x, s_y \in S_k^n[c_0, c_N]$, $0 < k < n - k$ mit $s_x(c_i) = x_i$ und $s_y(c_i) = y_i$ folgendermaßen:

$\boxed{1}$ *Setze $c_0 := 0$,*

$$c_i - c_{i-1} := \frac{\| (x_i, y_i) - (x_{i-1}, y_{i-1}) \|^\nu}{\sum_{j=1}^{N} \| (x_j, y_j) - (x_{j-1}, y_{j-1}) \|^\nu}, \ i = 1, \ldots, N.$$

$\| \cdot \|$ sei die euklidische Norm und ν eine beliebig wählbare Zahl mit $0 \leq \nu \leq 1$. Den Einfluss von ν auf die Bestimmung der c_i beschreiben wir anschließend an einem Beispiel.

$\boxed{2}$ *Man bilde nun Geraden* l_1, $l_2 \in L$ *mit*

$$L := \{l \in C[t_0,\ t_{2N+1}];\ l(t) \in \mathbb{P}_1, t \in [t_i, t_{i+1}],\ i = 0, 1, ..., 2N\},$$

wobei mit der Schrittweite

$$r_i := \frac{c_{i+1} - c_i}{n}$$

folgende Stützstellen gewählt werden:

$$t_0 := c_0 = 0,$$
$$t_{2i+1} := c_i + r_i, \quad t_{2i+2} := c_{i+1} - r_i,\ i = 0, 1, ..., N - 1,$$
$$t_{2N+1} := c_N.$$

Dazu fordern wir

$$l_1(c_i) = x_i, \quad l_2(c_i) = y_i,\ i = 0, ..., N.$$

Die Steigung der Geraden l_1 *bzw.* l_2 *sei* d_{x_i} *bzw.* d_{y_i} *mit*

$$d_{x_i} := G(m_{x_{i-1}}, m_{x_i})\ und\ d_{y_i} := G(m_{y_{i-1}}, m_{y_i}) \tag{12.33}$$

und

$$G(a, b) := \begin{cases} 0 & : \ ab \leq 0 \\[2mm] \text{sign}(a)\frac{3|a||b|}{|a|+2|b|} & : \ 0 < b \leq a\ und\ 0 > b \geq a \\[2mm] \text{sign}(b)\frac{3|a||b|}{|b|+2|a|} & : \ 0 < a < b\ und\ 0 > a > b. \end{cases} \tag{12.34}$$

m_{x_i} *bzw.* m_{y_i} *sei der jeweilige Differenzenquotient, das heißt*

$$m_{x_i} = \frac{x_{i+1} - x_i}{c_{i+1} - c_i}\ und\ m_{y_i} = \frac{y_{i+1} - y_i}{c_{i+1} - c_i}. \tag{12.35}$$

$\boxed{3}$ *Die Geradenstücke werden nun zu einem stückweise linearen Kurvenzug* l *zusammengesetzt und mit dem Bernstein-Operator* B *auf die Bernstein-Polynome 3. Grades abgebildet. Dann sei*

$$s_x := Bl_1\ und\ s_y := Bl_2$$

und

$$s = (s_x, s_y). \tag{12.36}$$

Bemerkungen

Im Algorithmus haben wir ziemlich zu Beginn gefordert

$$0 < k < n - k.$$

Diese Ungleichung stellt einen Zusammenhang zwischen der erreichbaren Ste-
tigkeitsklasse C^k und dem verwendeten Polynomgrad n her. Wollen wir z. B.
eine C^2-Kurve erzeugen, so muss $n \geq 5$ gewählt werden, um die Ungleichung
zu erfüllen. Für eine C^1-Kurve reichen stückweise Polynome dritten Grades.
Zur Wahl von v in $\boxed{1}$ merken wir an: Bei Datenpunkten, bei denen die Abstände
zueinander stark variieren, kann es sinnvoll sein, v möglichst klein zu wählen,
da dadurch die Knotenpunkte c_i regelmäßiger hinsichtlich ihrer Abstände auf
das Intervall $[0, 1]$ übertragen werden (Abb. 12.10).

Die grundlegenden Eigenschaften dieses Algorithmus fassen wir im folgenden Satz
zusammen.

Satz 12.22
Gegeben seien reelle Daten $P_i := (x_i, y_i)$, $P_i \neq P_{i+1}$, $i = 0, 1, ..., N$. Die mit dem
Algorithmus 12.8.1 erzeugte Kurve $s = (s_x, s_y)$ im $\mathbb{R}^2$ interpoliert die gegebenen
Daten, es gilt also $s(P_i) = (s_x(P_i), s_y(P_i)) = (x_i, y_i)$, $i = 0, ..., N$, und sie ist
komonoton.

Der Beweis soll in diesem Paragraphen nicht ausgeführt werden. Er lässt sich unmittelbar aus 12.6 übertragen. Die Interpolationseigenschaft von s geht direkt aus dem
Algorithmus hervor.

Im folgenden Beispiel nehmen wir den Datensatz, den wir aus dem Schattenbild
eines alten Telefonhörers erhalten haben:

$0,12$	$0,15$	$0,38$	$0,36$	$0,54$	$0,74$	$0,82$
$0,13$	$0,05$	$0,16$	$0,24$	$0,35$	$0,42$	$0,37$

$0,97$	$0,92$	$0,85$	$0,66$	$0,43$	$0,25$	$0,12$
$0,47$	$0,61$	$0,65$	$0,57$	$0,46$	$0,34$	$0,13$

Diesen bearbeiten wir mit dem eben vorgestellten Verfahren. Dazu haben wir ein
kleines Pascal-Programm geschrieben, das uns für eine graphische Darstellung 200
Datenpunkte der komonotonen Interpolation ausgibt. Diese plotten wir. Als Ergebnis
erhalten wir folgende (Abb. 12.11):

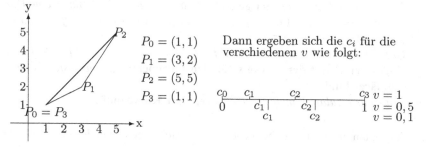

$P_0 = (1, 1)$ Dann ergeben sich die c_i für die
$P_1 = (3, 2)$ verschiedenen v wie folgt:
$P_2 = (5, 5)$
$P_3 = (1, 1)$

Abb. 12.10 c_i für variierendes v

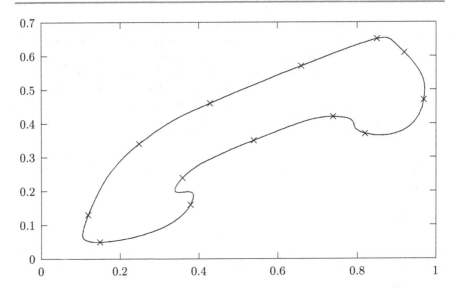

Abb. 12.11 Ein alter Telefonhörer. Die aus einem Schattenriss entnommenen Daten haben wir mit dem Verfahren der komonotonen Splineinterpolation ausgewertet und geplottet

Mit ◇ bezeichnet sehen wir 13 Punkte, da ja im Datensatz der Punkt 14 mit dem Punkt 1 übereinstimmt. Es entsteht also eine geschlossene Kurve.

Bei diesem Algorithmus kann es vorkommen, dass manchmal Ecken entstanden, Punkte also, in denen die fertige Kurve zwei Tangenten hatte.

Frage: An welchen Stellen entstehen solche Ecken, bzw. wie muss ein Datensatz verändert werden, um Ecken zu erzeugen oder zu vermeiden?

Diese Frage könnte von erheblicher Bedeutung für einen Designer sein. Vielleicht mochte man ja an manchen Stellen eine Ecke haben. Oder wie kann man eine Ecke gerade an dieser Stelle vermeiden?

Dazu erst mal folgende Definition:

Definition 12.13

(i) *Eine Kurve $s \in \mathbb{R}^2$ heißt* **stetige glatte Kurve** *(ist aus C^1), wenn es eine Darstellung $s := \{f(t) = (f_1(t), f_2(t)), t \in I\}$ gibt, wobei f stetig differenzierbar und $f'(t) \neq 0$ für alle $t \in I$ ist.*

(ii) *Gilt $f'(t_0) = 0$, $t_0 \in I$, so heißt der Punkt $P := f(t_0) = (f_1(t_0), f_2(t_0))$* **singulärer Punkt der Kurve s für den Parameter t_0,** *ansonsten heißt er* **regulärer Punkt.**

(iii) *Hat s nur reguläre Punkte, so heißt s* **reguläre Kurve (auf I).**

Die Ecken, um die es uns hierbei gehen soll, entstehen gerade in den so definierten singulären Punkten.

Das Viertelkriterium, welches wir jetzt vorstellen wollen, ist im besonderen Maße für die Beantwortung der von uns gestellten Frage entscheidend. Es klassifiziert die Punkte P_i, indem es deren Vorgänger P_{i-1} und deren Nachfolger P_{i+1} in Beziehung zueinander setzt.

Definition 12.14 (Viertelkriterium)
Gegeben seien beliebige Punkte $P_i = (x_i, y_i)$,
$i = 0, 1, ..., N$ aus $\mathbb{R}^2$.
Definiere nun $f(x) := y_i$ und $g(x) := x_i$, $i = 0, ..., N$.
f und g unterteilen den $\mathbb{R}^2$ in vier Viertel, die, im rechten oberen Viertel beginnend, im Uhrzeigersinn mit I, II, III und IV bezeichnet werden.
Ein Punkt P_i, $i \in \{1, 2, ..., N-1\}$ erfüllt das **Viertelkriterium,** *wenn der Vorgänger P_{i-1} und der Nachfolger P_{i+1} im gleichen Viertel I, II, III oder IV liegen.*
Die Viertelgrenzen f und g gehören jeweils zu beiden Vierteln.

Die nebenstehende Abbildung veranschaulicht den Fall, dass der Punkt P_i dem Viertelkriterium genügt. Die Punkte P_{i+1} und P_{i-1} sind so gewählt, dass sie beide im Viertel I liegen. Sie liegen im Innern des mit I bezeichneten Quadranten. Nach unserer Definition dürften sie sogar noch auf dem Rand liegen (Abb. 12.12).

Mit diesen beiden Definitionen ist es nun möglich, ein Kriterium zu erstellen, das erklärt, wann bzw. wo Ecken vorkommen. Im folgenden Satz wird dieses formuliert.

Satz 12.23
Die mit dem Algorithmus 12.8.1 konstruierte Interpolierende $s = (s_x, s_y)$ ist bis auf endlich viele Punkte regulär. Ein singulärer Punkt kann höchstens in einer Stützstelle auftreten.

s ist genau dann in einem Punkt singulär, wenn dieser Punkt das Viertelkriterium erfüllt.

Abb. 12.12 P_i erfüllt das
Viertelkriterium

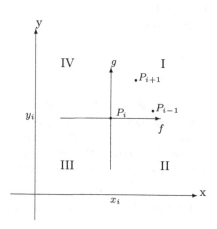

Beweis Den ersten Teil des Satzes kann man direkt aus dem Verfahren schließen. Die Geraden l, die wir bilden, werden mit dem Bernstein-Operator B_3 abgebildet. Die Bernstein-Polynome sind dann natürlich zwischen den Stützstellen beliebig glatt (nach der Konstruktion der Bernstein-Polynome), so dass die entstehende Kurve $s = (s_x, s_y)$ ebenfalls in den Punkten von s regulär ist, die im Inneren der einzelnen Intervalle liegen. Eine singuläre Stelle könnte also höchstens in einer Stützstelle auftreten.

Kommen wir nun zum zweiten Teil des Satzes. Wir werden zuerst zeigen, dass ein singulärer Punkt der Kurve dem Viertelkriterium genügt. Betrachten wir also die Punkte P_i mit

$$s' = (s'_x, s'_y) = (0, 0).$$

Daraus folgt sofort wegen der Konstruktion der Geraden $(d_{x_i}, d_{y_i}) = (0, 0)$.

$\overset{(12.33)}{\Longleftrightarrow}$ $(G(m_{x_{i-1}}, m_{x_i}), G(m_{y_{i-1}}, m_{y_i})) = (0, 0)$

$\Longleftrightarrow$ $G(m_{x_{i-1}}, m_{x_i}) = 0$ und $G(m_{y_{i-1}}, m_{y_i}) = 0$

$\overset{(12.34)}{\Longleftrightarrow}$ $m_{x_{i-1}} m_{x_i} \leq 0$ und $m_{y_{i-1}} m_{y_i} \leq 0$

$\overset{(12.35)}{\Longleftrightarrow}$ $\dfrac{x_i - x_{i-1}}{c_i - c_{i-1}} \cdot \dfrac{x_{i+1} - x_i}{c_{i+1} - c_i} \leq 0$ und $\dfrac{y_i - y_{i-1}}{c_i - c_{i-1}} \cdot \dfrac{y_{i+1} - y_i}{c_{i+1} - c_i} \leq 0$ $\quad | \cdot (c_i - c_{i-1})(c_{i+1} - c_i)$

$\Longleftrightarrow$

$$\underbrace{(x_i - x_{i-1})(x_{i+1} - x_i)}_{=: a} \leq 0 \text{ und } \underbrace{(y_i - y_{i-1})(y_{i+1} - y_i)}_{=: b} \leq 0 \qquad (12.37)$$

Im Folgenden untersuchen wir alle möglichen Fälle, für welche (12.37) erfüllt ist. In den zugeordneten Skizzen haben wir mehrere mögliche Nachfolger P_{i+1} eingezeichnet.

1. $\boxed{a = b = 0}$
   Daraus ergeben sich die folgenden zwei Möglichkeiten:

   (i) $x_{i+1} - x_i = 0$ und $y_i - y_{i-1} = 0$
   (ii) $x_i - x_{i-1} = 0$ und $y_{i+1} - y_i = 0$

   (i) bedeutet, dass P_{i+1} auf der g-Achse und P_{i-1} auf der f-Achse liegen, wenn man die Geraden f und g als Koordinatenachsen eines Koordinatensystems (gemäß Definition 12.8) auffasst, das P_i als Ursprung hat. Das Viertelkriterium ist erfüllt, da (nach Definition) die Geraden bzw. Achsen zu jeweils zwei Vierteln gehören. Die Abb. 12.13 veranschaulicht dies.

2. $\boxed{a < 0 \text{ und } b = 0}$
   Hierbei und in den folgenden zwei Fällen ergeben sich jeweils vier Möglichkeiten:

   (i) $x_i - x_{i-1} < 0$ und $x_{i+1} - x_i > 0$ und $y_i - y_{i-1} = 0$ und $y_{i+1} - y_i \neq 0$

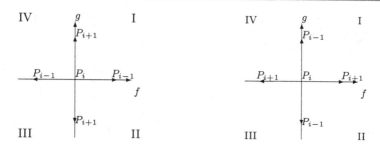

Abb. 12.13 Viertelkriterium für $a = b = 0$

(ii) $x_i - x_{i-1} > 0$ und $x_{i+1} - x_i < 0$ und $y_i - y_{i-1} = 0$ und $y_{i+1} - y_i \neq 0$

(*i*) bedeutet hier, dass P_{i+1} rechts von der g-Achse liegt, P_{i-1} direkt auf der f-Achse und das Viertelkriterium somit erfüllt ist (vgl. Abb. 12.14).

(iii) $x_i - x_{i-1} < 0$ und $x_{i+1} - x_i > 0$ und $y_i - y_{i-1} \neq 0$ und $y_{i+1} - y_i = 0$
(iv) $x_i - x_{i-1} > 0$ und $x_{i+1} - x_i < 0$ und $y_i - y_{i-1} \neq 0$ und $y_{i+1} - y_i = 0$

Die Bereiche von (iii) und (iv) sind jeweils symmetrisch zu (i) und (ii), es muss lediglich P_{i-1} mit P_{i+1} vertauscht werden.

3. | $a = 0$ und $b < 0$ |

(i) $x_i - x_{i-1} = 0$ und $x_{i+1} - x_i \neq 0$ und $y_i - y_{i-1} < 0$ und $y_{i+1} - y_i > 0$
(ii) $x_i - x_{i-1} = 0$ und $x_{i+1} - x_i \neq 0$ und $y_i - y_{i-1} > 0$ und $y_{i+1} - y_i < 0$
(iii) $x_i - x_{i-1} \neq 0$ und $x_{i+1} - x_i = 0$ und $y_i - y_{i-1} < 0$ und $y_{i+1} - y_i > 0$
(iv) $x_i - x_{i-1} \neq 0$ und $x_{i+1} - x_i = 0$ und $y_i - y_{i-1} > 0$ und $y_{i+1} - y_i < 0$

Wie in 2. sind die Bereiche von (iii) und (iv) wieder jeweils symmetrisch zu (i) und (ii), so dass lediglich P_{i-1} mit P_{i+1} vertauscht werden muss (Abb. 12.15).

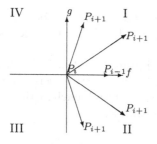

Abb. 12.14 Viertelkriterium für $a < 0$ und $b = 0$

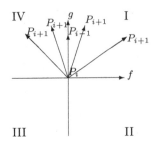
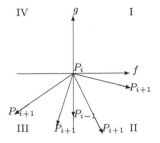

Abb. 12.15 Viertelkriterium für $a = 0$ und $b < 0$

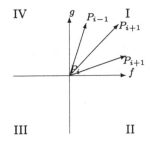
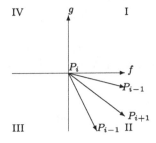

Abb. 12.16 Viertelkriterium für $a < 0$ und $b < 0$

4. $\boxed{a < 0 \text{ und } b < 0}$

    (i) $x_i - x_{i-1} < 0$ und $x_{i+1} - x_i > 0$ und $y_i - y_{i-1} < 0$ und $y_{i+1} - y_i > 0$
    (ii) $x_i - x_{i-1} < 0$ und $x_{i+1} - x_i > 0$ und $y_i - y_{i-1} > 0$ und $y_{i+1} - y_i < 0$
    (iii) $x_i - x_{i-1} > 0$ und $x_{i+1} - x_i < 0$ und $y_i - y_{i-1} > 0$ und $y_{i+1} - y_i < 0$
    (iv) $x_i - x_{i-1} > 0$ und $x_{i+1} - x_i < 0$ und $y_i - y_{i-1} < 0$ und $y_{i+1} - y_i > 0$

Die Bereiche von (iii) und (iv), in denen die Vorgänger und Nachfolger von P_i
liegen, sind genauso aufgebaut wie in (i) und (ii), sie umfassen jeweils das Viertel
III bzw. IV (Abb. 12.16).

Ergebnis:
In allen betrachteten Fällen kann man feststellen, dass sowohl der Vorgänger P_{i-1}
als auch der Nachfolger P_{i+1} im gleichen Viertel I, II, III oder IV liegen. Damit
erfüllt der Punkt P_i immer das Viertelkriterium.
    Da die Folgerungen des bisherigen Beweises jeweils äquivalent sind, ergibt sich
die rückwärtige Schlussfolgerung direkt durch Ausführen des Beweises in umge-
kehrter Richtung. Gezeigt wird so, dass ein Punkt P_i, der das Viertelkriterium erfüllt,
gerade ein singulärer Punkt ist. Also ist der Satz bewiesen.   □

12.9 Anwendungen

Für diese Methode der komonotonen Interpolation zeigen wir Ihnen jetzt in diesem Abschnitt einige Beispiele.

Tunnel

Als erstes haben wir einen einfachen Querschnitts eines Tunnels betrachtet. Er bestehe einfach aus zwei Geradenstücken und in der Mitte einem Halbkreis. Die folgenden Daten haben wir aus einer Handskizze entnommen:

-6	-5	-4	-3	-2	-1	0	1	2	3	4	5	6
1	1	1	1	3,236	3,82842	4	3,82842	3,236	1	1	1	1

Die nächste Skizze zeigt die einfache Darstellung, in die wir zur Übung auch noch die lineare Splinefunktion, die diese Daten interpoliert, eingezeichnet haben (Abb. 12.17).

Die Interpolation mit linearen Splinefunktionen ist natürlich keine ernsthafte Option für einen Tunnelbauer. Das kann man höchstens als grobe erste Skizze verwenden. Die kubischen Splines, deren Bedeutung wir im vorigen Abschnitt kennen gelernt haben, bieten hier allerdings auch keine wirkliche Lösung, wie folgende Abbildung zeigt (Abb. 12.18):

Das ist viel zu wackelig. Selbst die alten Römer haben ja schon Halbkreise gebaut, aber eben nicht solche verwackelten Bögen. Die richtige Abhilfe sind hier unsere komonotonen Splinefunktionen (Abb. 12.19):

Hier wackelt nichts mehr und das Ergebnis ist sehr zufriedenstellend, auch für den Statiker.

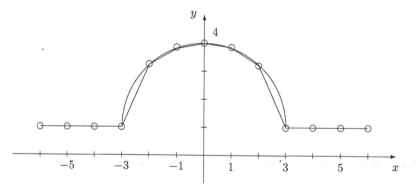

Abb. 12.17 Der Tunnel bestehend aus zwei Geradenstücken und in der Mitte ein Halbkreis

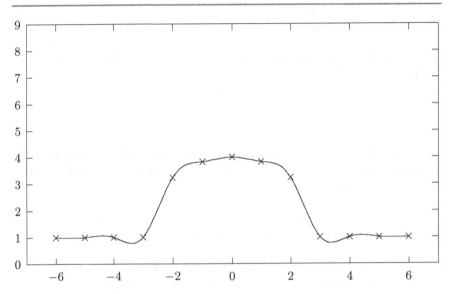

Abb. 12.18 Graphische Darstellung des Tunnelquerschnittes durch Interpolation mit kubischen Splines

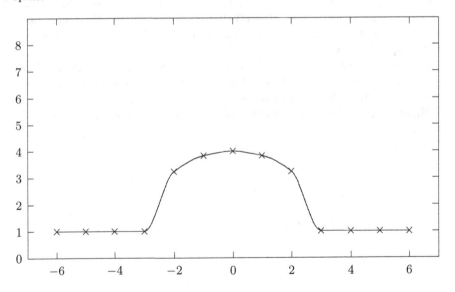

Abb. 12.19 Graphische Darstellung des Tunnelquerschnittes durch komonotone Splineinterpolation

Sterilisierung von Menisken

Zwei Medizinstudenten brachten mir folgende Frage. Will man nach einem Sport-
unfall einem Sportler einen anderen Meniskus transplantieren, so wird dieses Organ
zunächst einmal sterilisiert. Da gibt es verschiedene Mittel. Sie hatten die Aufgabe
zu untersuchen, wie diese Sterilisierungsmethoden die Stabilität und Zerreißbarkeit
eines Meniskus beeinflussen. Dazu hatten sie in einem Experiment Menisken von
Schafen untersucht. Diese hatten sie in eine Apparatur eingespannt, die dann in kleinen jeweils gleichen Schritten auseinander gezogen wurden. Dabei maßen sie die
aufgewendete Kraft gegen die Ausdehnung des Meniskus, bis er schließlich zerriss.
Das Ergebnis der Messungen zeigen wir in folgender Abbildung. Dabei lassen wir
die Bezeichnungen an den Achsen weg, weil wir nur an der Punktwolke interessiert
sind (Abb. 12.20).

An den eingetragenen Punkten sieht man sehr deutlich, dass bei 160 der Meniskus
reißt. Die Punkte fallen stark nach unten, bleiben aber natürlich über der x-Achse,
gehen also nicht ins Negative, eine negative Kraft wäre ja auch unsinnig.

Zunächst versuchten wir, die Punkte durch eine kubische Splinefunktion zu interpolieren. Das Ergebnis sehen Sie hier (Abb. 12.21):

Beim aufsteigenden Ast der Kurve sieht alles ganz passabel aus. Aber oben am
Umkehrpunkt schlägt die Splinekurve nach oben aus, damit sie anschließend ganz
nach unten gelangen kann. Unten verschwindet sie im Negativen, um anschließend
sehr wacklig auszulaufen. Das ist völlig unakzeptabel. Damit konnten die Studenten
nichts anfangen. Sie wollten ja verschiedene Kurven miteinander vergleichen. Da
sollte die Kurve schon die Verhältnisse richtig wiedergeben.

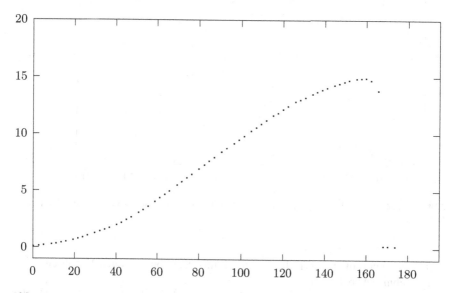

Abb. 12.20 Protokoll vom Messergebnis

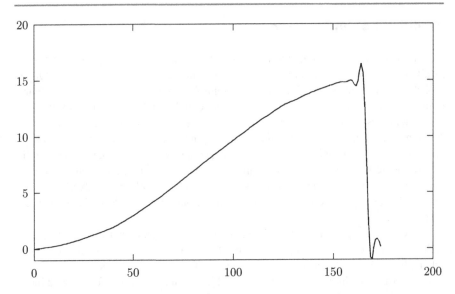

Abb. 12.21 Interpolationskurve mit kubischer Splinefunktion

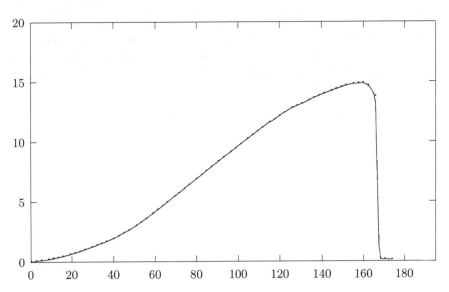

Abb. 12.22 Hier sehen wir die Interpolationskurve mit einer komonotonen kubischen Splinefunktion

Danach interpolierten wir die Daten mit unserem komonotonen Verfahren. Hier das Ergebnis (Abb. 12.22):

Geradezu perfekt, wie die Kurve oben den starken Abfall nach unten schafft. Die etwas pixelige Darstellung liegt am sehr einfachen Plotprogramm und sollte Sie nicht irritieren. Unten bleibt die Kurve selbstverständlich oberhalb der x-Achse.

Unser Programm liefert als Ausgabe eine lange Liste von kubischen Funktionen in jeweils kleinen Teilintervallen. Der Anwender kann dann am einzelnen Punkt über den gewählten x-Wert den zugehörigen y-Wert direkt ablesen.

12.10 Ausgleich mit kubischen Splinefunktionen

Problemstellung

In den folgenden zwei Abbildungen zeigen wir Ihnen ein typisches Beispiel, an dem wir sehen, dass wir mit den bis hierhin vorgestellten Splinefunktionen nicht alle Probleme lösen können. Die Abb. 12.23 zeigt uns eine Punktwolke, wie man sie manchmal aus einem Experiment erhält. Das sind Daten, die mit Fehlern behaftet sind. So etwas ist recht typisch für Messungen. Man erhält nur ungefähre Daten.

Wir haben auf diese Daten unsere Methode der kubischen Splineinterpolation angewendet. Das bedeutet, wir haben diese Daten interpoliert, so dass unsere entwickelte Kurve durch alle diese Punkte hindurchgeht. Das führte zu folgendem Ergebnis (Abb. 12.24):

Dieses Ergebnis ist nicht verwendbar, denn natürlich liefert das Originalexperiment eine schöne leicht ansteigende Kurve ohne Wellen und Täler. Nur unsere Messmethode hat uns diese fehlerbehafteten Daten ausgeworfen. Wenn wir diese Daten interpolieren, ergibt sich natürlich solch eine verwackelte Kurve. Hier muss man mit der sogenannten Ausgleichsrechnung arbeiten. Das stellen wir Ihnen im folgenden Abschnitt vor.

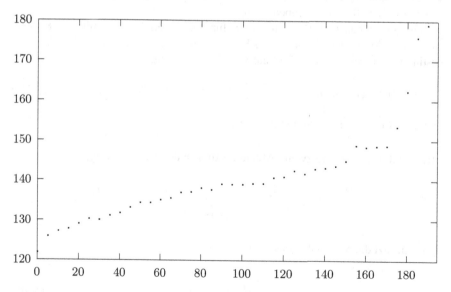

Abb. 12.23 Ein Messprotokoll mit leicht gestreuten Daten

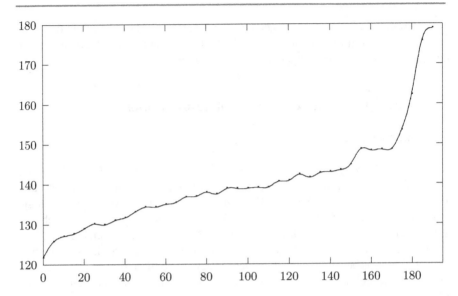

Abb. 12.24 Das Ergebnis der kubischen Splineinterpolation

Der Grundgedanke des Ausgleichs

Gegeben seien (x_k, y_k), $k = 0, \ldots, n$ mit $n \geq 3$ und $x_0 < \ldots < x_n$. Zusätzlich seien Gewichte $w_k > 0$, $k = 0, \ldots, n$ ($w_n = w_0$) gegeben sowie eine frei wählbare Konstante $M > 0$ für eine Nebenbedingung.

Gesucht ist nun eine kubische Splinefunktion s auf $[x_0, x_n]$ mit den Knoten $x_0, \ldots x_n$. Wir müssen also $4(n-1)$-Koeffizienten $a_k, b_k, c_k, d_k, k = 0, \ldots, n-1$ bestimmen, so dass in jedem Teilintervall $[x_k, x_{k+1})$ gilt:

$$s(x) = s_k(x) = a_k + b_k(x - x_k) + c_k(x - x_k)^2 + d_k(x - x_k)^3 \qquad (12.38)$$

und zusätzlich folgende Bedingungen erfüllt sind:

(i) s und ihre erste und zweite Ableitung sind an den Knoten stetig:

$$s_{k-1}^{(j)}(x_k) = s_k^{(j)}(x_k), \quad k = 1, \ldots n-1, \quad j = 0, 1, 2$$
$$s_{n-1}^{(j)}(x_n) = s_1^{(j)}(x_1), \quad j = 0, 1, 2$$

(ii) s besitzt die Minimaleigenschaft:

$$G(s) = \int_{x_0}^{x_n} [s''(x)]^2 dx = \min \qquad (12.39)$$

(iii) s erfüllt die folgende Nebenbedingung zur genauen Anpassung:

$$H(\vec{a}) = \sum_{k=0}^{n-1} \left[\frac{y_k - a_k}{w_k} \right]^2 \le M, \quad k = 0, \ldots, n-1 \tag{12.40}$$

wozu wir die Konstante hier wird deutlich, wozu wir die Konstante M benötigen. Sie steuert die Genauigkeit der Ausgleichskurve. Wir können uns vorstellen, dass ein kleiner Streifen mit der Breite $\sqrt{M}$ um die Ausgangskurve gelegt ist. Diesen Streifen darf die gesuchte Ausgleichskurve nicht verlassen.

Eine erste Lösung

Zunächst sind durch die Definition der Splinefunktion (12.38) stückweise folgende Ableitungen gegeben:

$$s'(x) = b_k + 2c_k(x - x_k) + 3d_k(x - x_k)^2 \quad \text{in } [x_k, x_{k+1}]$$
$$s''(x) = 2c_k + 6d_k(x - x_k) \quad \text{in } [x_k, x_{k+1}]$$

Die Minimaleigenschaft (12.39) lautet damit hier:

$$G(s) = \int_{x_0}^{x_n} [2c_k + 6d_k(x - x_k)]^2 \, dx = \min \tag{12.41}$$

Mit $\vec{c} = (c_1, \ldots, c_{n-1})^T$ und $\vec{a} = (a_0, \ldots, a_n)^T$ liefern die Bedingungen gerade

$$S \cdot \vec{c} = 3 \cdot Q \cdot \vec{a}. \tag{12.42}$$

S und Q sind dabei symmetrische Tridiagonalmatrizen, deren Elemente wie folgt gegeben sind:

$$s_{kk} = 2(h_{k-1} + h_k), \qquad q_{kk} = -\left(\frac{1}{h_{k-1}} + \frac{1}{h_k} \right) \quad (k = 0, \ldots, n-1)$$
$$s_{k,k+1} = s_{k+1,k} = h_k, \qquad q_{k,k+1} = q_{k+1,k} = \frac{1}{h_k} \quad (k = 0, \ldots, n-2)$$
$$s_{1,n-1} = s_{n-1,1} = h_{n-1} \qquad q_{1,n-1} = q_{n-1,1} = \frac{1}{h_{n-1}}$$

mit $h_k = x_{k+1} - x_k$, $k = 0, \ldots n-1$, $h_{-1} = h_{n-1}$. Diese Matrix haben wir bereits im Abschnitt „Interpolation mit kubischen Splines" betrachtet. Wir beachten, dass Q und S symmetrische Matrizen sind und daher $Q^T = Q$ $S^T = S$ gilt.

Für äquidistante Knoten folgt damit aus dem im obigen Abschnitt vorgestellten Algorithmus:

$$
\begin{aligned}
G(s) &= \frac{2}{3} \cdot \vec{c}^{\,T} \cdot S \cdot \vec{c} \\
&= \frac{2}{3} \cdot 3 \cdot \vec{a}^{\,T} \cdot Q \cdot S^{-1} \cdot S \cdot 3 \cdot S^{-1} \cdot Q \cdot \vec{a} \qquad (12.43) \\
&= 6 \cdot \vec{a}^{\,T} \cdot Q \cdot S^{-1} \cdot Q \cdot \vec{a}
\end{aligned}
$$

Wie wir sehen, ist G gar nicht mehr von der Splinefunktion s, sondern nur noch vom Koeffizientenvektor $\vec{a}$ abhängig. Wir schreiben daher:

$$
G(a) := 6 \cdot \vec{a}^{\,T} \cdot Q \cdot S^{-1} \cdot Q \cdot \vec{a}
$$

und betrachten das folgende diskrete Minimierungsproblem, welches wir unter Einführung einer Schlupfvariablen z zu folgendem Gleichungssystem umformen können:

$$
H(\vec{a}) = \sum_{k=0}^{n-1} \left[\frac{y_k - a_k}{w_k} \right]^2 \leq M \implies H(\vec{a}) + z^2 = M \qquad (12.44)
$$

Führen wir nun noch einen nichtnegativen Lagrange-Multiplikator λ ein, kommen wir schließlich auf das folgende Minimierungsproblem:

$$
F(a, z, \lambda) = G(a) + \lambda[H(a) + z^2 - M] = \min \qquad (12.45)
$$

Schreibt man zur Abkürzung $\vec{y} = (y_0, \ldots, y_{n-1})^T$ und $W = diag(w_0, \ldots, w_{n-1})$, so führt die für ein Minimum notwendige Bedingung $\frac{\partial F}{\partial a_k} = 0$ auf das folgende lineare Gleichungssystem (unabhängig von z)

$$
2 \cdot Q \cdot \vec{c} + \lambda \cdot W^{-2}(\vec{a} - \vec{y}) = 0, \qquad (12.46)
$$

welches unter Berücksichtigung von (12.42) in

$$
(\lambda \cdot S + 6 \cdot Q \cdot W^2 \cdot Q) \cdot \vec{c} = 3 \cdot \lambda \cdot Q \cdot \vec{y} \qquad (12.47)
$$

übergeht, um $\vec{c} = \vec{c}(\lambda)$ und anschließend die anderen Koeffizienten des Splines zu berechnen. Für $\lambda = 0$ ergibt sich die triviale Lösung, dass unsere Splinefunktion eine Gerade ist.

$\lambda > 0$ bedeutet $z = 0$, weil

$$
\frac{\partial F}{\partial z} = 2z\lambda = 0.
$$

Also muss $\lambda > 0$ über $\frac{\partial F}{\partial \lambda} = 0$ bestimmt werden. Das heißt, wir müssen $H(a(\lambda)) = H(\lambda) = M$ unter Berücksichtigung von (12.47) und (12.42) lösen. Dieses können wir allerdings nur noch mit sehr komplizierten nicht linearen Iterationsmethoden. Dieses aufwendige Verfahren scheint kaum mehr praktikabel. Daher benutzen wir eine andere Strategie, die wir im folgenden Abschnitt vorstellen.

Eine flexiblere Annäherung

Mit dem oben vorgestellten Verfahren sind wir in der Lage, die Güte der Approximation hauptsächlich über M zu kontrollieren. Sind die Gewichte w_k nicht explizit gegeben, kann man diese ebenfalls variieren. Es muss allerdings jedesmal ein nichtlineares Iterationsverfahren durchgeführt werden. In einem anderen Modell wollen wir deshalb nun $n-1$ weitere Kontrollparameter einführen, welche für jede beliebige Wahl ein leicht geändertes lineares Gleichungssystems liefern.

Gegeben seien (x_k, y_k), $k = 0, \ldots, n$ mit $n \geq 3$ und $x_0 < \ldots < x_n$. Zusätzlich seien Kontrollparameter p_k, $k = 0, \ldots, n$ gegeben.

Gesucht ist nun eine kubische Splinefunktion s auf $[x_0, x_n]$ mit den Knoten $x_0, \ldots x_n$. Es müssen also $4(n-1)$-Koeffizienten a_k, b_k, c_k, d_k, $k = 0, \ldots, n-1$ bestimmt werden, so dass

$$s(x) = s_k(x) = a_k + b_k(x - x_k) + c_k(x - x_k)^2 + d_k(x - x_k)^3 \qquad (12.48)$$

in $[x_k, x_{k+1}]$ und folgende Bedingungen erfüllt sind:

(i) s und die erste und die zweite Ableitung sind an den Knoten stetig

$$s_{k-1}^{(j)}(x_k) = s_k^{(j)}(x_k), \quad k = 1, \ldots n-1, \quad j = 0, 1, 2$$
$$s_{n-1}^{(j)}(x_n) = s_1^{(j)}(x_1), \quad j = 0, 1, 2$$

(ii) s besitzt die Minimaleigenschaft:

$$G(s) = \int_{x_0}^{x_n} [s''(x)]^2 dx = \min \qquad (12.49)$$

(iii) s genügt den folgenden Nebenbedingungen:

$$H_k(\vec{a}) = \left[\frac{y_k - a_k}{w_k} \right]^2 \leq M_k, \quad k = 0, \ldots, n-1 \qquad (12.50)$$

mit an jedem Knoten frei wählbaren Gewichten $w_0, \ldots, w_{n-1}$.

Wir geben uns also an jedem Knoten eine Nebenbedingung vor. Damit können wir an jedem Knoten die Güte der Approximation steuern. Für dieses Vorgehen benutzen wir erneut die Lagrange-Multiplikatormethode unter Einführung von n Schlupfvariablen $z_0, \ldots z_{n-1}$. Die Lagrange-Funktion sieht dann so aus:

$$F(\vec{a}, z, \lambda) = G(\vec{a}) + \sum_{k=0}^{n-1} \lambda_k \left[H_k(\vec{a}) + z_k^2 - M_k \right] = \min \qquad (12.51)$$

mit den Lagrangeparametern $\lambda_0, \ldots, \lambda_{n-1}$.
   Die notwendige Bedingung $\frac{\partial F}{\partial a_k} = 0$ ergibt jetzt

$$2 \cdot Q \cdot \vec{c} + W^{-2} \Lambda (\vec{a} - \vec{y}) = 0 \qquad (12.52)$$

mit $\Lambda = diag(\lambda_0, \ldots, \lambda_{n-1})$. $\frac{\partial F}{\partial \lambda_k} = \frac{\partial F}{\partial z_k} = 0$ liefert weiterhin

$$H_k(\vec{a}) + z_k^2 - M_k = 0 \quad k = 0, \ldots n - 1 \qquad (12.53)$$

$$2 \cdot \lambda_k \cdot z_k = 0 \quad k = 0, \ldots n - 1 \qquad (12.54)$$

Man kann jetzt allerdings nicht mehr argumentieren, dass alle λ_k oder alle z_k Null sind.
   Die Parameter M_k ermöglichen es uns nun, den Wert der $\lambda_k > 0, k = 0, \ldots, n-1$ zu beeinflussen. Man multipliziert (12.52) nacheinander mit W^2, Λ^{-1} und Q und benutzt (12.42):

$$
\begin{aligned}
& 2Q \cdot \vec{c} + W^{-2} \Lambda (\vec{a} - \vec{y}) = 0 \\
\Longleftrightarrow \quad & 2\Lambda^{-1} W^2 Q \cdot \vec{c} + \vec{a} - \vec{y} = 0 \\
\Longleftrightarrow \quad & 2\Lambda^{-1} W^2 Q \cdot \vec{c} + \tfrac{1}{3} Q^{-1} S \cdot \vec{c} = \vec{y} \\
\Longleftrightarrow \quad & 6Q\Lambda^{-1} W^2 Q\vec{c} + S \cdot \vec{c} = 3Q \cdot \vec{y} \\
\Longleftrightarrow \quad & (S + 6Q\Lambda^{-1} W^2 Q) \cdot \vec{c} = 3Q \cdot \vec{y}
\end{aligned}
$$

Wir führen zur Abkürzung die Matrix A ein:

$$A(P) := S + 6 \cdot Q \cdot P^{-1} \cdot Q, \qquad (12.55)$$

mit

$$P := diag(p_0, \ldots p_{n-1}) := W^{-2} \cdot \Lambda. \qquad (12.56)$$

Damit erhält das Gleichungssystem (12.10) folgende Form:

$$A(P) \cdot \vec{c} = 3 \cdot Q \cdot \vec{y}. \qquad (12.57)$$

Geben wir also $p_0, \ldots p_{n-1}$ beliebig vor, so müssen wir nur noch ein einfaches lineares Gleichungssystem (12.57) lösen. Gefällt uns die Lösung nicht, so können wir mit dieser Methode die p_k lediglich an den Stellen verändern, an denen die Kurve nicht wie gewünscht approximiert wird.

Die Koeffizientenmatrix $A(P) = (a_{ik})$ hat 5 Diagonalen und 3 Einträge ungleich 0 in der oberen rechten Ecke und der unteren linken Ecke.

$$
A = \begin{pmatrix}
* & * & * & 0 & \dots & 0 & * & * \\
* & * & \ddots & \ddots & \ddots & & & * \\
* & * & \ddots & \ddots & \ddots & \ddots & & 0 \\
0 & \ddots & \ddots & \ddots & \ddots & \ddots & & \vdots \\
\vdots & & \ddots & \ddots & \ddots & \ddots & \ddots & 0 \\
0 & & & \ddots & \ddots & \ddots & \ddots & * \\
* & * & & & \ddots & \ddots & \ddots & * \\
* & * & * & 0 & \dots & 0 & * & *
\end{pmatrix}
$$

Die einzelnen Einträge lauten dabei folgendermaßen:

$$
a_{kk} = 2(h_{k-1} + h_k) + 6\left[\frac{1}{p_{k-1}h_{k-1}^2} + \frac{1}{p_k}\left(\frac{1}{h_{k-1}} + \frac{1}{h_k}\right)^2 + \frac{1}{p_{k+1}h_k^2}\right], k = 0, \dots, n-1
$$

$$
a_{k,k+1} = a_{k+1,k} = h_k - 6\left[\frac{1}{p_kh_k}\left(\frac{1}{h_{k-1}} + \frac{1}{h_k}\right) + \frac{1}{p_{k+1}h_k}\left(\frac{1}{h_k} + \frac{1}{h_{k+1}}\right)\right], k = 0, \dots, n-2
$$

$$
a_{k,k+2} = a_{k+2,k} = \frac{6}{p_{k+1}h_kh_{k+1}}, k = 0, \dots, n-3
$$

$$
a_{0,n-2} = a_{n-2,0} = \frac{6}{p_{n-2}h_{n-2}h_{n-1}}
$$

$$
a_{0,n-1} = a_{n-1,0} = h_{n-1} - 6\left[\frac{1}{p_{n-1}h_{n-1}}\left(\frac{1}{h_{n-2}} + \frac{1}{h_{n-1}}\right) + \frac{1}{p_1h_{n-1}}\left(\frac{1}{h_{n-1}} + \frac{1}{h_1}\right)\right]
$$

$$
a_{1,n-1} = a_{n-1,1} = \frac{6}{p_1h_1h_{n-1}}
$$

mit $h_{-1} = h_{n-1}, p_{-1} = p_{n-1}, p_n = p_0$.

12.11 Weitere Anwendungen

Zum Schluss zeigen wir an ein paar Skizzen, wie sich die Ausgleichskurven verhalten. Hier kommen zuerst einige wild liegende Daten, die wir mit einer Ausgleichskurve approximiert haben, bei der wir die zusätzlichen Gewichte alle zu $w_k = 0,001$ gesetzt haben (Abb. 12.25):

Wenn wir die Parameter alle zu $w_k = 1$ setzen, werden die Datenpunkte wesentlich genauer erreicht. Das zeigt die folgende (Abb. 12.26):

In der folgenden Abbildung haben wir alle Gewichte zu $w_k = 1000$ gesetzt. Dann werden die Datenpunkte wie bei einer Interpolationskurve direkt durchlaufen (Abb. 12.27):

Bei der nächsten Abbildung haben wir etwas gespielt und die Gewichte nicht gleichverteilt. Dahinter steht der Gedanke, dass ein Anwender bei diesen Daten vielleicht weiß, wie die Skizze aussieht. Also erkennt er, dass manche Daten Ausrutscher sind. In unserem Beispiel sind es der dritte und der sechste Punkt. Die haben wir daher mit einem kleinen Gewicht versehen und die anderen mit größeren. So kann

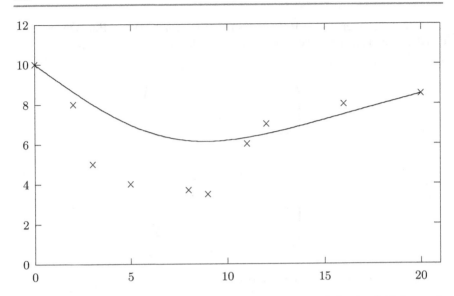

Abb. 12.25 Mit × bezeichnete Daten, die ziemlich verstreut liegen und eine Ausgleichskurve mit sehr kleinen Parametern $w_k = 0{,}001$

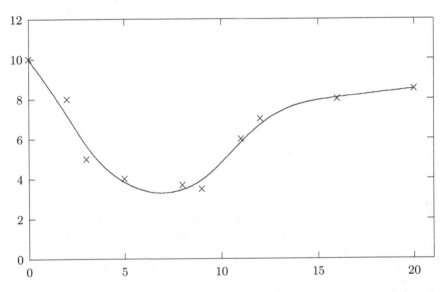

Abb. 12.26 Dieselben Datenpunkte aus der obigen Abbildung, diesmal aber approximiert mit Gewichten $w_k = 1$

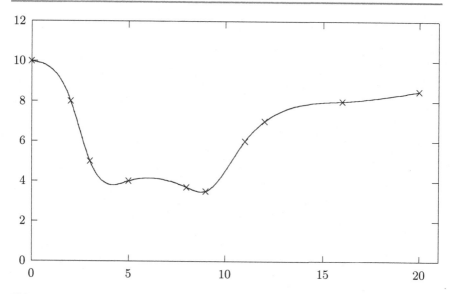

Abb. 12.27 Wiederum dieselben Datenpunkte wie oben, aber diesmal eine Ausgleichskurve mit Gewichten $w_k = 1000$

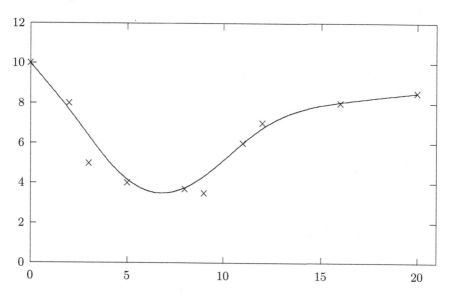

Abb. 12.28 Hier haben wir etwas gespielt und die Gewichte ungleich verteilt

der Anwender bei diesem Verfahren in die Auswertung eingreifen und sein externes Wissen in das Ergebnis einfließen lassen (Abb. 12.28):

Übrigens, zu der Zeit, als Computer begannen, die Welt zu erobern, lästerten manche:

CAD: Computer am Dienstag – CAM: Chaos am Mittwoch

Gewöhnliche Differentialgleichungen

13

Inhaltsverzeichnis

13.1 Diese Mathematiker immer mit Existenz und Eindeutigkeit 240
13.2 Existenz und Eindeutigkeit 240
13.3 Numerische Verfahren.. 244
13.4 Euler-Polygonzug-Verfahren.. 245
13.5 Zur Konvergenz des Euler-Verfahrens 248
13.6 Runge-Kutta-Verfahren... 251
13.7 Zur Konvergenz des Runge-Kutta-Verfahrens 253
13.8 Ausblick 253

In diesem Kapitel wollen wir uns mit einer Aufgabe befassen, die für die Praxis von größter Bedeutung ist. Es geht um die Aufgabe, Differentialgleichungen zu lösen. Es handelt sich um eine ganz neue Form von Gleichungen, nämlich Gleichungen, in denen eine unbekannte Funktion und zugleich ihre Ableitungen vorkommen. Die unbekannte Funktion $y(x)$ wird als Lösung gesucht. Ich erinnere mich noch sehr, wie schrecklich es mir ankam, als wir in der 11. Klasse zur Differentialrechnung kamen. Wir hatten bis dahin immer nur mit Zahlen gerechnet, jetzt sollten wir plötzlich mit Funktionen umgehen. Das war furchtbar neu und hat uns alle abgeschreckt. So, wie wir uns daran gewöhnt haben, müssen wir uns ebenso an die Differentialgleichungen gewöhnen. Dann wird das schon.

In sehr vielen Gebieten des täglichen Lebens spielen Differentialgleichungen eine entscheidende Rolle. Wir nennen das Grundgesetz von Newton für Bewegungen: Kraft gleich Masse mal Beschleunigung. Die Beschleunigung ist die zweite Ableitung der Bewegung nach der Zeit. Das ist also eine Gleichung, in der eine Ableitung vorkommt. Wenn Sie eine Pendeluhr betrachten, wenn wir von Satelliten hören, die die Erde umkreisen, Konzentrationen in chemischen Verbindungen oder poröses Material betrachten, stets sind es Differentialgleichungen, die zur Modellbildung herangezogen werden können. Sie werden staunen, wo diese Biester in Ihrem

© Springer-Verlag GmbH Deutschland, ein Teil von Springer Nature 2019
N. Herrmann, *Mathematik für Naturwissenschaftler*,
https://doi.org/10.1007/978-3-662-58832-1_13

Studium auftauchen. Wir können allerdings nur einen sehr groben Überblick geben, wie solche Gleichungen zu lösen sind. Für Einzelheiten müssen wir auf die Literatur verweisen.

13.1   Diese Mathematiker immer mit Existenz und Eindeutigkeit

Ein typischer Vorwurf gerade von Anwendern gegen die Mathematiker besteht in den beiden Worten ‚Existenz' und ‚Eindeutigkeit' und einem großen Stöhnen. Ja, damit hantieren die, aber was soll ich als Praktiker damit anfangen? Da kam eine Studentin zu mir mit dem Problem: Sie hatte einen Roboter entwickelt. Der sollte vorwärts laufen. Das tat er auch, aber seine Bewegungen waren sehr komisch. Um vorwärts zu kommen, streckte er zuerst sein Hinterteil weit nach hinten. Dann erst setzte er einen Fuß nach vorne. Und das machte er bei jedem Schritt. Sie meinte, das könnte sie nicht anbieten, alle würden nur lachen. Sie hätte da eine Differentialgleichung aus ihrer Modellbildung entnommen. Sie vermutete, dass diese Gleichung mehrere Lösungen haben könnte und dass sie die falsche Lösung benutzt hatte. Da war ich mit meiner Existenz und Eindeutigkeit gefragt, und siehe da, ich konnte ihr mit den Methoden, die wir gleich unten besprechen werden, leicht zeigen, dass ihre Aufgabe genau eine Lösung besitzt, Existenz klar, Eindeutigkeit ebenfalls gegeben. Da war diese Studentin sehr froh, denn jetzt war klar, dass ihr Modell falsch war. Und sie wusste auch schon, wo sie ansetzen musste. Also bitte, verachten Sie mir die Existenz- und Eindeutigkeitsfragen der Mathematiker nicht. Wenn irgendeine Aufgabe mehr als eine Lösung hat, können Sie doch mit einem Computer gar nicht anfangen zu rechnen. Der haut doch gleich mit ‚ERROR' dazwischen, beendet die weitere Diskussion oder rechnet gar mit einer nicht brauchbaren Lösung weiter.

Wir werden uns also zuerst die gar nicht so komplizierten Sätze zur Existenz und Eindeutigkeit anschauen und danach zwei der wichtigsten Verfahren zur numerischen Berechnung von sogenannten Anfangswertaufgaben mit gewöhnlichen Differentialgleichungen kennenlernen.

13.2   Existenz und Eindeutigkeit

Zunächst wollen wir uns über den Begriff ‚Differentialgleichung' klar werden. Daher beginnen wir mit der Definition einer gewöhnlichen Differentialgleichung. Die andere große Gruppe, die partiellen Differentialgleichungen, behandeln wir dann im nächsten Kapitel.

Definition 13.1
Eine gewöhnliche Differentialgleichung erster Ordnung ist eine Gleichung, in der eine unbekannte Funktion $y(x)$ der einen unabhängigen Variablen x zusammen mit ihrer ersten Ableitung $y'(x)$, steht, also eine Gleichung der Form

$$F(x, y(x), y'(x)) = 0 \qquad (13.1)$$

mit einer allgemeinen Funktion F von den 3 Variablen x, y und y'. Gesucht ist dabei die Funktion y = y(x).

Die Differentialgleichung heißt explizit, wenn sie sich schreiben lässt als

$$y'(x) = f(x, y(x)). \tag{13.2}$$

Wir werden solch eine Gleichung häufig mit ‚DGL' abkürzen.

Tatsächlich ist es keine schwierige Weiterführung, wenn wir auch noch $y''(x), \ldots, y^{(n)}$ zulassen, also DGLn n-ter Ordnung betrachten. Wir möchten aber hier nur eine Einführung geben und verweisen Sie auf Spezialliteratur.

Beispiel 13.1
Die DGL

$$3y'(x) + 2y(x) = \cos x$$

lässt sich schreiben als

$$y'(x) = -\frac{2}{3}y(x) + \frac{\cos x}{3},$$

ist also explizit.

Aber die DGL

$$y'(x) + y'^2(x) \cdot \sqrt{y(x)} - \ln y'(x) = 0$$

lässt sich nicht nach y'(x) auflösen. Versuchen Sie es ruhig. □

Wir betrachten ab sofort nur explizite DGLn. Für nicht explizite DGLn findet man nur in echter Spezialliteratur Lösungsansätze. Im Prinzip sehen wir da eine Ableitung in der Gleichung, also müsste man ja wohl integrieren. Ungefähr so werden wir das auch machen. Wichtig im Moment ist, dass dabei, wie wir aus der Schule noch wissen, eine Integrationskonstante auftritt, die wir beliebig wählen können. Das bedeutet aber, dass wir beliebig viele Lösungen haben, wenn wir denn überhaupt eine haben. Daher brauchen wir eine weitere Einschränkung, also eine weitere Bedingung, die wir an unsere Lösung stellen wollen. Eine der wichtigsten Forderungen, die sich anbieten, ist eine sogenannte Anfangsbedingung. Wir verlangen, dass unsere Lösung bei x_0 einen fest vorgegebenen Wert y_0 annimmt.

Definition 13.2
Unter einer Anfangsbedingung AB für eine gewöhnliche Differentialgleichung erster Ordnung verstehen wir eine Gleichung der Form

$$y'(x_0) = y_0. \tag{13.3}$$

Unsere damit entstehende Aufgabe erhält einen eigenen Namen:

Definition 13.3
*Eine gewöhnliche explizite Differentialgleichung erster Ordnung zusammen mit einer
Anfangsbedingung nennen wir eine Anfangswertaufgabe (AWA). Sie hat also die
Form*

$$y'(x) = f(x, y(x)) \quad mit \quad y(x_0) = y_0. \tag{13.4}$$

Beispiel 13.2
Wir betrachten die AWA

$$y'(x) = y(x) \; mit \; y(0) = 1. \tag{13.5}$$

Zunächst die kleine Erklärung, wo wir unsere Funktion f finden. Bei der expliziten
Darstellung steht sie einfach auf der rechten Seite. Hier also $f(x, y) = y$. Aber da ist
ja kein x? Muss doch auch nicht. Betrachten Sie im $\mathbb{R}^1$ die Funktion $f(x) = 2$, also
eine konstante Funktion. Da ist auch kein x drin. Na, das ist kein Problem. Weiter
unten kommen wir mit schwierigeren AWA's.
 Offensichtlich ist

$$y(x) = c \cdot e^x$$

Lösung der Differentialgleichung

$$y'(x) = y(x),$$

wie man durch Einsetzen direkt zeigt. Wir werden gleich im Satz 13.2 zeigen, dass
es die einzige Lösung dieser Differentialgleichung ist. Dann benutzen wir die AB
$y(0) = 1$ und erhalten

$$y(0) = c \cdot e^0 = c = 1.$$

Also ist $y(x) = e^x$ die einzige Lösung der AWA (13.5).   □
 Jetzt ändern wir die AB:

Beispiel 13.3
Wir betrachten die AWA

$$y'(x) = y(x) \; mit \; y(0) = 2.$$

Die Lösung der DGL ist wie oben die Funktion $y(x) = c \cdot e^x$. Anpassen der AB
$y(0) = 2$ ergibt

$$y(0) = c \cdot e^0 = c = 2.$$

Damit ist $y(x) = 2 \cdot e^x$ die einzige Lösung dieser AWA, und sie ist verschieden von
der Lösung der AWA in Beispiel 13.2.   □

Satz 13.1 (Existenzsatz von Peano)
Sei f stetig im Gebiet $G \subseteq \mathbb{R}^2$ und sei $(x_0, y_0) \in G$. Dann gibt es ein $\delta > 0$, so daß die Anfangswertaufgabe

$$y'(x) = f(x, y(x)), \quad y(x_0) = y_0$$

(mindestens) eine Lösung im Intervall $[x - \delta, x + \delta]$ besitzt.

Falls die rechte Seite der DGL, also die Funktion f diese sehr schwache Bedingung der Stetigkeit nicht erfüllt, so können wir leider keine Aussage zur Existenz einer Lösung machen. Vielleicht gibt es eine Lösung, vielleicht aber auch nicht. Eine etwas stärkere Bedingung an die Funktion f gibt uns jetzt die Gewissheit, dass es genau eine Lösung gibt.

Satz 13.2 (Lokaler Existenz- und Eindeutigkeitssatz)
*Es sei G ein Gebiet des $\mathbb{R}^2$ und $f : G \to \mathbb{R}$ eine stetige Funktion, die bzgl. der zweiten Variablen y **lokal** einer Lipschitz-Bedingung (L) genügt, für jeden Punkt $(x, y) \in G$ gebe es also eine (vielleicht winzig) kleine Umgebung $U(x, y)$, in der eine Konstante $L > 0$ existiert mit*

$$(L) \quad |f(x, y_1) - f(x, y_2)| \leq L \cdot |y_1 - y_2| \; \text{für alle } (x, y_1), (x, y_2) \in U. \quad (13.6)$$

Dann gibt es zu jedem Punkt $(x_0, y_0) \in G$ genau eine stetig differenzierbare Funktion $y(x)$, die der folgenden Anfangswertaufgabe genügt:

$$y'(x) = f(x, y(x)) \; \text{mit } y(x_0) = y_0. \quad (13.7)$$

Es reicht also, wenn es zu jedem Punkt eine klitzekleine Umgebung gibt, in der die Lipschitz-Bedingung erfüllt ist. Diese Umgebung muss nicht mal für jeden Punkt die gleiche Größe haben. Das ist wirklich eine schwache Bedingung.

Beispiel 13.4
Hat die AWA

$$y'(x) = -x \cdot y(x), \quad y(0) = 1$$

genau eine Lösung?

Wir müssen die Funktion $f(x, y)$ untersuchen. Das ist hier die Funktion

$$f(x, y) = -xy.$$

Dabei betrachten wir y analog zu x als unabhängige Variable, f sei also eine Funktion von zwei Variablen x und y. Wir vergessen für diese Untersuchung also, dass y als Lösung der AWA eine Funktion von x sein möchte. Selbstverständlich ist diese

Abb. 13.1 Umgebung U des
Punktes $(0, 1)$, in der $|x|$
beschränkt bleibt

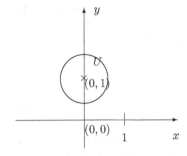

Funktion stetig. Das sieht man wirklich. Kümmern wir uns also nur noch um die Lipschitzbedingung (L). Wir rechnen:

$$|f(x, y_1) - f(x, y_2)| = |-xy_1 - (-xy_2)| = |x| \cdot |y_1 - y_2|.$$

Vergleich mit der Formel (L) zeigt uns, dass L aus dem Faktor $|x|$ zu entwickeln ist. Aus der AB entnehmen wir $x_0 = 0$ und $y_0 = 1$. Wir müssen also schauen, ob in einer Umgebung des Punktes $(0, 1) \in \mathbb{R}^2$ dieses $|x|$ beschränkt bleibt. Schauen wir rechts auf die Skizze. In dem gezeichneten Kreis ist $|x| \leq 1$. Also betrachten wir als kleine Umgebung diesen Kreis und wählen $L = 1$ (Abb. 13.1).

Damit haben wir die Lipschitzbedingung erfüllt und sind sicher, dass unsere Aufgabe durch diesen Anfangspunkt genau eine Lösung besitzt.   □

Wir betonen noch einmal, dass wir hier zwei Bedingungen, stetig und Lipschitzstetig, betrachten, die wir vorab, ohne die DGL zu lösen, anwenden können. An Hand dieser Bedingungen sind wir dann in der Lage vorherzusagen, ob die Aufgabe Sinn macht, also lösbar ist oder nicht. Das grenzt doch schon an Zauberei, oder? Ja, diese Mathematiker!

13.3 Numerische Verfahren

Schon sehr einfache AWAn sind nicht mehr exakt zu lösen. Betrachten wir z. B.

$$y'(x) = x^2 + y^2(x), \quad y(0) = 1.$$

Das ist wegen des Quadrates rechts bei y keine in y lineare Differentialgleichung mehr. Für solch eine Aufgabe kennen wir leider kein Verfahren zur Berechnung der exakten Lösung. Weil solche Aufgaben aber immer häufiger die Anwendungen bestimmen, wollen wir gleich zur Numerik schreiten und versuchen, sie näherungsweise zu lösen.

13.4   Euler-Polygonzug-Verfahren

Wir betrachten als Standard-AWA die Aufgabe

$$y'(x) = f(x, y(x)), \quad y(x_0) = y_0. \tag{13.8}$$

Grundgedanke der Näherungsverfahren:

> Wir versuchen, die Lösung dieser AWA anzunähern, indem wir Näherungswerte an gewissen Punkten berechnen.

Dazu wählen wir eine Schrittweite $h > 0$ und bilden mit x_0 aus der AB die Stützstellen:

$$x_0, x_1 = x_0 + h, x_2 = x_0 + 2h, x_3 = x_0 + 3h, \ldots \tag{13.9}$$

Wir versuchen dann, ausgehend von dem Vorgabewert y_0 der AB Näherungswerte $y_1, y_2, y_3, \ldots$ für $y(x_1), y(x_2), y(x_3), \ldots$, also die Werte der exakten Lösung $y(x)$ an diesen Stützstellen zu finden:

$$y_1 \approx y(x_0 + h) = y(x_1), y_2 \approx y(x_0 + 2h) = y(x_2), y_3 \approx y(x_0 + 3h) = y(x_3), \ldots \tag{13.10}$$

Leonard Euler benutzte die Idee der Taylor-Entwicklung:

$$y(x_1) = y(x_0 + h) = y(x_0) + h y'(x_0) + \underbrace{\frac{h^2}{2} y''(\xi)} \quad \text{mit } x_0 < \xi < x_1. \tag{13.11}$$

Den unterklammerten Ausdruck vernachlässigen wir. Da steht ja ein h^2 drin; wenn wir h klein machen, wird dieser Term viel kleiner, also weglassen. Wir werden später dazu Kritisches anmerken.

Jetzt nutzen wir aus, dass wir ja aus der gegebenen Differentialgleichung die Funktion f kennen, und setzen

$$y_1 := y_0 + h y'(x_0) = y_0 + h f(x_0, y_0) \tag{13.12}$$

$$y_2 := y_1 + h y'(x_1) = y_1 + h f(x_1, y_1) \tag{13.13}$$

$$\vdots \tag{13.14}$$

Am folgenden Beispiel können Sie sehr schnell sehen, wie einfach dieses Verfahren anzuwenden ist.

Beispiel 13.5
Zeigen Sie, dass für folgende AWA

$$y'(x) = -xy(x), \quad y(0) = 1$$

die Funktion $y(x) = e^{-x^2/2}$ die exakte Lösung ist, und berechnen Sie mit $h = 0{,}2$ eine Näherung mit dem Euler-Verfahren.

Mit Hilfe des lokalen Existenz- und Eindeutigkeitssatzes 13.2 überlegen wir uns zuerst, dass diese Aufgabe genau eine Lösung besitzt. Wegen $f(x, y) = -xy$, eine offenkundig stetige Funktion, gibt es durch den Anfangspunkt $(x_0, y_0) = (0,1)$ eine Lösung. Die Lipschitzbedingung hatten wir oben im Beispiel 13.4 schon nachgewiesen. Also wissen wir damit, dass diese ganze Aufgabe genau eine Lösung besitzt. Wir müssen nur nachrechnen, dass die angegebene Funktion eine Lösung ist.

Wir berechnen die Ableitung der Funktion $y(x)$:

$$y'(x) = -\frac{2x}{2}e^{-x^2/2} = -xy(x).$$

Und wir sehen, dass diese Funktion auch die AB erfüllt: $y(x_0) = y(0) = 1$. Alles klar, $y(x) = e^{-x^2/2}$ ist die einzige Lösung.

Jetzt berechnen wir eine Näherungslösung. Aus der AB folgt $x_0 = 0$, $y_0 = 1$ und aus der DGL $f(x, y) = -xy$. Mit $h = 0,2$ haben wir

$$x_0 = 0, x_1 = 0,2, x_2 = 0,4, x_3 = 0,6, x_4 = 0,8, x_5 = 1.$$

Damit erhalten wir

$$y_1 = y_0 + hf(x_0, y_0) = 1 + 0,2 \cdot (-x_0 y_0) = 1 + 0,2 \cdot (-0) \cdot 1 = 1.$$

So geht es weiter.

$$y_2 = y_1 + hf(x_1, y_1) = 1 + 0,2 \cdot (-x_1 y_1) = 1 + 0,2 \cdot (-0,2 \cdot 1) = 0,96.$$

$$y_3 = y_2 + hf(x_2, y_2) = 0,96 + 0,2 \cdot (-0,4 \cdot 0,96) = 0,8832.$$

Zur Berechnung der weiteren Werte benutzen wir lieber einen Rechner, der freut sich geradezu auf solche Aufgaben.

$$y_4 = 0,777, \quad y_5 = 0,653.$$

Zum Vergleich mit der exakten Lösung stellen wir die Terme gegenüber.

x-Wert	Exakte Lösung	Näherungswert
$x_0 = 0$	$y(x_0) = 1$	$y_0 = 1$
$x_1 = 0,2$	$y(x_1) = 0,980$	$y_1 = 1$
$x_2 = 0,2$	$y(x_2) = 0,923$	$y_2 = 0,96$
$x_3 = 0,2$	$y(x_3) = 0,835$	$y_3 = 0,8832$
$x_4 = 0,2$	$y(x_4) = 0,726$	$y_4 = 0,777$
$x_5 = 0,2$	$y(x_5) = 0,6065$	$y_5 = 0,653$

Wir sehen, dass das Ergebnis höchstens suboptimal ist. Aber wir haben ja auch eine Schrittweite $h = 0,2$ gewählt. Wenn wir die verkleinern, dann wird es schon werden, möchte man meinen. Wir werden gleich anschließend dazu etwas sagen. Wir fassen das Euler-Polygonzug-Verfahren zusammen:

Euler-Polygonzug-Verfahren

$$y_0 = y(x_0),$$
$$y_{i+1} = y_i + h \cdot f(x_i, y_i), \quad i = 0, 1, 2, \ldots. \tag{13.15}$$

Wir können dieses Verfahren wunderbar veranschaulichen. Schauen Sie auf das folgende Bild (Abb. 13.2).

Durch die vorgegebene Schrittweite $h > 0$ haben wir, ausgehend vom Anfangspunkt x_0 aus der AB, die Punkte $x_1,\ldots,x_4$ eingetragen. Dann können wir aus der gegebenen Differentialgleichung, wenn wir x_0 einsetzen und $y_0 = y(x_0)$ aus der AB entnehmen, den Wert $y'(x_0) = f(x_0, y_0)$ ausrechnen. Was ist das bitte? Es ist, wie es sich für die Ableitung gehört, die Steigung der Lösungsfunktion im Punkt (x_0, y_0). Mit der Punkt-Steigungsform aus der 8. Klasse können wir damit die Geradengleichung aufstellen und beim Schnittpunkt mit der Ordinate über x_1 den neuen Punkt y_1 ablesen. Unser Pfeil zeigt genau auf diese Gerade. Dieser Punkt ist eine Näherung an den gesuchten Punkt der Lösungsfunktion über x_1.

Wieder mittels der DGl berechnen wir an dieser Stelle den Wert $y'(x_1) = f(x_1, y_1)$, erhalten also wieder die neue Steigung am Punkt (x_1, y_1) und können eine neue Gerade zeichnen bis zur Ordinate über x_2. Und so geht das fort und fort, und es entsteht der ganze Polygonzug.

Wir betonen noch einmal: Im Punkt (x_0, y_0) haben wir in der Tat die Steigung der Lösungsfunktion ausgerechnet. Im Punkt (x_1, y_1) haben wir auch eine Steigung ausrechnen können, aber das muss nicht die Steigung der Lösungsfunktion sein.

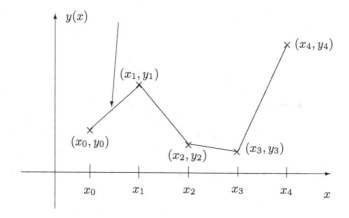

Abb. 13.2 Ungefähr so könnte ein Polygonzug nach dem Euler-Verfahren aussehen

y_1 ist ja nur ein Näherungswert, die Lösungsfunktion muss ja gar nicht durch (x_1, y_1) hindurchgehen. So sind auch alle weiteren berechneten Punkte nur Näherungswerte an die gesuchte Lösungsfunktion.

Eine Bemerkung zur fest gewählten Schrittweite $h > 0$. Es ist möglich und an vielen Stellen sogar notwendig, die Schrittweite von Schritt zu Schritt variabel zu gestalten. Sie finden das in der Literatur unter der Bezeichnung ‚adaptive Verfahren'. Leider können wir in diesem Rahmen darauf nicht näher eingehen.

13.5   Zur Konvergenz des Euler-Verfahrens

Bitte vergessen Sie den Gedanken, selbst wenn wir tausend und mehr Schritte Polygonzug machen, mit diesen Punkten etwas über Konvergenz sagen zu wollen. Konvergenz ist ein Begriff, der nur bei unendlich vielen Schritten Sinn macht. Selbst mit den größten Rechnern können Sie niemals unendlich viele Schritte berechnen. Wenn wir trotzdem dazu was sagen wollen, so ist anderes damit gemeint (Abb. 13.3).

Schauen Sie sich in obiger Skizze zuerst die Sterne ⋆ an. Sie finden sie auf der x-Achse im Abstand, sagen wir $h = 1$. Dazwischen liegen •, die zusammen mit den ⋆ den Abstand $h = 1/2$ symbolisieren. Dann sind noch wieder in der Mitte ▲, die mit den anderen den Abstand $h = 1/4$ zeigen. Dazu haben wir oben darüber Polygonzüge gezeichnet. Der grobe zu ⋆, der mittelfeine zu • und der ganz feine zu ▲. Ganz fein ist natürlich nur für die Skizze gemeint. Wir lassen jetzt die Abstände immer kleiner werden, denken also im Kopf, niemand will das mehr zeichnen, an $h \to 0$. Zu jedem dieser h gehört ein Polygonzug. So entstehen im Prinzip unendlich viele Polygonzüge. Jetzt ist es möglich und erlaubt, für Mathematikerinnen und Mathematiker geradezu Pflicht, nach Konvergenz dieser Folge von Polygonzügen zu fragen. So ist also Konvergenz zu verstehen.

Leider kann man nun vom Euler-Verfahren nicht so locker vom Hocker etwas über Konvergenz aussagen. Unter der Zusatzbedingung, dass das Verfahren stabil

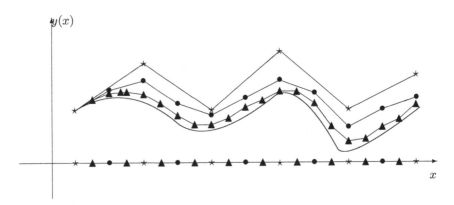

Abb. 13.3 Drei Polygonzüge nach dem Euler-Verfahren

ist, folgt das erst. Und das Schlimme ist, dass Stabilität ziemlich kompliziert zu beschreiben ist. Grob gesprochen, und nur das können wir hier andeuten, meint es:

Kleine Abweichungen zu Beginn dürfen nicht zu Chaos im Verlauf der Rechnung führen.

Wir können in der Praxis kleine Abweichungen am Beginn in der Regel nicht vermeiden; denn wir haben ja unsere Anfangsbedingung nicht am grünen Tisch gefunden, sondern, wenn wir mal von unseren kleinen Übungsbeispielen absehen, aus Messungen in der Natur. Da sind Fehler nicht vermeidbar. Diese dürfen sich dann im Verlauf der weiteren Berechnungen nicht aufschaukeln. Man kann es vergleichen mit einer Anordnung, wo eine große Halbkugel auf dem Tisch liegt und ganz oben wird eine kleine Kugel platziert. Wenn wir es schaffen, diese kleine Kugel ganz exakt auf den obersten Punkt der Halbkugel zu legen, wenn wir dabei nicht atmen und auch zugleich niemand die Tür aufmacht, wenn also nicht die kleinste Erschütterung passiert, dann bleibt die Kugel oben liegen. Aber bei der geringsten Abweichung fällt die kleine Kugel sofort nach unten. Dieser obere Punkt ist also ein unstabiler Punkt.

Wenn Sie aber eine hohlkugelförmige Schüssel auf den Tisch stellen und eine kleine Kugel genau in die Mitte, also den untersten Punkt, legen, so können Sie ruhig am Tisch wackeln. Dann bewegt sich die kleine Kugel aus der Mitte weg, rollt dann aber nach kurzer Zeit genau dort wieder hin. Dieser Punkt ist stabil.

Tatsächlich spielt dieser Begriff ‚Stabilität' heute eine immer größere Rolle gerade bei Problemen in der Praxis. Die leichten Aufgaben sind ja längst gelöst; heute müssen wir uns mit schrecklich viel schwierigeren Aufgaben abplagen. Da kommen genau solche Fragen ins Spiel. Gerne würden wir hier darüber mehr berichten, müssen aber auf speziellere Literatur verweisen (vgl. [13]).

Für das Euler-Verfahren kennen wir Einschränkungen an die Schrittweite – sie darf nicht zu groß werden, so dass wir Stabilität sichern können. Dann können wir den Satz beweisen:

Satz 13.3 (Konvergenz des Euler-Verfahrens)
Wenn das Euler-Verfahren stabil ist, so ist es konvergent mit der Ordnung h, es gilt also

$$\max_{i} |y_h(x_i) - y(x_i)| \leq c \cdot h. \tag{13.16}$$

Schauen wir genau hin. Hier wird eine Abschätzung angegeben zwischen dem Wert $y(x_i)$ der exakten Lösung bei x_i – diesen Wert kennen wir normalerweise nicht! – und dem bei vorgegebener Schrittweite $h > 0$ berechneten Näherungswert $y_h(x_i)$. Wenn wir also $h \to 0$ gehen lassen, so wird die rechte Seite mit h kleiner, also geht der Abstand der Näherung von der exakten Lösung ebenfalls mit h gegen Null. Da die Konstante $c > 0$ ebenfalls unbekannt ist, können wir den Abstand nicht genau angeben, aber er wird kleiner und kleiner. Wir müssen also, um bessere Genauigkeit zu erhalten, mit immer kleinerem h neue Näherungswerte berechnen. Weil das Euler-Verfahren richtig einfach ist, ist das mit modernen Rechnern überhaupt kein Problem.

Übung 23

1. Gegeben sei die Anfangswertaufgabe (AWA)

$$y'(x) = x - y(x) \quad \text{mit} \quad y(0) = 1$$

Zeigen Sie, dass die Funktion

$$y(x) = x - 1 + 2 \cdot e^x$$

die einzige Lösung dieser AWA ist.

2. Gegeben sei die AWA

$$y'(x) = 3 \cdot x + y^2(x) \quad \text{mit} \quad y(1) = 1{,}2$$

   a) Zeigen Sie mit Hilfe des lokalen Existenz- und Eindeutigkeitssatzes, dass diese Aufgabe genau eine Lösung besitzt.
   b) Berechnen Sie mit dem Euler-Verfahren, Schrittweite $h = 0{,}025$, $x_0 = 1$, $y_0 = 1{,}2$, Näherungen y_1, y_2, y_3, y_4 an den Stellen $x_1 = x_0 + h$, ..., $x_4 = x_0 + 4 \cdot h$.

3. Gegeben sei die Anfangswertaufgabe (AWA)

$$y'(x) = y^2(x) \quad \text{mit} \quad y(0) = 1$$

   a) Zeigen Sie, dass die Funktion

$$y(x) = \frac{1}{1-x}$$

   die einzige Lösung dieser AWA ist.
   b) Bestimmen Sie zeichnerisch für das Euler-Verfahren bei Schrittweite $h = 1/2$ einen Näherungswert für $y(1/2)$.
   c) Berechnen Sie mit dem Euler-Verfahren bei Schrittweite $h = 1/5$ Näherungen an den Stellen $x_1, ..., x_5$, und vergleichen Sie diese Werte mit den Werten der exakten Lösung.

Ausführliche Lösungen: https://www.springer.com/gp/book/9783662588314

13.6 Runge-Kutta-Verfahren

Eines der beliebtesten Verfahren bei Anfangswertaufgaben ist das Verfahren von
Runge und Kutta. Seine Beliebtheit rührt vermutlich aus der sehr guten Konvergenz-
güte her. Wir werden sie unten angeben, aber zugleich auch ein notwendiges Wort
zu den Einschränkungen sagen.

Das Runge-Kutta-Verfahren ist etwas aufwendiger in seiner Anwendung als das
Euler-Verfahren, da nicht irgendwie eine Steigung verwendet wird, sondern eine
Mixtur aus vier verschiedenen Steigungen. Es ist natürlich für die Anwendung durch
Computer gedacht, und denen ist es ziemlich egal, wie lang die Formeln sind.

Wir betrachten wieder die Standard-AWA

$$y'(x) = f(x, y(x)), \quad y(x_0) = y_0. \tag{13.17}$$

Mittels einer vorgebbaren Schrittweite $h > 0$ wollen wir vom gegebenen Anfangspunkt (x_0, y_0) ausgehen und an den Stellen

$$x_1 = x_0 + h, x_2 = x_0 + 2h, x_3 = x_0 + 3h, \ldots \tag{13.18}$$

Näherungswerte $y_1, y_2, y_3, \ldots$ an die exakte Lösung $y(x)$ zu finden:

$$y_1 \approx y(x_0 + h) = y(x_1), y_2 \approx y(x_0 + 2h) = y(x_2), y_3 \approx y(x_0 + 3h) = y(x_3), \ldots \tag{13.19}$$

Hier kommt das ganze Formelpaket.

Runge-Kutta-Verfahren

$$y_0 = y(x_0), \tag{13.20}$$

$$k_1 = f(x_i, y_i) \tag{13.21}$$

$$k_2 = f\left(x_i + \frac{h}{2}, y_i + \frac{h}{2}k_1\right) \tag{13.22}$$

$$k_3 = f\left(x_i + \frac{h}{2}, y_i + \frac{h}{2}k_2\right) \tag{13.23}$$

$$k_4 = f(x_i + h, y_i + hk_3) \tag{13.24}$$

$$y_{i+1} = y_i + \frac{h}{6}\left(k_1 + 2k_2 + 2k_3 + k_4\right), \quad i = 0, 1, 2, \ldots. \tag{13.25}$$

Aus der DGl kennen wir die Funktion f als rechte Seite. Wegen der Gleichheit mit y'
sind die Werte von f zugleich Steigungswerte der Lösungsfunktion, allerdings nicht
an der richtigen Stelle, wo die exakte Lösung durchgeht; denn die kennen wir ja in der

Regel nicht. In Gl. (13.21) bis (13.24) werden also Steigungen berechnet, zunächst bei x_0, dann bei $x_0 + h/2$ zwei Werte und dann bei $x_0 + h$. In Gl. (13.25) wird dann ein Mittelwert gebildet mit den Gewichten 1, 2, 2, 1; entsprechend wird dann durch 6, die Summe der Gewichte, dividiert. Vielleicht helfen Ihnen diese Bemerkungen, um die Formel mehr zu durchschauen und sie besser zu verstehen.

Weil die Formeln so aufwendig mit Hand zu berechnen sind, wollen wir für unser Beispiel von oben nur die erste Näherung y_1 ausrechnen. Die weiteren Näherungen lassen wir den kleinen Rechner machen, der freut sich schon darauf.

Beispiel 13.6
Wieder betrachten wir die Anfangswertaufgabe

$$y'(x) = -x \cdot y(x), \quad mit \quad y(0) = 1,$$

und berechnen diesmal eine Näherungslösung mit dem Runge-Kutta-Verfahren.

$x_0 = 0$, $y_0 = 1$ und die Schrittweite $h = 0{,}2$ seien wie oben vorgegeben.

Wir berechnen die Hilfsgrößen $k_1, \ldots, k_4$, die sich ja graphisch als Steigungen darstellen lassen; es sind doch Funktionswerte $f(x, y) = y'(x)$ laut Differentialgleichung.

$$k_1 = f(x_0, y_0) = -x_0 \cdot y_0 = 0$$

$$k_2 = f\left(x_0 + \frac{h}{2}, y_0 + \frac{h}{2}k_1\right) = -(x_0 + 0{,}1) \cdot (y_0 + 0{,}1 \cdot 0) = -0{,}1$$

$$k_3 = f\left(x_0 + \frac{h}{2}, y_0 + \frac{h}{2}k_2\right) = -(x_0 + 0{,}1) \cdot (y_0 + 0{,}1 \cdot k_2) = -0{,}099$$

$$k_4 = f(x_0 + h, y_0 + hk_3) = -(x_0 + 0{,}2) \cdot (y_0 + 0{,}2 \cdot k_3) = -0{,}19604$$

$$y_1 = y_0 + \frac{h}{6}\left(k_1 + 2k_2 + 2k_3 + k_4\right) = 0{,}9802$$

Das sieht nicht schlecht aus, ist aber für eine Beurteilung zu kurz. Erst wenn wir mehrere Schritte durchführen, können wir das Ergebnis mit den anderen Verfahren vergleichen. Für die Berechnung von y_2 müssten wir k_1, aber jetzt für die Stelle (x_1, y_1) ausrechnen, also

$$k_1 = f(x_1, y_1) = -x_1 \cdot y_1.$$

Dann käme k_2 dran, dann k_3 und schließlich k_4, dann gewichtetes Mittel bilden und durch 6 dividieren. Dann erst kann aus (13.25) y_2 berechnet werden. Also das ist eine ziemlich langweilige Rechnerei, wir lassen das vom Computer besorgen und erhalten:

x_i	0	0,2	0,4	0,6	0,8	1,0
y_{exakt}	1,0	0,980	0,923	0,835	0,726	0,6065
Runge-Kutta	1,0	0,980	0,923	0,835	0,726	0,6065

Hier sieht man also tatsächlich keine Unterschiede mehr zur exakten Lösung. Da müssten wir mehrere Nachkommastellen berücksichtigen, um Abweichungen zu finden. Das liegt natürlich auch an dem sehr einfachen Beispiel.

13.7 Zur Konvergenz des Runge-Kutta-Verfahrens

Die Probleme liegen hier genauso wie beim Euler-Verfahren. Wieder bedeutet Konvergenz, dass wir für eine feste Schrittweite $h > 0$ eine Näherungslösung berechnen. Dann verkleinern wir h und berechnen eine weitere Näherung usw., immer schön h verkleinern, ja, und schließlich den Fall $h \to 0$ betrachten. So entsteht eine unendliche Folge von Näherungslösungen, deren Konvergenz untersucht werden kann. Um zu positiven Aussagen zu gelangen, müssen wir auch hier wissen, ob das Verfahren stabil ist. Die Aussage ist nicht leicht zu erhalten. Man findet in der Literatur folgenden Satz:

Satz 13.4 (Stabilität des Runge-Kutta-Verfahrens)
Die Stabilitätsgebiete expliziter Runge-Kutta-Verfahren sind sämtlich beschränkt.

Daraus entnehmen wir, dass wir mit der Schrittweite bei Runge-Kutta-Verfahren etwas vorsichtig umgehen müssen. Man kann sie nicht so frei und willkürlich wählen. Falls sich Probleme mit der Näherungslösung einstellen, und das merken sie sehr schnell an völlig unakzeptablen Werten, so wählen Sie die Schrittweite etwas kleiner, damit sie vielleicht wieder vernünftige Werte erhalten. Dann kann man auch die Konvergenz sicher stellen.

Satz 13.5 (Konvergenz des Runge-Kutta-Verfahrens)
Wenn das Runge-Kutta-Verfahren stabil ist, so ist es konvergent mit der Ordnung h^4.

Diese Konvergenzordnung h^4 ist es, die viele Anwender zu diesem Verfahren greifen lässt. Man muss die Schrittweite nur ein wenig verkleinern und erhält sehr viel genauere Werte, grob gesprochen.

13.8 Ausblick

Eine überwältigende Zahl weiterer Verfahren wird in der Fachliteratur angeboten. Uns liegt es am Herzen, dass Sie in dieser Einführung grundsätzliche Einblicke erhalten, so dass Sie in der Lage sind, sich gegebenenfalls weitere Verfahren selbst anzueignen. Wir wollen und können Ihnen in diesem Rahmen nur eine Anleitung geben, wie solche Verfahren zu beurteilen sind.

Übung 24

1. Gegeben sei die AWA

$$y'(x) = \sqrt{x + y(x)} \quad \text{mit} \quad y(0,4) = 0,41$$

Berechnen Sie mit dem Verfahren von Runge-Kutta eine Näherung y_1 an die exakte Lösung $y(x_1)$ für $h = 0,4$, also $x_1 = 0,8$.

2. Gegeben sei die Anfangswertaufgabe

$$y'(x) = y(x) - \frac{2x}{y(x)} \quad \text{mit} \quad y\left(\frac{1}{2}\right) = \sqrt{2}.$$

   a) Zeigen Sie, dass diese Aufgabe in einer Umgebung des Anfangspunktes $(1/2, \sqrt{2})$ genau eine Lösung besitzt.

   b) Zeigen Sie, dass folgende Funktion diese einzige Lösung ist:

$$y(x) = \sqrt{2x + 1}$$

   c) Berechnen Sie mit dem klassischen Runge-Kutta-Verfahren, Schrittweite $h = 0,5$, eine Näherung $y_1 \approx y(1)$, und vergleichen Sie diese mit dem Wert $y(1)$ der exakten Lösung.

3. Gegeben sei die Anfangswertaufgabe

$$y'(x) = x \cdot (x + y(x)), \qquad y(0) = 1.$$

   a) Zeigen Sie, dass diese Aufgabe für $0 \leq x \leq 1$ genau eine Lösung besitzt.

   b) Berechnen Sie mit Hilfe des klassischen Runge-Kutta-Verfahrens eine Näherung für $y(0,2)$ bei einer Schrittweite von $h = 0,1$.
   (Rechengenauigkeit: 4 Stellen hinter dem Dezimalpunkt)

4. Gegeben sei die Anfangswertaufgabe

$$y'(x) = -2 \cdot x \cdot y^2(x), \qquad y(-1) = \frac{1}{2}.$$

   a) Zeigen Sie mittels Lipschitzbedingung, dass diese Aufgabe genau eine Lösung besitzt.

   b) Zeigen Sie, dass folgende Funktion diese einzige Lösung ist:

$$y(x) = \frac{1}{1 + x^2}$$

   c) Berechnen Sie eine Näherung für $y(-0,6)$ mit dem klassischen Runge-Kutta-Verfahren (Schrittweite $h = 0,2$), und vergleichen Sie das Ergebnis mit dem exakten Wert.

Ausführliche Lösungen: https://www.springer.com/gp/book/9783662588314

Partielle Differentialgleichungen

14

Inhaltsverzeichnis

14.1 Typeinteilung 255
14.2 Laplace- und Poisson-Gleichung 257
14.3 Die Wärmeleitungsgleichung 267
14.4 Die Wellengleichung 277

Wie wir schon im Kap. 13 ‚Gewöhnliche Differentialgleichungen' erzählt haben, sind wir jetzt der Natur direkt auf der Spur. Viele Vorgänge sind zeitlichen Änderungen unterworfen. Denken Sie an Wachstum, an Ausbreitung von Wind, Flüssigkeiten oder Krankheitskeimen. Aber vieles ändert sich auch mit dem Ort, Gesteinssorten oder auch nur die Anzahl der Häuser pro Quadratkilometer. Da wir drei Raumkoordinaten zu beachten haben, müssen wir also Änderungen für vier Variable beachten: x, y, z und t. Jetzt wird klar, warum wir uns im Kap. 5 ‚Funktionen mehrerer Veränderlicher – Differenzierbarkeit' mit partiellen Ableitungen befasst haben. Wenn wir nämlich solche Phänomene betrachten wollen, müssen wir diese Änderungen einbeziehen. So entstehen gerade für Biologen und Chemiker sehr schnell Gleichungen, die nicht nur unbekannte Funktionen wie Temperatur, Stoffkonzentration, Verschiebungen etc. enthalten, sondern auch Ableitungen, richtig, partielle Ableitungen dieser Größen enthalten. Das sind dann unsere jetzt zu behandelnden partiellen Differentialgleichungen. Auf geht's.

14.1 Typeinteilung

Eine allgemeine partielle Differentialgleichung sieht folgendermaßen aus.

© Springer-Verlag GmbH Deutschland, ein Teil von Springer Nature 2019
N. Herrmann, *Mathematik für Naturwissenschaftler*,
https://doi.org/10.1007/978-3-662-58832-1_14

Definition 14.1
Die Gleichung

$$F\left(x_1, \ldots, x_n, u, \frac{\partial u}{\partial x_1}, \ldots, \frac{\partial u}{\partial x_n}, \frac{\partial^2 u}{\partial x_1^2}, \frac{\partial^2 u}{\partial x_1 \partial x_2}, \ldots, \frac{\partial^2 u}{\partial x_k^2}, \ldots, \frac{\partial^k u}{\partial x_n^k}\right) = 0$$

stellt die allgemeinste partielle Differentialgleichung PDGL der Ordnung k in n Veränderlichen dar; Ordnung ist dabei die größte vorkommende Ableitungsordnung.

Hier kann die Funktion F sogar nichtlinear sein. Dann aber verlassen uns alle Geister. Dafür gibt es keine Lösungsverfahren. Selbst wenn wir uns einschränken auf lineare PDGLn, können wir noch keine zusammenhängende Theorie bieten. Das sollten wir sogar noch etwas deutlicher ausdrücken. Niemand kann hier eine einheitliche Theorie bieten. Tatsächlich müssen wir spezielle Typen betrachten, die wir dann behandeln können. Also zunächst zu den Typen. Bei den zugeordneten Beispielen bleiben wir im $\mathbb{R}^2$, betrachten also nur die Variablen x und y und als Neuheit hier die Zeit, also t.

Wir unterscheiden drei Haupttypen:

1. Elliptische Gleichungen, ihre Hauptvertreter sind die Poisson-DGL

$$\frac{\partial^2 u(x, y)}{\partial x^2} + \frac{\partial^2 u(x, y)}{\partial y^2} = f(x, y) \tag{14.1}$$

   bzw. ihr homogener Ableger, die Laplace-DGL

$$\frac{\partial^2 u(x, y)}{\partial x^2} + \frac{\partial^2 u(x, y)}{\partial y^2} = 0. \tag{14.2}$$

2. Parabolische Gleichungen, ihr Hauptvertreter ist die Wärmeleitungsgleichung

$$k \cdot \frac{\partial u(x, y, t)}{\partial t} - \left(\frac{\partial^2 u(x, y, t)}{\partial x^2} + \frac{\partial^2 u(x, y, t)}{\partial y^2}\right) = f(x, y, t), k \in \mathbb{R}. \tag{14.3}$$

   Wir werden gleich unten erzählen, was diese Differentialgleichung mit Wärmeleitung zu tun hat.

3. Hyperbolische Gleichungen, ihr Hauptvertreter ist die Wellengleichung

$$\frac{\partial^2 u(x, y, t)}{\partial t^2} - a^2 \left(\frac{\partial^2 u(x, y, t)}{\partial x^2} + \frac{\partial^2 u(x, y, t)}{\partial y^2}\right) = f(x, y, t), a \in \mathbb{R}. \tag{14.4}$$

Wir wollen uns hier nur exemplarisch mit den Hauptvertretern befassen, zu weiteren Erklärungen verweisen wir auf die Fachliteratur, die in überreichlichem Maße vorhanden ist.

14.2 Laplace- und Poisson-Gleichung

Wir beginnen mit elliptischen Gleichungen und betrachten in diesem Abschnitt die beiden partiellen Differentialgleichungen, nämlich die Poisson-DGL

$$\frac{\partial^2 u(x, y)}{\partial x^2} + \frac{\partial^2 u(x, y)}{\partial y^2} = f(x, y) \qquad (14.5)$$

und die Laplace-DGL

$$\frac{\partial^2 u(x, y)}{\partial x^2} + \frac{\partial^2 u(x, y)}{\partial y^2} = 0. \qquad (14.6)$$

Die Poisson-DGL heißt häufig auch Potentialgleichung. Sie beschreibt in der Tat das Potential eines Kraftfeldes wie z. B. das elektrische Potential einer geladenen Platte.

Genau wie bei den gewöhnlichen DGLn brauchen wir auch hier für eine vollständige Beschreibung Vorgaben auf dem Rand des betrachteten Gebietes. Für diese Gleichungen werden häufig zwei spezielle Randvorgaben betrachtet, die dann auch mit eigenen Namen bedacht werden.

1. Dirichlet-Randbedingungen:

$$u(\vec{x}) = \varphi(\vec{x}), \quad \vec{x} \in \Gamma,$$

und hier ist Γ der Rand des betrachteten Gebietes Ω. Es werden also nur die Funktionswerte der gesuchten Lösung auf dem Rand vorgegeben.
2. Neumann-Randbedingungen:

$$\frac{\partial u}{\partial n}(\vec{x}) = \psi(\vec{x}), \quad \vec{x} \in \Gamma.$$

Hier werden nur die Normalableitungen der gesuchten Lösung in Richtung $\vec{n}$ auf dem Rand vorgegeben, wobei $\vec{n}$ der Normalenvektor auf dem Rand ist.

In der Praxis braucht man dann auch Mischtypen dieser beiden Randvorgaben, aber, wie gesagt, wir wollen nur eine Einführung geben.

Definition 14.2
Die Aufgabe

$$\Delta u(x, y) = f(x, y) \quad in \quad \Omega \subseteq \mathbb{R}^2 \qquad (14.7)$$

$$u(x, y) = g(x, y) \quad auf \quad \Gamma = \partial \Omega \qquad (14.8)$$

heißt Randwertproblem 1. Art oder Dirichletsche Randwertaufgabe.

Bei diesem Problem sind also auf dem Rand die Funktionswerte der gesuchten Lösungsfunktion vorgegeben.

14.2.1 Eindeutigkeit und Stabilität

Wie wichtig gerade die Existenz und Eindeutigkeit für den Anwender sind, hatten wir schon im Kap. 13 ‚Gewöhnliche Differentialgleichungen' berichtet. Hier bei den partiellen DGLn hat J.S. Hadamard einen weiteren Begriff in den Fokus gerückt, indem er von einem korrekt gestellten Problem spricht. Er fügt die Stabilität hinzu. Die Bedeutung dieses Begriffs für die Praxis kann in der heutigen Zeit gar nicht genug betont werden. Die einfachen Aufgaben sind ja längst gelöst, es bleiben immer kompliziertere Gleichungen für die Anwender. Und hier treten laufend solche Stabilitätsfragen auf.

Definition 14.3
Ein PDGl-Problem heißt korrekt gestellt, wenn

1. *es mindestens eine Lösung besitzt (Existenz),*
2. *es höchstens eine Lösung besitzt (Eindeutigkeit),*
3. *die Lösung stetig von den Vorgaben (den „Daten") abhängt (Stabilität).*

Was bedeutet also Stabilität? Die Vorgaben, das sind die rechte Seite oder auch die Randbedingungen. Denken Sie z. B. an einen Balkon. Da hängt so eine Platte aus der Mauer heraus. Die Belastung durch ihr Eigengewicht oder durch Schnee oder durch ein Balkongeländer steckt physikalisch alles in der rechten Seite $f(x, y)$.

In der Mauer muss die Platte fest verankert sein. Dort gibt es also eine feste Auflage, also hat unsere gesuchte Funktion für die Durchbiegung dieser Balkonplatte dort fest vorgegebene Werte. Gleichzeitig ist die Platte so fest eingespannt, dass man schön gerade nach draußen treten kann. Also sind die partiellen Ableitungen nach draußen an diesen Auflagepunkten gleich Null. Das sind dann die Randbedingungen.

Diese Vorgaben entnimmt man bei praktischen Aufgaben aus den physikalischen Gegebenheiten. Das bedeutet, in der Regel kann man am Objekt so ungefähre Daten ablesen. Diese sind also mit Fehlern behaftet, das lässt sich gar nicht vermeiden. Mit diesen ungenauen Daten können wir natürlich keine exakte Lösung ausrechnen. Wenn wir jetzt also eine Näherungslösung ausrechnen wollen, so kann es passieren, dass diese Anfangsfehler sich furchtbar aufschaukeln. Das kann soweit gehen, dass die Näherung völlig unbrauchbar wird. Diesen Fall nennen wir instabil. Es kann aber auch sein, dass die Fehler beschränkt bleiben. In dem Fall sprechen wir von Stabilität. Genau dieser Fall ist oben im 3. Punkt beschrieben. Stetige Abhängigkeit meint, wenn sich die Daten nur ein wenig ändern, darf sich die Lösung nicht dramatisch wandeln. Wir werden sehen, dass die Mathematik tatsächlich Näherungsverfahren danach beurteilen kann, ob sie stabil sind oder nicht.

Für unser Dirichletproblem (14.7) haben wir die fast perfekte Antwort.

Satz 14.1 (Eindeutigkeit und Stabilität)
Ist $\Omega \subseteq \mathbb{R}^2$ ein beschränktes Gebiet, so hat das Dirichlet-Problem (14.7) für die Poissongleichung höchstens eine Lösung, die dann auch stabil ist.

14.2.2 Zur Existenz

Zeigen müssten wir in diesem theoretischen Teil nun noch, dass eine Lösung existiert. Noch besser wäre es eine Lösung konkret anzugeben. Da gibt es eine gute und eine schlechte Nachricht. Die gute ist, dass man tatsächlich mit einem fantastisch anmutenden Trick, dem Separationsansatz von Bernoulli, eine Lösung konstruieren kann. Die schlechte Nachricht muss aber sogleich hinzugefügt werden: Das geht nur in sehr eingeschränkten Fällen, z. B. in Rechtecken oder in Kreisen. Aber wer handelt schon mit Kreisen und Rechtecken? Im Fall der Wärmeleitung in einem Stab hat man automatisch ein Rechteck als Grundgebiet. Wir werden daher im Abschn. 14.3.2 den Trick vorführen.

14.2.3 Differenzenverfahren für die Poissongleichung

Die Aufgaben, die heute in der Praxis angefasst werden müssen, sind in der Regel von einem erheblich höheren Schwierigkeitsgrad. Da wird in seltensten Fällen eine exakte Lösung zu bestimmen sein. Hier setzt die numerische Mathematik ein. Mit dem sogenannten Differenzenverfahren gelingt es in vielen Fällen, eine Näherungslösung zu bestimmen.

Der Grundgedanke des Differenzenverfahrens lautet:

Wir ersetzen die in der Differentialgleichung und den Randbedingungen auftretenden Differentialquotienten durch Differenzenquotienten.

Bei der Differentialrechnung sind wir umgekehrt vorgegangen. Wir haben uns den Differenzenquotienten angeschaut und sind dann mit dem Limes zum Differentialquotienten gelangt. Diesen Limes lassen wir jetzt hier weg, betrachten also nur den Differenzenquotienten so als Näherung und schauen mal, was dann rauskommt.

In der Literatur findet man für die zweite Ableitung folgenden Differenzenquotienten:

$$y''(x_i) \approx \frac{y(x_{i+1}) - 2y(x_i) + y(x_{i-1})}{h^2} \qquad \text{zentraler Diff.-Quot.} \qquad (14.9)$$

Er heißt zentral, weil wir ja die Ableitung bei x_i betrachten und dazu die beiden Nachbarpunkte x_{i-1} links und x_{i+1} rechts von x_i einbeziehen.

Wir betrachten jetzt eine ganz einfache Aufgabe, um uns an das Prinzip der Differenzenverfahren heranzuschleichen.

Gesucht ist im Rechteck

$$R = \{(x, y) \in \mathbb{R}^2 : 0 < x < a, 0 < y < b\}$$

eine Lösung des Randwertproblems 1. Art:

$$\Delta u(x, y) = 0 \quad \text{in } R$$
$$u(x, 0) = 0, u(x, b) = 0,$$
$$u(0, y) = 0, u(a, y) = g(y)$$

Zuerst betrachten wir den Laplace-Operator im $\mathbb{R}^2$:

$$\Delta u(x, y) := \frac{\partial^2 u(x, y)}{\partial x^2} + \frac{\partial^2 u(x, y)}{\partial y^2}.$$

Hier sind zwei partielle Ableitungen durch Differenzenquotienten zu ersetzen. Dazu beginnen wir mit einer Diskretisierung des zugrunde liegenden Gebietes. Da die beiden partiellen Ableitungen in Richtung der Koordinatenachsen zu bilden sind, werden wir ein Gitter einführen, indem wir das Gebiet mit Linien, die parallel zu den Achsen laufen, überziehen. Dabei wählen wir einen festen Abstand $h > 0$ für diese Parallelen in x-Richtung und einen festen Abstand $k > 0$ in y-Richtung. Wir starten mit einem x_0, das uns in der Regel durch die Randbedingungen, hier $x_0 = 0$, gegeben ist, und setzen dann $x_i := x_0 + h \cdot i$ für $i = 1, \ldots, n$. Wenn wir x_n wieder durch die Randbedingung festlegen wollen, z. B. $x_n = a$, schränkt uns das in der Wahl des h etwas ein. Man wird dann $h := a/n$ setzen. Analog geht das auf der y-Achse und liefert uns $y_0, \ldots, y_m$. Durch diese Punkte ziehen wir die Parallelen. Die Schnittpunkte sind dann unsere Knoten, die wir (x_i, y_j) nennen wollen.

Jetzt kommt die entscheidende Aufgabe beim Differenzenverfahren:

In diesen Knoten suchen wir Näherungswerte für die Lösung unserer Randwert-aufgabe. Entsprechend der Knotennummerierung nennen wir diese Werte $u_{i,j} \approx u(x_i, y_j)$.

Wir suchen also nicht eine Funktion als Näherung unserer unbekannten Lösungs-funktion, sondern wir sind schon froh, wenn wir in ausgewählten Punkten, den Knoten, Näherungswerte gefunden haben.

Knotennummerierung

$x_0 := 0$, wähle $h = a/n$ und $x_i = x_0 + h \cdot i$ für $i = 1, \ldots, n$, (14.10)

$y_0 := 0$, wähle $k = b/m$ und $y_j = y_0 + k \cdot j$ für $j = 1, \ldots, m$ (14.11)

Zur Ersetzung der partiellen Ableitungen im Laplace-Operator verwenden wir den zentralen Differenzenquotienten (14.9) in x-Richtung und in y-Richtung und erhalten:

$$\frac{\partial^2 u(x_i, y_j)}{\partial x^2} + \frac{\partial^2 u(x_i, y_j)}{\partial y^2} \approx \frac{u_{i-1,j} - 2u_{i,j} + u_{i+1,j} + u_{i,j-1} - 2u_{i,j} + u_{i,j+1}}{h^2}$$
$$= \frac{u_{i-1,j} + u_{i,j-1} - 4u_{i,j} + u_{i+1,j} + u_{i,j+1}}{h^2}$$

Die letzte Formel signalisiert uns, dass wir den zentralen Knotenwert $u_{i,j}$, diesen mit dem Faktor -4, und die unmittelbaren Nachbarwerte, und zwar den linken, den rechten, den oberen und den unteren, verwenden müssen, diese jeweils mit dem Faktor 1.

Rechts haben wir den sogenannten „Fünf-Punkte-Stern" abgebildet. Seine Bedeutung ist aus dem oben Gesagten unmittelbar klar, wird aber in den Beispielen noch hervorgehoben. Die Faktoren -4 und 1 werden in diesem Zusammenhang auch Gewichte genannt.

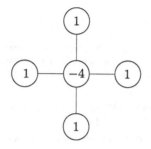

An einem Beispiel wollen wir das Vorgehen verdeutlichen.

Beispiel 14.1

Betrachten wir die Randwertaufgabe

$$\Delta u(x, y) = u_{xx}(x, y) + u_{yy}(x, y) = 0 \ \ in \ G := \{(x, y) \in \mathbb{R}^2 : |x| < 3, |y| < 1\}$$

mit der Randbedingung

$$u(x, y) = x^2 \ auf \ \partial G.$$

Mit der Schrittweite $h = 1$ sowohl in x-Richtung als auch in y-Richtung werde das Gebiet G diskretisiert. Wir berechnen mit dem Differenzenverfahren an den Knoten Näherungswerte für die (unbekannte) Lösung.

Vielleicht noch ein Wort zu den gegebenen Randwerten. Betrachten wir die Stelle $(x, y) = (2, 1)$ auf dem Rand, die wir durch $\bullet$ gekennzeichnet haben. Wegen $u(x, y) = x^2$ auf dem Rand ist dort also der Wert $u(2, 1) = 2^2 = 4$ gegeben. Alles klar?

Bevor wir jetzt einfach losrechnen, sollten wir uns aber noch mal zurücklehnen und die Aufgabe in der Übersicht betrachten. Da fällt uns doch auf, dass das Gebiet G und auch die Randbedingung völlig symmetrisch zur y-Achse sind. Das nutzen wir natürlich aus. Bei diesen kleinen Aufgaben spielt das keine wesentliche Rolle, aber wenn die Probleme umfangreicher werden, ist solche Erkenntnis sehr wertvoll. Wir sparen so fast die Hälfte an Unbekannten (Abb. 14.1).

Wir setzen also wegen der Symmetrie

$$u_1 = u_5, \quad u_2 = u_4.$$

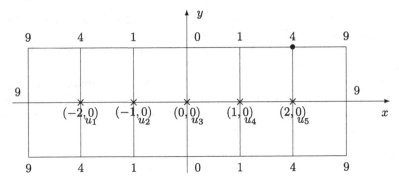

Abb. 14.1 Hier sehen wir das gegebene Gebiet G, also das ganze Rechteck. In der Mitte sind die Koordinaten der Knoten durch × und die zu suchenden Funktionswerte $u_1, \ldots, u_5$ eingetragen. Am Rand haben wir die durch die Randbedingung gegebenen Werte hingeschrieben

So bleiben noch drei Unbekannte u_1, u_2 und u_3 zu bestimmen.

Jetzt ersetzen wir die beiden partiellen Ableitungen in der Differentialgleichung jeweils durch den zentralen zweiten Differenzenquotienten und erhalten

$$\frac{u(x_{i+1}, y_i) + u(x_i, y_{i+1}) + u(x_{i-1}, y_i) + u(x_i, y_{i-1}) - 4u(x_i, y_i)}{h^2} = 0. \quad (14.12)$$

Symbolisch haben wir diese Gleichung im ‚Fünf-Punkte-Stern‘ ausgedrückt. Diesen Stern legen wir jetzt auf die Skizze, jeweils mit dem Mittelpunkt auf einen Knoten. Wir beginnen mit Knoten 1, also $(-2,0)$ (Abb. 14.2).

Unser Stern sagt, dass dort das Gewicht -4 liegt, beim Knoten $(-1, 0)$ liegt das Gewicht 1, ebenso bei den anderen drei Knoten um $(-2,0)$ herum. Beim Knoten $(-1,0)$ liegt die Unbekannte u_2. Bei den anderen drei Knoten kennen wir die Werte aus der Randbedingung. Wir berücksichtigen nun noch, dass wir wegen $h = 1$ den Wert $h^2 = 1$ erhalten, und gelangen so zur ersten Gleichung:

$$\text{am Knoten } (-2, 0): -4u_1 + u_2 = -(9 + 4 + 4) = 17.$$

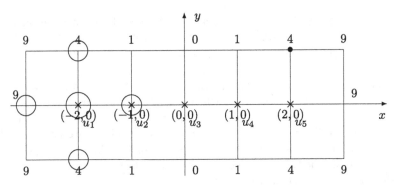

Abb. 14.2 Dies ist noch einmal unser Bild von oben, jetzt aber mit dem ‚Fünf-Punkte-Stern‘ auf den Knoten $(-2,0)$ gelegt

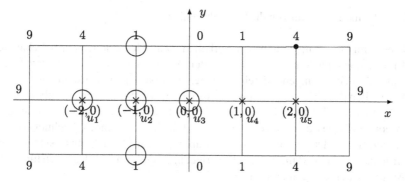

Abb. 14.3 Dies ist noch einmal unser Bild von oben, jetzt aber mit dem ‚Fünf-Punkte-Stern' auf den Knoten $(-1,0)$ gelegt

Jetzt legen wir den Stern auf den Knoten $(-1,0)$ (Abb. 14.3).
Können Sie nachvollziehen, dass wir die Gleichung

$$\text{am Knoten } (-1,0): u_1 - 4u_2 + u_3 = -(1+1) = -2$$

erhalten? Jetzt noch einmal den Stern verschieben, und wir erhalten

$$\text{am Knoten } (0,0): u_2 - 4u_3 + u_4 = 2u_2 - 4u_3 = 0.$$

Wir fassen diese drei Gleichungen als Gleichungssystem zusammen:

$$\begin{array}{rcrcrcr} -4u_1 & + & u_2 & + & & = & -17 \\ u_1 & - & 4u_2 & + & u_3 & = & -2 \\ & & 2u_2 & - & 4u_3 & = & 0 \end{array}$$

Jetzt sehen wir, was das ganze soll. Durch die Ersetzung mit den Differenzenquotienten ist ein lineares Gleichungssystem entstanden. Das haben wir im ersten Kapitel gelernt. Dieses wirklich kleine System lösen wir jetzt mit Gauß.

$$\left(\begin{array}{ccc|c} -4 & 1 & 0 & -17 \\ 1 & -4 & 1 & -2 \\ 0 & 2 & -4 & 0 \end{array}\right) \rightarrow \left(\begin{array}{ccc|c} -4 & 1 & 0 & -17 \\ 0 & -3.75 & 1 & -25/4 \\ 0 & 2 & -4 & 0 \end{array}\right)$$

$$\rightarrow \left(\begin{array}{ccc|c} -4 & 1 & 0 & -17 \\ 0 & -3.75 & 1 & -6.25 \\ 0 & 0 & -3.47 & -3.\overline{3} \end{array}\right)$$

Hier können wir das Ergebnis durch Aufrollen von unten direkt angeben:

$$u_3 = 0{,}9615, \quad u_2 = 1{,}9231, \quad u_1 = 4{,}7308.$$

Zwei kleine Bemerkungen dürfen nicht fehlen:

1. Diese drei Gleichungen haben wir erhalten, weil wir für jeden der unbekannten Knoten eine Gleichung aufstellen konnten. Wir hatten also drei Unbekannte und haben drei Gleichungen aufstellen können. Das passt genau zusammen.

2. Wir wollen das alles jetzt nicht weiter vertiefen, aber Sie sollten sich klarmachen, dass die Zahl der Unbekannten enorm steigt, wenn wir das Gitter verfeinern, in etwa geht das quadratisch. Damit wird auch das lineare Gleichungssystem immer größer. Darum haben wir im Kap. 3 ‚Lineare Gleichungssysteme' (vgl. Abschn. 3.4) das Verfahren der L-R-Zerlegung eingeführt. Das lässt sich für solche Aufgaben hervorragend einsetzen.

14.2.4 Zur Konvergenz

Hier wollen wir nur einen der wichtigsten Sätze zitieren.

Satz 14.2 (Konvergenz)
Die Lösung der Poisson-Gleichung $u(x, y)$ sei in $C^4(\overline{\Omega})$. Dann konvergiert die nach der Differenzenmethode mit dem Fünf-Punkte-Stern ermittelte Näherungslösung $u_h(x, y)$ quadratisch für $h \to 0$ gegen $u(x, y)$; genauer gilt:

$$\|u - u_h\|_\infty \leq \frac{h^2}{48} \cdot \|u\|_{C^4(\overline{\Omega})}. \tag{14.13}$$

Die Voraussetzung $u \in C^4(\overline{\Omega})$ bedeutet dabei, dass die vierte Ableitung der Lösungsfunktion noch stetig sein möchte und, das ist die Bedeutung des Querstriches über Ω, stetig auf den Rand fortsetzbar ist. Das ist eine sehr starke Voraussetzung. Man kann bereits sehr einfache Aufgaben angeben, wo schon die zweite Ableitung nicht mehr existiert, wer denkt da noch an die vierte Ableitung?

Man kann die Voraussetzung $u \in C^4(\overline{\Omega})$ etwas abschwächen. Es reicht schon, wenn $u \in C^3(\overline{\Omega})$ ist und die dritte Ableitung noch Lipschitz-stetig ist. Aber das sind Feinheiten, die wir nicht weiter erläutern wollen. Der interessierte Leser mag in der Fachliteratur nachlesen.

Die Aussage, dass wir für eine genügend glatte Lösung quadratische Konvergenz haben, ist dann natürlich schön und interessant, aber bei solch harten Vorgaben nicht gerade erstaunlich. Wer soviel reinsteckt, kann ja wohl auch viel erwarten. Diese Kritik muss sich das Differenzenverfahren gefallen lassen, denn die Ingenieure waren es, die bereits in den fünfziger Jahren des vorigen Jahrhunderts ein anderes Verfahren entwickelt haben, nämlich die Methode der Finiten Elemente. Unter weit schwächeren Voraussetzungen – für die Poissongleichung reicht es aus, wenn die Lösung $u(x, y)$ nur einmal (im schwachen Sinn) differenzierbar ist – kann dort ebenfalls quadratische Konvergenz nachgewiesen werden. Leider müssen wir dazu auf die Spezialliteratur, die zu diesem Thema sehr umfangreich vorliegt, verweisen.

Übung 25

1. Betrachten Sie die Randwertaufgabe

$$\Delta u(x, y) = u_{xx}(x, y) + u_{yy}(x, y) = 0 \quad \text{in } R := \{(x, y) : -2 < x < 2, -1 < y < 1\}$$

mit den Randbedingungen:

$$u(x, -1) = u(x, 1) = x^2$$
$$u(-2, y) = u(2, y) = 4 \cdot y^2$$

Berechnen Sie mit dem Differenzenverfahren (Schrittweite in x-Richtung $h = 1$, in y-Richtung $k = 1$, zentrale Differenzenquotienten in x- und y-Richtung) Näherungswerte für die Lösung an den inneren Knotenpunkten.

2. Betrachten Sie auf dem rechts skizzierten Gebiet L die Randwertaufgabe

$$2 \cdot \frac{\partial^2 u}{\partial x^2} + \frac{\partial^2 u}{\partial y^2} = x + y^2 \quad \text{in } L$$
$$u = 0 \text{ auf } \partial L$$

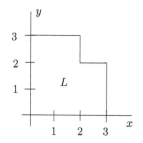

Verwenden Sie die Schrittweite $h = 1$ in x- und in y-Richtung, und berechnen Sie mittels zentraler Differenzenquotienten nach dem Differenzenverfahren Näherungswerte für die Lösung $u(x, y)$ an den inneren Gitterpunkten.

3. Auf dem skizzierten Dreiecksgebiet werde folgende Randwertaufgabe betrachtet:

$$\frac{\partial^2 u}{\partial x^2} + 2\frac{\partial^2 u}{\partial y^2} = y \quad \text{im Innern des Dreiecks}$$
$$u(x, 0) = 9 - x^2 \quad \text{auf dem unteren Rand}$$
$$u(x, y) = 0 \quad \text{auf dem übrigen Rand}$$

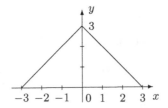

Verwenden Sie ein quadratisches Gitter ($h = 1$) und zentrale Differenzenquoti-
enten, und berechnen Sie Näherungswerte für u an den inneren Gitterpunkten.
(Hinweis: Nutzen Sie aus, dass wegen der Symmetrie zur y-Achse von DGl und
Randbedingung auch die Lösung symmetrisch ist.)

Ausführliche Lösungen: https://www.springer.com/gp/book/9783662588314

14.3 Die Wärmeleitungsgleichung

Wie breitet sich Wärme in einem festen Medium aus? Zur Herleitung der sogenannten Wärmeleitungsgleichung gehen wir davon aus, dass wir keine Konvektion und auch keine Wärmestrahlung vorliegen haben, sondern reine Wärmeleitung.

Für die Wärme lautet das Naturgesetz:

Wärme strömt vom warmen Gebiet zum kalten. Das geschieht umso schneller, je höher die Temperaturdifferenz ist.

Dieses Naturgesetz nutzen wir bei der Herleitung aus.

Sei $W = W(x, y, z, t)$ die Wärme am Ort (x, y, z) zur Zeit t. Sei $\vec{j} = \vec{j}(x, y, z, t)$ die Wärmestromdichte. Die Temperaturdifferenz ist dann, wie wir uns von früher her erinnern, gerade der Gradient bezgl. des Ortes:

$$\vec{j}(x, y, z, t) = -\lambda \cdot \operatorname{grad} W(x, y, z, t). \tag{14.14}$$

Dabei ist λ eine Konstante und bezeichnet die Wärmeleitfähigkeit. Das Minuszeichen wählen wir, weil wir so den Vorgang in Richtung abnehmender Temperatur betrachten. Wenn wir jetzt ein festes Volumen, einen Körper als gegeben annehmen, so kann dort Wärme heraus- oder hineinströmen. Mathematisch beschrieben wird das durch die Divergenz, wie wir uns im Kap. 10 ‚Integralsätze' (siehe Abschn. 10.1) klargemacht haben. Die bezüglich der Ortskoordinaten berechnete Divergenz beschreibt also die zeitliche Temperaturänderung.

$$\frac{\partial W(x, y, z, t)}{\partial t} = -K \cdot \operatorname{div} \vec{j}(x, y, z, t). \tag{14.15}$$

K ist ebenfalls eine Konstante. Die beiden Gl. (14.14) und (14.15) kombinieren wir jetzt und erhalten

$$\begin{aligned}
\frac{\partial W(x, y, z, t)}{\partial t} &= -K \cdot \operatorname{div}\left(-\lambda \cdot \operatorname{grad} W(x, y, z, t)\right) \\
&= K \cdot \lambda \cdot \operatorname{div} \operatorname{grad} W(x, y, z, t) \\
&= K \cdot \lambda \cdot \Delta W(x, y, z, t)
\end{aligned} \tag{14.16}$$

Wir schreiben diese Gleichung für den $\mathbb{R}^2$ noch einmal ausführlicher auf:

$$\frac{\partial W(x, y, z, t)}{\partial t} = K \cdot \lambda \cdot \left[\frac{\partial^2 W(x, y, z, t)}{\partial x^2} + \frac{\partial^2 W(x, y, z, t)}{\partial y^2}\right]. \tag{14.17}$$

14.3.1 Eindeutigkeit und Stabilität

Nun fügen wir weitere Vorgaben hinzu. Der Stab hat ja zu Beginn bereits eine Temperatur. Vielleicht wollen wir ihn in gewissen Teilen auf konstanter Temperatur halten.

Dann soll er vielleicht an einem Ende dauernd beheizt werden. Alles dies zusammen nennen wir die Anfangs- und die Randbedingungen. Unsere allgemeine Aufgabe lautet:

Definition 14.4
Unter dem Anfangs-Randwert-Problem der Wärmeleitung verstehen wir folgende Aufgabe:

Gegeben sei ein Gebiet $G \subseteq \mathbb{R}^3$, dessen Rand ∂G hinreichend glatt sei. Gesucht ist dann eine Funktion $W = W(x, y, z, t)$ in $G \times (0, \infty) = \{(x, y, z, t) : (x, y, z) \in G, t > 0\}$, die zweimal stetig nach (x, y, z) und einmal stetig nach t differenzierbar ist, der Differentialgleichung

$$\frac{\partial W(x, y, z, t)}{\partial t} = K \cdot \lambda \cdot \left[\frac{\partial^2 W(x, y, z, t)}{\partial x^2} + \frac{\partial^2 W(x, y, z, t)}{\partial y^2} \right]. \tag{14.18}$$

genügt und folgende Anfangs- und Randbedingungen erfüllt:

$$\begin{aligned} W(x, y, z, 0) &= f(x, y, z) \quad f\ddot{u}r \quad (x, y, z) \in G \cup \partial G \\ W(x, y, z, t) &= g(x, y, z, t) \quad f\ddot{u}r \quad (x, y, z) \in \partial G, t \geq 0 \end{aligned} \tag{14.19}$$

Der folgende Satz zeigt uns, dass wir höchstens eine und nicht vielleicht sehr viele Lösungen haben und dass diese Lösung stetig von den Anfangs- und Randbedingungen abhängt.

Satz 14.3 (Eindeutigkeit und Stabilität)
Die Lösung des Anfangs-Randwert-Problems 14.4 ist eindeutig und stabil.

Zum großen Glück, dass unser Problem korrekt gestellt ist, fehlt uns jetzt noch eine Konstruktionsvorschrift für die Lösung.

14.3.2 Zur Existenz

Allgemeine Aussagen zur Existenz von Lösungen des Anfangs-Randwert-Problems sind sehr schwierig zu erhalten. Wir wollen im Folgenden daher nur an einem einfachen Spezialfall zeigen, wie man mit Hilfe des Produktansatzes eventuell eine Lösung für die Wärmeleitungsgleichung gewinnen könnte. Wir setzen also alle Konstanten zu 1.

$$W_t(x, t) - W_{xx}(x, t) = 0 \quad \text{für} \quad 0 < x < s, t > 0. \tag{14.20}$$

Der bekannte Separationsansatz lautet

$$W(x, t) = X(x) \cdot T(t). \tag{14.21}$$

Wir versuchen also, die gesuchte Funktion als Produkt aus zwei Funktionen, die jeweils nur von einer Variablen abhängen, darzustellen.

Wir betonen, dass dies rein formal zu verstehen ist. Wir machen uns keinerlei Gedanken darüber, ob dieser Ansatz Sinn macht, ob es erlaubt sein mag, so vorzugehen usw. Wir wollen auf irgendeine Weise lediglich eine Lösung finden. Im Anschluss müssen wir uns dann aber überlegen, ob die durch solche hinterhältigen Tricks gefundene Funktion wirklich eine Lösung unserer Aufgabe ist.

Setzen wir den Ansatz in die Wärmeleitungsgleichung ein, so ergibt sich

$$X(x) \cdot \frac{dT(t)}{dt} = \frac{d^2 X(x)}{dx^2} \cdot T(t).$$

Hier brauchen wir keine partiellen Ableitungen zu benutzen, denn die einzelnen Funktionen sind ja jeweils nur von einer Variablen abhängig. Um die mühselige Schreibweise mit den Ableitungen zu vereinfachen, gehen wir ab sofort dazu über, die Ableitungen mit Strichen zu bezeichnen. Es ist ja stets klar, nach welcher Variablen abzuleiten ist.

Jetzt Haupttrick: Wir trennen die Variablen, bringen also alles, was von t abhängt, auf die eine Seite und alles, was von x abhängt auf die andere.

$$\frac{T'(t)}{T(t)} = \frac{X''(x)}{X(x)}.$$

Wieder machen wir uns keine Sorgen darum, ob wir hier vielleicht durch 0 dividieren. Wir werden ja später durch eine Probe unser Vorgehen rechtfertigen.

Nun der fundamentale Gedanke von Bernoulli: In obiger Gleichung steht links etwas, was nur von t abhängt. Wenn es sich aber in echt mit t verändern würde, müsste sich auch die rechte Seite verändern. Die hängt doch aber gar nicht von t ab, kann sich also nicht verändern. Also ändert sich die linke Seite auch nicht mit t. Sie ist also eine Konstante. Jetzt schließen wir analog, dass sich ebenso wenig die rechte Seite mit x ändern kann, auch sie ist eine Konstante. Wegen der Gleichheit kommt beide Male dieselbe Konstante heraus. Wir nennen sie κ. Also haben wir

$$\frac{T'(t)}{T(t)} = \frac{X''(x)}{X(x)} = \kappa = \text{const}$$

oder einzeln geschrieben

(i) $T'(t) = \kappa \cdot T(t),$ (ii) $X''(x) = \kappa \cdot X(x).$

Hier muss man genau hinschauen und dann vor Herrn Bernoulli, der diesen Trick erfunden hat, den Hut ziehen. Was hat er geschafft?

Es sind zwei gewöhnliche Differentialgleichungen entstanden.

Das war sein genialer Trick!

Aus der Theorie der linearen Differentialgleichungen kann man jetzt die allgemeine Lösung dieser beiden DGLn herleiten. Man erhält:

Satz 14.4
Für die eindimensionale Wärmeleitungsgleichung

$$W_t(x, t) = W_{xx}(x, t) \tag{14.22}$$

ergibt sich mit dem Separationsansatz von Bernoulli folgende Darstellungsformel für die beschränkten Lösungen, wobei κ eine beliebige positive Zahl sein kann:

$$W_\kappa(x, t) = e^{-\kappa t} \cdot (c_{1\kappa} \cos \sqrt{\kappa}\, x + c_{2\kappa} \sin \sqrt{\kappa}\, x) \tag{14.23}$$

Wie wir es oben schon angedeutet haben, müssten wir jetzt noch eine Proberechnung vollziehen, um zu zeigen, dass diese Funktion wirklich unsere Aufgabe löst. Vielleicht haben Sie Spaß daran, es selbst zu tun.

14.3.3 Differenzenverfahren für die Wärmeleitungsgleichung

Wenn es denn schwierig ist, eine exakte Lösung zu berechnen, so wollen wir jetzt wiederum das Differenzenverfahren schildern, mit dem wir in vielen Fällen wenigstens eine angenäherte Lösung ermitteln können. Um uns eventuell am Differenzenverfahren für die Poisson-Gleichung orientieren zu können, benutzen wir jetzt wieder die allgemeinere Bezeichnung $u(x, y, z, t)$ als unbekannte Funktion einer partiellen Differentialgleichung statt $W(x, y, z, t)$, die wir speziell für die Wärmeleitung gewählt haben. Dann betrachten wir folgendes Anfangs-Randwert-Problem:

$$u_t(x, t) = K \cdot u_{xx}(x, t) \qquad \text{für } 0 \le x \le 1, \ 0 \le t < \infty \tag{14.24}$$

$$u(x, 0) = \varphi(x) \qquad \text{Anfangsbedingung} \tag{14.25}$$

$$u(0, t) = \psi_0(t) \qquad \text{1. Randbedingung} \tag{14.26}$$

$$u(1, t) = \psi_1(t) \qquad \text{2. Randbedingung} \tag{14.27}$$

Zur numerischen Lösung überziehen wir den Streifen

$$G = \{(x, t) \in \mathbb{R}^2 : \ 0 \le x \le 1, \ 0 \le t < \infty\},$$

in dem die Lösung gesucht wird, mit einem Rechteckgitter und bezeichnen die Gitterpunkte mit (x_i, t_j). Wieder bezeichnen wir mit

$$u_{i,j} \approx u(x_i, t_j)$$

die gesuchte Näherung für $u(x_i, t_j)$

Nun beginnen wir damit, dass wir u_{xx} durch den zentralen Differenzenquotienten ersetzen.

Was machen wir mit der ersten Ableitung auf der linken Seite? Wir bleiben bei der Idee des Differenzenverfahrens, ersetzen also auch diesen Differentialquotienten durch einen Differenzenquotienten. Hier gibt es verschiedene Möglichkeiten. Wir wählen als ersten Einstig – später werden wir einige Bemerkungen zu anderen Varianten machen – den sogenannten vorderen Differenzenquotienten

$$y'(x_i) \approx \frac{y(x_{i+1}) - y(x_i)}{h} \qquad \text{vorderer Diff.-Quot.} \qquad (14.28)$$

Er heißt vorderer, weil wir vom betrachteten Punkt x_i einen Schritt vorwärts zum Punkt x_{i+1} gehen und so den Differenzenquotienten nach vorne bestimmen.

Wir ersetzen jetzt also u_t durch den vorderen Differenzenquotienten. Dabei wählen wir als Schrittweite in t-Richtung k und als Schrittweite in x-Richtung h. Dadurch gelangen wir zu einer Ersatzaufgabe, mit der wir eine Näherung für die Lösung $u(x, t)$ berechnen können.

$$\frac{1}{k}(u_{i,j+1} - u_{i,j}) = \frac{K}{h^2}(u_{i+1,j} - 2u_{i,j} + u_{i-1,j}).$$

Hier stehen fünf u-Terme, vier von ihnen im Zeitschritt t_j und einer links im Zeitschritt t_{j+1}, weil wir ja den vorderen Quotienten verwendet haben. Wir lösen daher obige Gleichung nach $u_{i,j+1}$ auf, was sich explizit machen lässt.

$$u_{i,j+1} = \frac{Kk}{h^2} u_{i+1,j} + \left(1 - \frac{2Kk}{h^2}\right) u_{i,j} + \frac{Kk}{h^2} u_{i-1,j}. \qquad (14.29)$$

Nun haben wir ja die Anfangsbedingung und kennen also Werte im Zeitschritt $t = 0$, d.h. für $j = 0$. Aus obiger Gleichung können wir daher die Werte im Zeitschritt $j = 1$, d.h. für $t = k$ berechnen. Mit diesen Werten gehen wir zum Zeitschritt $j = 2$, d.h. für $t = 2k$ und rechnen dort unsere Näherungswerte aus. So schreiten wir Schritt für Schritt voran, bis wir zu einem Zeitschritt kommen, den uns die Aufgabe stellt oder für den wir uns aus anderen Gründen interessieren.

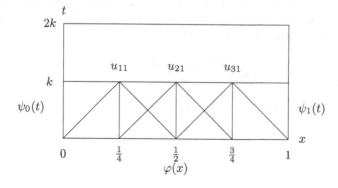

Oben haben wir einen Stab als eindimensionales Gebilde auf die x-Achse gelegt. Die Zeit tragen wir nach oben auf. $t = 0$ ist also die x-Achse, dort tragen wir die in der Aufgabe gegebenen Anfangswerte ein. Die Randbedingungen besagen, wie sich die Wärme am linken und rechten Rand ausbreitet. In der Skizze sind also die Werte auf der t-Achse am linken Rand und auf der Parallelen zur t-Achse am rechten Rand gegeben. Um nun für den Zeitpunkt $t = k$, also $j = 1$ die Näherung zu berechnen, schauen wir uns die Gl. (14.29) genau an und sehen, dass rechts der Wert zum selben Ortspunkt x_i, aber zur Zeit $t = 0$ steht. Außerdem sind seine beiden Nachbarwerte links und rechts von diesem Ortspunkt dabei. Der Näherungswert u_{11} im Zeitpunkt $t = k$ ergibt sich nach obiger Formel aus den Vorgabewerten im Nullpunkt, im Punkt $(\frac{1}{4}, 0)$ und im Punkt $(\frac{1}{2}, 0)$. Den Näherungswert u_{21} erhält man aus den Werten im Punkt $(\frac{1}{4}, 0)$, im Punkt $(\frac{1}{2}, 0)$ und im Punkt $(\frac{3}{4}, 0)$. Und die Näherung u_{31} erhalten wir aus den Werten im Punkt $(\frac{1}{2}, 0)$ und im Punkt $(\frac{3}{4}, 0)$ und im Punkt $(1, 0)$ alle zum Zeitpunkt $t = 0$. Das ergibt zusammen mit den gegebenen Werten am linken und rechten Rand die Möglichkeit, alle Werte im Zeitschritt t_{i+1} zu bestimmen. Wir haben das durch die Verbindungslinien angedeutet.

Das ganze zeigen wir jetzt ausführlich an einem Beispiel.

Beispiel 14.2
Wir betrachten die Anfangs-Randwert-Aufgabe

$$u_t(x, t) = u_{xx}(x, t) - 2u_x(x, t) \ in \ 0 < x < 1, t > 0$$
$$u(x, 0) = x^2 \qquad\qquad Anfangsbedingung \qquad\qquad (14.30)$$
$$u(0, t) = 0, \quad u(1, t) = 1 \qquad Randbedingungen$$

und wollen mit dem Differenzenverfahren eine angenäherte Lösung berechnen.

Diese Aufgabe ist ein bisschen aufgepeppt gegenüber den bisherigen Aufgaben, weil wir in der Differentialgleichung noch den Zusatzterm der ersten Ortsableitung eingebaut haben. Es wird aber dadurch gar nicht echt schwerer.

Wir verwenden für die erste Ableitung nach der Zeit und die erste Ableitung nach dem Ort jeweils den vorderen Differenzenquotienten, für die zweite Ableitung nach dem Ort den zentralen Differenzenquotienten. Auf die Weise können wir die zugehörige Differenzengleichung aufstellen.

$$u_t(x, t) = \frac{u(x, t + k) - u(x, t)}{k}$$
$$u_x(x, t) = \frac{u(x + h, t) - u(x, t)}{h} \qquad\qquad (14.31)$$
$$u_{xx}(x, t) = \frac{u(x + h, t) - 2u(x, t) + u(x - h, t)}{h^2}$$

Das setzen wir in unsere Differentialgleichung ein und erhalten die Näherungsgleichung

$$\frac{u(x, t + k) - u(x, t)}{k}$$
$$= \frac{u(x + h, t) - 2u(x, t) + u(x - h, t)}{h^2} - 2\frac{u(x + h, t) - u(x, t)}{h}.$$

Wir setzen jetzt

$$u_{i,j} := u(x_i, t_j), \quad u_{i+1,j} := u(x_{i+1}, t_j)$$

und analog die anderen Terme. Dann lautet unsere Näherungsgleichung

$$\frac{u_{i,j+1} - u_{i,j}}{k} = \frac{u_{i+1,j} - 2u_{i,j} + u_{i-1,j}}{h^2} - 2\frac{u_{i+1,j} - u_{i,j}}{h}.$$

Diese Gleichung muss man sich jetzt haarscharf anschauen. Der erste wichtige Punkt ist, dass wir schrittweise in der Zeit vorgehen. Da wir durch die Anfangsbedingung die Werte im Zeitpunkt $t = 0$, also $j = 0$ vollständig kennen, werden wir zum Zeitschritt $t = k$, also $j = 1$ vorschreiten und dort Näherungwerte berechnen. Wenn wir genau hinschauen, sehen wir, dass in obiger Formel die Zeitschritte j und $j + 1$ auftreten. Für $j = 0$ sind das die Anfangswerte, für $j = 1$ müssen wir rechnen. Und welch ein Glück, durch die Verwendung des vorderen Differenzenquotienten für die Zeit tritt der Zeitschritt $j = 1$ nur einmal und zwar links im Term $u_{i,j+1}$ auf. Nach diesem Term lösen wir jetzt die ganze Formel auf und erhalten

$$u_{i,j+1} = u_{i,j} + \frac{k}{h^2}\left(u_{i+1,j} - 2u_{i,j} + u_{i-1,j}\right) - \frac{2k}{h}\left(u_{i-1,j} - u_{i,j}\right)$$
$$= \left(1 - \frac{2k}{h^2} + \frac{2k}{h}\right)u_{i,j} + \left(\frac{k}{h^2} - \frac{2k}{h}\right)u_{i+1,j} + \frac{k}{h^2}u_{i-1,j} \quad (14.32)$$

Damit haben wir eine explizite Gleichung für $u_{i,j+1}$ gefunden. Jetzt müssen wir nur unsere vereinbarten Werte einsetzen und können losrechnen. Mit

$$h = \frac{1}{4} = 0,25, \quad k = \frac{1}{10} = 0,1$$

folgt

$$u_{i,j+1} = -1,4u_{i,j} + 0,8u_{i+1,j} + 1,6u_{i-1,j}. \quad (14.33)$$

Mit $h = \frac{1}{4}$ sind die Orts- und Zeitschritte

$$x_0 = 0, x_1 = \frac{1}{4}, x_2 = \frac{1}{2}, x_3 = \frac{3}{4}, x_4 = 1, t_0 = 0, t_1 = 0,1 \text{ usw.}$$

Aus der Anfangsbedingung lesen wir ab

$$u_{0,0} = 0, \; u_{1,0} = \frac{1}{16}, \; u_{2,0} = \frac{1}{4}, \; u_{3,0} = \frac{9}{16}, \; u_{4,0} = 1,$$

und mit der Randbedingung folgt

$$u_{0,1} = 0.$$

Jetzt haben wir alles beisammen und rechnen einfach die gesuchten Werte aus:

$$u_{1,1} = -1{,}4u_{1,0} + 0{,}8u_{2,0} + 1{,}6u_{0,0} = -1{,}4\frac{1}{16} + 0{,}8\frac{1}{4} + 1{,}6 \cdot 0$$

$$= -\frac{14}{160} + 0{,}2 = 0{,}1125$$

$$u_{2,1} = -1{,}4u_{2,0} + 0{,}8u_{3,0} + 1{,}6u_{1,0} = -1{,}4\frac{1}{4} + 0{,}8\frac{9}{16} + 1{,}6\frac{1}{16}$$

$$= -\frac{14}{40} + \frac{72}{160} + 0{,}1 = 0{,}2$$

$$u_{3,1} = -1{,}4u_{3,0} + 0{,}8u_{4,0} + 1{,}6u_{2,0} = -1{,}4\frac{9}{16} + 0{,}8 \cdot 1 + 1{,}6\frac{1}{4}$$

$$= = 0{,}4125$$

Der letzte Rechenvorgang schreit doch geradezu nach einem Rechner. Das lässt sich ja auch furchtbar einfach programmieren. Ich denke, Sie sehen hier sehr deutlich den Unterschied zur Poisson-Gleichung, wo wir auf jeden Fall ein lineares Gleichungssystem zu lösen hatten.

14.3.4 Stabilität des Differenzenverfahrens

Für die Stabilität dieses Verfahrens können wir in der Literatur eine interessante Einschränkung entdecken. Man könnte auf die Idee kommen, die Schrittweite h für den Ort sehr fein zu wählen, aber die Zeitschritte k wegen des hohen Rechenaufwandes groß zu lassen. Das würde ziemlich schnell zu Chaos führen. Denn zwischen Zeitschritt k und Ortsschritt h muss bei dieser expliziten Methode eine Einschränkung eingehalten werden:

Satz 14.5
Die explizite Euler-Methode für die Wärmeleitung ist genau dann stabil, wenn gilt:

$$\frac{k}{h^2} < \frac{1}{2}. \tag{14.34}$$

Im Fall von Stabilität ist die Güte der Annäherung quadratisch mit der Ortsschrittweite h und linear mit der Zeitschrittweite k.

Wir müssen also die Bedingung einhalten:

$$k < \frac{h^2}{2}.$$

Das muss man unbedingt beachten, denn schon recht einfache Aufgaben lassen sich sonst nicht lösen. Mit dieser Bedingung aber erhalten wir bei Verkleinerung von h sehr gute Ergebnisse, es geht mit h^2. Immerhin geht es noch mit k beim Zeitschritt.

Die Literatur ist voll von vielen weiteren Methoden. Sie unterscheiden sich stark im Rechenaufwand, ihrer Konsistenz und ihrem Stabilitätsverhalten. Sogenannte implizite Verfahren, bei denen der vordere durch den hinteren Differenzenquotienten ersetzt wird, sind in der Regel unbedingt stabil. Es lohnt sich also, wenn man Probleme bei der Berechnung einer Lösung erhält, hier Ausschau zu halten.

Übung 26

1. Betrachten Sie die Anfangs-Randwert-Aufgabe

$$2 \cdot u_{xx}(x, t) + u_t(x, t) = 0 \qquad 0 < x < 1, t > 0 \qquad \text{DGl.}$$
$$u(x, 0) = \sin 3\pi x \qquad 0 < x < 1 \qquad \text{Anfangsbed.}$$
$$u(0, t) = u(1, t) = 0 \qquad t \geq 0 \qquad \text{Randbed.}$$

Führen Sie sie mit dem Produktansatz auf ein System von zwei gewöhnlichen Differentialgleichungen zurück. Berücksichtigen Sie dabei auch die Randbedingungen.

2. Lösen Sie die Anfangs-Randwert-Aufgabe

$$u_t(x, t) = u_{xx}(x, t) + u_x(x, t) \text{ in } -1 < x < 1, t \geq 0$$
$$u(x, 0) = 1 - x^2 \qquad \text{(AB)}$$
$$u(-1, t) = u(1, t) = 0 \qquad \text{(RB)}$$

näherungsweise mit dem Differenzenverfahren:

a) Verwenden Sie für u_t und für u_x jeweils den vorderen, für u_{xx} den zentralen Differenzenquotienten, und stellen Sie die zugehörige Differenzengleichung auf.

b) Berechnen Sie für die Schrittweiten $h = 0,5$ in x-Richtung und $k = 0,1$ in t-Richtung Näherungswerte für die Zeit $t = 0,2$.

3. Die Anfangs-Randwertaufgabe (nichtstationäre Wärmeleitung)

$$u_t(x, t) = \frac{1}{10} \cdot u_{xx}(x, t), \quad 0 \leq x \leq 1, \ t \geq 0$$
$$u(x, 0) = 2x$$
$$u(0, t) = t, \ u(1, t) = t + 2$$

soll mit dem Differenzenverfahren (Vorwärts- und zentraler Differenzenquotient) näherungsweise gelöst werden.

a) Für welche Zeitschrittweiten k können Sie bei Wahl der Ortsschrittweite $h = 0,25$ die Stabilität des Verfahrens garantieren?

b) Berechnen Sie mit den Schrittweiten $h = 0,25$, $k = 0,3$ Näherungswerte $u_{i,2}$ für $u(i \cdot h, 0,6)$, $i = 1, 2, 3$.

Ausführliche Lösungen: https://www.springer.com/gp/book/9783662588314

14.4   Die Wellengleichung

Betrachten wir als weiteres Beispiel die Wellengleichung und als Spezialfall im $\mathbb{R}^1$ die schwingende Saite:

$$\frac{\partial^2 u}{\partial t^2} - c^2 \frac{\partial^2 u}{\partial x^2} = f(x, t), \quad (x, t) \in [0, \ell] \times [0, \infty).$$

Dabei ist c die Ausbreitungsgeschwindigkeit der Welle, $f(x, t)$ die zur Zeit t auf den Punkt x einwirkende äußere Kraft, die z. B. beim Anzupfen der Saite gebraucht wird oder beim Anreißen mit dem Bogen bei der Geige.

Rechts haben wir die Saite auf die x-Achse gelegt von 0 bis ℓ. Senkrecht nach oben wollen wir die Zeitachse auftragen. Damit haben wir als Gesamtgebiet einen nach oben offenen Streifen, der drei Randlinien besitzt. Der untere Rand liegt auf der x-Achse, also bei $t = 0$, der linke Rand ist der Anfangspunkt der Saite und seine zeitliche Entwicklung, der rechte Rand ist der Endpunkt in der zeitlichen Entwicklung.

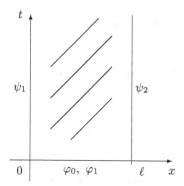

Damit ist bereits die Wellengleichung vollständig beschrieben, und wir werden uns später fragen, ob und wie wir diese Gleichung lösen können. Da wir noch keine Einschränkungen an die Ränder vorgegeben haben, wird die Lösung, wenn es denn eine gibt, noch viele Freiheiten besitzen.

In dieser Gleichung finden wir sowohl zweite Ableitungen nach t als auch nach x. In der Lösung darf man also vier Parameter erwarten, und wir können vier Bedingungen gebrauchen. Häufig werden für die Saite eine Anfangslage $\varphi_0(x)$ und eine Anfangsgeschwindigkeit $\varphi_1(x)$ vorgegeben, also sog. Anfangsbedingungen:

$$u(x, 0) = \varphi_0(x), \quad \frac{\partial u(x, 0)}{\partial t} = \varphi_1(x), \quad 0 \leq x < \ell.$$

Die so beschriebene Aufgabe ist für sich allein schon interessant, auch wenn sie immer noch recht viele Freiheiten besitzt. Sie verdient bereits einen eigenen Namen:

Definition 14.5
Unter dem **Cauchy-Problem der Wellengleichung** *verstehen wir die Wellengleichung lediglich mit gegebenen Anfangswerten, also*

$$\frac{\partial^2 u}{\partial t^2} - c^2 \frac{\partial^2 u}{\partial x^2} = f(x, t), \quad (x, t) \in [0, \ell] \times [0, \infty) \tag{14.35}$$

$$u(x, 0) = \varphi_0(x) \tag{14.36}$$

$$\frac{\partial u(x, 0)}{\partial t} = \varphi_1(x), \quad 0 \le x < \infty \tag{14.37}$$

Die beiden Funktionen $\varphi_0(x)$ und $\varphi_1(x)$ heißen die **Cauchy-Daten** *des Problems.*

Als weitere Festlegung kann man daran denken vorzugeben, wie sich der linke und
der rechte Endpunkt der Saite im Laufe der Zeit zu verhalten haben, das sind die sog.
Randbedingungen:

$$u(0, t) = \psi_1(t), \quad u(\ell, t) = \psi_2(t), \quad 0 \le t < \infty.$$

Auch diese Aufgabe wollen wir benennen:

Definition 14.6
Unter dem **Anfangs-Randwert-Problem der Wellengleichung** *(im $\mathbb{R}^1$) verstehen
wir folgende Aufgabe:*

$$\frac{\partial^2 u}{\partial t^2} - c^2 \frac{\partial^2 u}{\partial x^2} = f(x, t), \quad (x, t) \in [0, \ell] \times [0, \infty) \tag{14.38}$$

$$u(x, 0) = \varphi_0(x) \tag{14.39}$$

$$\frac{\partial u(x, 0)}{\partial t} = \varphi_1(x), \quad 0 \le x < \infty \tag{14.40}$$

$$u(0, t) = \psi_1(t), \quad u(\ell, t) = \psi_2(t), \quad 0 \le t < \infty \tag{14.41}$$

Eventuell werden darüber hinaus Verträglichkeitsbedingungen verlangt. Damit
die Lösung auch auf dem Rand stetig ist, muss gelten:

$$\psi_1(0) = \varphi_0(0), \quad \psi_2(0) = \varphi_0(\ell).$$

Vielleicht will man ja auch sicherstellen, dass die Lösung differenzierbar ist, dann
muss zumindest gefordert werden:

$$\psi_1{}'(0) = \varphi_1(0), \quad \psi_2{}'(0) = \varphi_1(\ell).$$

Damit haben wir die Grundaufgaben, die sich bei der Wellengleichung ergeben,
beschrieben. Für diese Aufgaben werden wir uns im Folgenden bemühen, Lösungsansätze zu erarbeiten.

14.4.1 Eindeutigkeit und Stabilität

Für die bezüglich des Ortes eindimensionale Wellengleichung kann man tatsächlich die exakte Lösung angeben. Der folgende Satz sichert uns diese Existenz und Eindeutigkeit zu, allerdings verschweigt er, wie die Lösung wirklich aussieht. Dazu muss man sich den Beweis ansehen, dort werden die beiden Funktionen f und g konstruiert. Wir wollen es hier aber beim Zitat belassen.

Satz 14.6

Ist $u(x, t)$ eine im ganzen (x, t)-Raum zweimal differenzierbare Lösung der Gleichung

$$u_{tt}(x, t) - c^2 u_{xx}(x, t) = 0, \tag{14.42}$$

so gibt es zwei Funktionen $f, g \in C^2(\mathbb{R})$ mit

$$u(x, t) = f(x + ct) + g(x - ct). \tag{14.43}$$

Umgekehrt ist auch jede Funktion $u(x, t)$, die sich so mit zwei Funktionen $f, g \in C^2(\mathbb{R})$ darstellen lässt, eine Lösung der Wellengleichung (14.42).

Auch für das Cauchy-Problem der eindimensionalen Wellengleichung können wir die Lösung angeben, wie es der folgende Satz zeigt.

Satz 14.7

Das Cauchy-Problem

$$u_{tt}(x, t) - c^2 \cdot u_{xx}(x, t) = 0, \quad u(x, 0) = u_0(x), u_t(x, 0) = u_1(x) \tag{14.44}$$

ist korrekt gestellt, falls $u_0 \in C^2$ und $u_1 \in C^1$ ist.
Die Lösung lautet dann:

$$u(x, y) = \frac{u_0(x + ct) + u_0(x - ct)}{2} + \frac{1}{2c} \int_{x-ct}^{x+ct} u_1(\xi)\, d\xi. \tag{14.45}$$

Hier hat man sogar alles zusammen, kann also direkt die Lösung hinschreiben. Außerdem lässt sie sich leicht veranschaulichen. Für den Fall, dass wir unsere zweite Anfangsbedingung zu Null setzen, also

$$u_t(x, 0) = u_1(x) = 0,$$

lautet die Lösung

$$u(x, y) = \underbrace{\frac{u_0(x + ct)}{2}}_{\text{nach links}} + \underbrace{\frac{u_0(x - ct)}{2}}_{\text{nach rechts}}. \tag{14.46}$$

Für $t = 0$ ist das die erste Anfangsbedingung. Für $t > 0$ besteht sie aus zwei Teilen. Der Faktor $1/2$ in beiden Teilen zeigt uns, dass die Anfangswelle in jedem Teil auf die Hälfte zusammenschrumpft. Für wachsendes $t > 0$ verschiebt sich der linke Teil nach links und der rechte immer weiter nach rechts. So entstehen also zwei auseinanderlaufende Wellenberge.

Für das volle Anfangs-Randwert-Problem der Wellengleichung können wir nur sagen, dass die Lösung eindeutig und stabil ist.

Satz 14.8
Das Anfangs-Randwert-Problem

$$u_{tt}(x, t) - c^2 \cdot u_{xx}(x, t) = 0, \qquad 0 < t,\ 0 < x < s \ \ Wellengleichung$$

$$
\begin{aligned}
u(x, 0) &= u_0(x), & 0 < x < s & \quad Anfangsbedingung \\
u_t(x, 0) &= u_1(x), & 0 < x < s & \quad Anfangsbedingung \\
u(0, t) &= h(t), & t > 0 & \quad Randbedingung \\
u(s, t) &= k(t), & t > 0 & \quad Randbedingung
\end{aligned}
\qquad (14.47)
$$

hat höchstens eine Lösung $u(x, t)$, falls $u \in C^2$ ist. Diese ist dann auch stabil.

14.4.2 Zur Existenz

Hier wollen wir lediglich hinweisen auf den fundamentalen Separationsansatz, den wir schon bei der Wärmeleitungsgleichung wunderbar einsetzen konnten und der uns auch hier in reichlich eingeschränkten Fällen zu einer Lösung führt. Weil solche einfachen Aufgaben aber leider nicht sehr praxisnah sind, übergehen wir diese Frage, verweisen Sie auf die Literatur und wenden uns der Numerik zu, die uns erstaunlich gut weiterführt.

14.4.3 Differenzenverfahren für die Wellengleichung

Unser Vorgehen hier ähnelt sehr stark dem Verfahren bei der Wärmeleitungsgleichung. Wieder ersetzen wir zur Berechnung einer Näherungslösung die Differentialquotienten durch geeignete Differenzenquotienten. Betrachten wir das Beispiel:

Beispiel 14.3
Gegeben sei das Anfangs-Randwert-Problem der Wellengleichung:

$$
\begin{aligned}
u_{tt}(x, t) &= c^2 u_{xx}(x, t) & 0 < x < 1,\ t > 0 & \quad Wellengleichung \\
u(x, 0) &= f(x) & 0 < x < 1 & \quad 1.\ Anfangsbedingung \\
u_t(x, 0) &= g(x) & 0 < x < 1 & \quad 2.\ Anfangsbedingung \\
u(0, t) &= r_1(t) & t > 0 & \quad 1.\ Randbedingungen \\
u(1, t) &= r_2(t) & t > 0 & \quad 2.\ Randbedingungen
\end{aligned}
\qquad (14.48)
$$

Zur Diskretisierung der Differentialgleichung unterteilen wir die Zeit in kleine Zeitschritte der Größe $k > 0$ und den Raum, also hier die x-Achse in kleine Ortsschritte der Länge $h > 0$.

Zuerst benutzen wir sowohl für die Zeitableitung als auch für die Ortsableitung jeweils den zentralen Differenzenquotienten 2. Ordnung an der Stelle $u_{i,j}$, wobei wir wieder wie oben mit $u_{i,j}$ die Näherung an unsere gesuchte Lösung an der Stelle (x_i, t_j) bezeichnen, also setzen

$$u_{ij} \approx u(x_i, t_j),$$

und erhalten die Gleichung

$$\frac{u_{i,j+1} - 2u_{i,j} + u_{i,j-1}}{k^2} = 4 \cdot \frac{u_{i+1,j} - 2u_{i,j} + u_{i-1,j}}{h^2}, \qquad (14.49)$$

für $i = 1, 2, \ldots, n - 1$ und $j = 1, 2, \ldots$

Nun kommt das Charakteristikum der Wellengleichung voll zum Tragen. Da in der Differentialgleichung die zweite Ableitung nach der Zeit vorkommt, mussten wir den zweiten Differenzenquotienten verwenden. In obiger Gleichung stehen damit Werte im Zeitschritt $j - 1$, im Zeitschritt j und im Zeitschritt $j + 1$. Unsere 1. Anfangsbedingung in (14.48) liefert uns die Werte im Zeitschritt $j = 0$. Wir brauchen jetzt also noch Werte im Zeitschritt $j = 1$, also $t_1 = k$, um dann mit dieser Gleichung die Werte im Zeitschritt $j = 2, 3, \ldots$ berechnen zu können. Woher nehmen, wenn nicht stehlen?

Mister Brooke Taylor, der im selben Jahr wie J.S. Bach geboren wurde, weist uns mit seiner Reihenentwicklung den Weg. Dazu müssen wir allerdings voraussetzen, dass die Funktion f der ersten Anfangsbedingung zweimal stetig differenzierbar ist. Dann halten wir die Stelle x_n fest und entwickeln die Lösung $u(x, t)$ an der Stelle (x_n, t_1) nur bezüglich der Zeitvariablen um den Zeitpunkt $t_0 = 0$ in eine Taylorreihe, die wir nach der zweiten Ableitung abbrechen. Damit machen wir zwar einen Fehler, aber wir wollen ja nur eine Näherungsformel entwickeln. Später müssen wir dann rechtfertigen, dass unser Fehler unter gewissen Einschränkungen verzeihlich war. So erhalten wir für den ersten Zeitschritt $j = 1$, also $t_1 = k$

$$u(x_n, t_1) = u(x_n, 0) + k \cdot u_t(x_n, 0) + \frac{k^2}{2} \cdot u_{tt}(x_n, 0). \qquad (14.50)$$

Jetzt bringen wir unsere Differentialgleichung ins Spiel

$$u(x_n, t_1) = u(x_n, 0) + k \cdot g(x_n) + \frac{k^2}{2} \cdot 4u_{xx}(x_n, 0). \qquad (14.51)$$

Hier setzen wir die erste Anfangsbedingung ein:

$$u(x_n, t_1) = u(x_n, 0) + k \cdot g(x_n) + \frac{k^2}{2} \cdot 4f''(x_n). \qquad (14.52)$$

Die zweite Ableitung approximieren wir mit dem zweiten zentralen Differenzenquotienten:

$$u(x_n, t_1) = u(x_n, 0) + k \cdot g(x_n) + \frac{k^2}{2h^2} \cdot 4[f(x_{n-1} - 2f(x_n) + f(x_{n+1})]. \quad (14.53)$$

Diese Gleichung benutzen wir nun zur Berechnung von u_{n1}:

$$u_{n1} = u_{n0} + k \cdot g(x_n) + \frac{k^2}{2h^2} \cdot 4[f(x_{n-1} - 2f(x_n) + f(x_{n+1})]. \quad (14.54)$$

Damit kennen wir aus der ersten Anfangsbedingung die Werte zum Zeitpunkt $t_0 = 0$, aus obiger Gleichung Näherungswerte zum Zeitpunkt $t_1 = k$. Und so haben wir alles beisammen, um mit der Gl. (14.49) die Werte im Zeitschritt $t_2 = 2k$, dann die im Zeitschritt $t_3 = 3k$ usw. auszurechnen, und fahren solange fort, bis wir bei einem verabredeten Zeitpunkt ankommen. Wir zeigen das ausführlich wieder an einem Beispiel.

Beispiel 14.4

Wir betrachten die Anfangs-Randwert-Aufgabe

$$
\begin{array}{lll}
u_{tt}(x, t) = u_{xx}(x, t) & 0 < x < 1,\ t > 0 & \textit{Wellengleichung} \\
u(x, 0) = 2x - x^2 & 0 < x < 1 & \textit{1. Anfangsbedingung} \\
u_t(x, 0) = 0 & 0 < x < 1 & \textit{2. Anfangsbedingung} \\
u(0, t) = 0 & t > 0 & \textit{1. Randbedingung} \\
u_x(1, t) = 0 & t > 0 & \textit{2. Randbedingung}
\end{array}
$$

und berechnen eine Näherungslösung mit dem Differenzenverfahren bei Schrittweiten $h = k = 0{,}2$, h Ortsschrittweite, k Zeitschrittweite.

Zunächst beschaffen wir uns die Näherungsaufgabe durch Ersetzen der 2. Ableitungen durch zentrale Differenzenquotienten. Mit den Abkürzungen wie oben bei der Wärmeleitung

$$u_{i,j} := u(x_i, t_j), \quad u_{i+1,j} := u(x_{i+1}, t_j)$$

erhalten wir

$$\frac{u_{i+1,j} - 2u_{i,j} + u_{i-1,j}}{h^2} = \frac{u_{i,j+1} - 2u_{i,j} + u_{i,j-1}}{k^2}.$$

Wie bei der Wärmeleitung versuchen wir, für einen bestimmten Zeitschritt die Näherungswerte für x_i zu bestimmen, um dann zum nächsten Zeitschritt vorwärtszugehen. Wegen $h = k$ können wir die Gleichung vereinfachen und dann nach $u_{i,j+1}$ auflösen:

$$u_{i,j+1} = u_{i+1,j} + u_{i-1,j} - u_{i,j-1}. \quad (14.55)$$

Doch was sehen wir: auf der rechten Seite werden die Werte im Zeitschritt j und im Zeitschritt $j - 1$ verlangt. Hier müssen wir mit den Anfangs- und Randbedingungen spielen. Wir beginnen mit den Anfangsbedingungen.

Die erste benutzen wir zur Berechnung der Werte im 0-ten Zeitschritt, also zu Beginn:

$$u_{i,0} = 2ih - (ih)^2. \tag{14.56}$$

In der zweiten Anfangsbedingung steckt eine Ableitung. Hier ersetzen wir sie durch den rückwärtigen Differenzenquotienten:

$$u_t(x_i, t_j) = \frac{u_{i,j} - u_{i,j-1}}{k}.$$

Setzen wir hier $t_j = 0$, also $j = 0$, so erhalten wir wegen der Anfangsbedingung

$$\frac{u_{i,1} - u_{i,0}}{k} = 0 \implies u_{i,1} = u_{i,0}. \tag{14.57}$$

Da haben wir also recht einfach die Werte im ersten Zeitschritt erhalten. Da die Ableitung in Zeitrichtung verschwindet, ist es plausibel, die Werte im 0-ten und 1-ten Zeitschritt gleichzusetzen.

Jetzt zu den Randbedingungen. Die erste liefert uns die Werte am linken Rand für $x = 0$:

$$u_{0,j} = 0. \tag{14.58}$$

Die zweite Randbedingung enthält wieder eine Ableitung, die wir nach unserem Erfolg bei der zweiten Anfangsbedingung ebenfalls durch den rückwärtigen Differenzenquotienten ersetzen:

$$u_x(1, t) = \frac{u_{5,j} - u_{4,j}}{h} = 0 \implies u_{5,j} = u_{4,j}. \tag{14.59}$$

Die Werte am rechten Rand wählen wir also gleich den Werten im Ortsschritt $i = 4$, also $x = 0{,}8$. Auch das ist wegen des Verschwindens der Ableitung in x-Richtung plausibel.

So kennen wir jetzt die Werte in den ersten beiden Zeitschritten und am linken und rechten Rand. Es bleibt also lediglich die simple Ausrechnung der weiteren Zeitschritte mit der Formel (14.55). Wir schreiben das alles als Tabelle auf.

j	t	i x	0 0,0	1 0,2	2 0,4	3 0,6	4 0,8	5 1,0
0	0,0		0,0	0,36	0,64	0,84	0,96	1,00
1	0,2		0,0	0,36	0,64	0,84	0,96	1,00
2	0,4		0,0	0,28	0,56	0,76	0,88	0,88

Für den Wert $u_{5,0}$ haben wir zwei Möglichkeiten. Nach Formel (14.56) erhalten wir

$$u_{5,0} = 2 \cdot 5 \cdot 0{,}2 - (5 \cdot 0{,}2)^2 = 1{,}00,$$

nach Formel (14.59) aber

$$u_{5,0} = u_{4,0} = 2 \cdot 4 \cdot 0,2 - (4 \cdot 0,2)^2 = 0,96.$$

Wir entscheiden uns willkürlich für den Wert $u_{5,0} = 1,00$. Da wir ja sowieso nur eine Näherungslösung berechnen wollen und können, müssen wir die Schrittweite viel kleiner machen, um hoffentlich, abgesehen von möglichen Stabilitätsverlusten (s. u.), eine vernünftige Lösung zu erhalten. Dann spielt diese Willkür keine Rolle mehr.

Die letzte Zeile der Tabelle haben wir nach Formel (14.55) ausgerechnet, hier für $j = 1$:

$$u_{i,2} = u_{i+1,1} + u_{i-1,1} - u_{i,0}.$$

Genau diese Formel können wir jetzt für viele weitere Zeilen benutzen. Das macht natürlich ein Rechner. Den können wir auch mit kleineren Schrittweiten füttern. Das Verfahren ist ja doch recht simpel.

Sie sehen, dass wir bei der Wellengleichung ganz schön raffiniert vorgehen mussten. Es sind ja auch viele Vorgaben zu beachten. Zweimal die zweite partielle Ableitung und daraufhin zwei Anfangs- und zwei Randbedingungen, beide mit Ableitungen versehen. Nun, wir empfehlen, für solche Aufgaben Spezialliteratur aufzuschlagen. Viele weitere Tricks sind dort vorgeschlagen.

14.4.4 Stabilität des Differenzenverfahrens

Ganz analog zur Wärmeleitungsgleichung erhalten wir für das oben entwickelte Näherungsverfahren eine Einschränkung an die Stabilität:

Satz 14.9
Ist die Lösung unserer Anfangs-Randwert-Aufgabe (14.48) viermal stetig differenzierbar, so hat die explizite Methode (14.49) einen lokalen Diskretisierungsfehler

$$\mathcal{O}(k^2 + h^2). \tag{14.60}$$

Sie ist stabil genau dann, wenn gilt

$$c^2 \cdot k^2 \leq h^2. \tag{14.61}$$

Also auch hier kann es zu Chaos führen, wenn wir den Ortsschritt ständig verfeinern, aber den Zeitschritt gleich halten. Beispiele zeigen, dass die Waage sehr schnell zur falschen Seite hin ausschwingt, wenn man diese Bedingung auch nur ein wenig verletzt.

Übung 27

1. Betrachten Sie noch einmal die Anfangs-Randwert-Aufgabe von Beispiel 14.4
   (vgl. Abschn. 14.4.3):

$$u_{tt}(x, t) = u_{xx}(x, t) \quad 0 < x < 1, \ t > 0 \quad \text{Wellengleichung}$$
$$u(x, 0) = 2x - x^2 \qquad 0 < x < 1 \qquad \text{1. Anfangsbedingung}$$
$$u_t(x, 0) = 0 \qquad\qquad 0 < x < 1 \qquad \text{2. Anfangsbedingung}$$
$$u(0, t) = 0 \qquad\qquad\quad t > 0 \qquad\quad \text{1. Randbedingung}$$
$$u_x(1, t) = 0 \qquad\qquad\quad t > 0 \qquad\quad \text{2. Randbedingung}$$

und berechnen Sie eine Näherungslösung mit dem Differenzenverfahren bei
Schrittweiten $h = k = 0{,}2$, h Ortsschrittweite, k Zeitschrittweite, wobei Sie
diesmal die Ableitungen in der Anfangsbedingung und in der Randbedingung
durch zentrale erste Differenzenquotienten ersetzen.

Ausführliche Lösung: https://www.springer.com/gp/book/9783662588314

Kurze Einführung in die Wahrscheinlichkeitsrechnung

15

Inhaltsverzeichnis

15.1 Kombinatorik.. 287
15.2 Wahrscheinlichkeitsrechnung 297

Ein immer wichtiger werdender Zweig der Mathematik gerade für Anwender ist die Wahrscheinlichkeitsrechnung. Mathematisch zeigt sich hier eine ziemlich neuartige Denkweise, die gerade zu Beginn häufig große Schwierigkeiten bereitet. Wir wollen daher einerseits zur Verminderung dieser Beschwernisse mit unserem letzten Kapitel beitragen, andererseits können wir nur die elementaren Grundlagen behandeln, sonst würde dieses Buch doppelt so dick. Weiterführende Literatur ist aber zum Glück in Hülle und Fülle vorhanden.

15.1 Kombinatorik

Das tägliche Leben gibt uns in diesem Abschnitt viele Beispiele, die uns zu interessanten Formeln führen, so z. B. beim Skatspielen oder beim Lotto.

15.1.1 Permutationen

Wir beginnen mit einer einfachen Aufgabe:

Beispiel 15.1
Auf wie viele Arten können sich sechs Reisende auf sechs leere Zugabteile verteilen, wenn jeder allein sitzen möchte?

© Springer-Verlag GmbH Deutschland, ein Teil von Springer Nature 2019
N. Herrmann, *Mathematik für Naturwissenschaftler,*
https://doi.org/10.1007/978-3-662-58832-1_15

Diese Frage können wir gleich viel allgemeiner bearbeiten, indem wir fragen:

Auf wie viele Arten P(n) können sich n Reisende auf n leere Zugabteile verteilen, wenn jeder allein sitzen möchte? Dabei sei n ∈ N.

Offensichtlich gibt es für einen Reisenden genau eine Möglichkeit. Für zwei Reisende gibt es genau zwei Möglichkeiten. Für drei Reisende sechs Möglichkeiten, wie Sie mir hoffentlich zustimmen, wenn Sie folgende Reihe betrachten. Hier sind alle sechs Möglichkeiten aufgezählt.

$$1, 2, 3 \quad 1, 3, 2 \quad 2, 3, 1 \quad 2, 1, 3 \quad 3, 1, 2 \quad 3, 2, 1.$$

Für n Reisende erhalten wir: Der erste kann in einem der n Abteile Platz nehmen, der zweite anschließend nur noch in $n - 1$ Abteilen. Für beide zusammen gibt es daher $n(n - 1)$ Möglichkeiten. Für den dritten Reisenden stehen nur noch $n - 2$ Abteile frei zur Verfügung. Für alle drei gibt es also $n(n - 1)(n - 2)$ Möglichkeiten usw. Das führt zu der Formel: Es gibt für n Reisende

$$P(n) = n(n - 1)(n - 2) \cdot \ldots \cdot 2 \cdot 1 = 1 \cdot 2 \cdot \ldots \cdot (n - 1) \cdot n =: n! \qquad (15.1)$$

Möglichkeiten, sich auf n Abteile zu verteilen, ohne sich gegenseitig zu stören. Wie sprechen $n!$ als „n-Fakultät" aus. Diese Bezeichnung wurde 1808 von dem Mathematiker Christian Kramp eingeführt. Wir setzen dabei noch fest

$$0! := 1. \qquad (15.2)$$

Dann können wir die Formel (15.1) für alle $n \in \mathbb{N}$ benutzen. (15.2) ist also nur eine Vereinfachung zur Bequemlichkeit, damit wir nicht dauernd auf Ausnahmen achten müssen.

Zur Vereinfachung der Sprechweise vereinbaren wir:

Definition 15.1
Jede Zusammenstellung einer endlichen Anzahl von paarweise verschiedenen Elementen in irgendeiner Anordnung, in der sämtliche Elemente verwendet werden, nennen wir Permutation der gegebenen Elemente.

Damit können wir obige Formel (15.1) so ausdrücken:

Satz 15.1
Von $n \in \mathbb{N}$ paarweise verschiedenen Elementen gibt es n! Permutationen.

Eine Verallgemeinerung dieser Fakultät auf reelle und auch komplexe Zahlen stammt von Leonhard Euler: die Gammafunktion. Bitte schauen Sie in die Spezialliteratur.

Beispiel 15.2

Schauen wir als Beispiel auf unsere sechs Zugfahrer, die jeder in einem eigenen Abteil sitzen möchten.

Für die gibt es $6! = 1 \cdot 2 \cdots 6 = 720$ Möglichkeiten.

Eine kleine Abwandlung ergibt sich, wenn wir nicht mehr so viele Sitzplätze frei haben. Wie viele Möglichkeiten gibt es, wenn wir drei Einzelplätze und ein Abteil mit drei freien Plätzen zur Verfügung haben? Dabei seien aber die drei Plätze im Abteil nicht unterscheidbar, also keine Präferenz für Fensterplatz o. ä.

Das schränkt die Anzahl der Möglichkeiten sehr ein. Die drei Reisenden im Abteil können ja $1 \cdot 2 \cdot 3 = 3! = 6$ Vertauschungen der Plätze vornehmen, da ja die Plätze nicht unterscheidbar sind. Dann bleiben insgesamt noch

$$\frac{6!}{3!} = \frac{1 \cdot 2 \cdots 6}{1 \cdot 2 \cdot 3} = 120$$

Möglichkeiten. Allgemein gilt für solche Permutationen mit n Elementen, von denen k Elemente nicht unterscheidbar sind:

$$p_k(n) = \frac{n!}{k!}, \quad k \le n.$$

Beispiel 15.3

Wie viel mögliche Verteilungen beim Skatspiel gibt es?

Genau die oben geschilderte Situation ergibt sich beim Skatspielen. Da erhält jeder der drei Mitspieler von 32 Karten genau 10 Karten. Die restlichen zwei Karten kommen in die Mitte. Sie heißen „Skat". Da die Reihenfolge der Karten dem einzelnen Spieler egal ist, er muss sie ja sortieren, gibt es

$$P_{10,10,10,2}(32) = \frac{32!}{10! \cdot 10! \cdot 10! \cdot 2!} = 2\,753\,294\,408\,504\,640$$

Verteilungen. Das sind in Worten mehr als 2,7 Billiarden Möglichkeiten. Denken wir mal, dass zu Christi Geburt fünf Millionen Skatspieler begonnen haben zu spielen. Jede Minute hat jeder von ihnen ein Skatblatt ausgeteilt und das 12 h am Tag tagaus, tagein, also auch sonn- und feiertags. Wenn alle möglichen Verteilungen nur genau einmal auftreten, dann wären sie erst in der heutigen Zeit fertig. Man muss also nicht Angst haben, dass das Skatspielen langweilig wird, weil man ja alle möglichen Spiele schon gespielt hat. Wir sollten uns merken, dass die Fakultät eine wirklich rasant anwachsende Tendenz hat.

15.1.2 Variationen

In diesem Abschnitt seien wieder n Elemente gegeben. Wir betrachten Zusammenstellungen von k Elementen in irgendeiner Anordnung. So etwas heißt dann Zusammenstellung k-ter Ordnung oder k-ter Klasse. Betrachten wir dann Zusammenstellungen, die die gleichen Elemente, aber in verschiedener Anordnung enthalten, als verschieden, so sprechen wir von Variationen. Den andern Fall, dass wir die Anordnung nicht beachten, behandeln wir im nächsten Unterabschnitt.

Definition 15.2
Zusammenstellungen von k Elementen einer n-elementigen Menge mit Berücksichtigung ihrer Anordnung heißen Variationen.

Wir können uns also folgende Frage stellen:

Auf wie viele Arten kann man n Elemente auf $k \leq n$ Plätze verteilen?

Hier müssen wir zwei verschiedene Fälle unterscheiden. Wollen wir zulassen, dass Elemente mehrfach vorkommen dürfen, wir nennen das ‚mit Wiederholung' oder darf jedes Element nur einmal verwendet werden, das nennen wir ‚ohne Wiederholung'?

1. **Variation ohne Wiederholung**
   Wenn wir keine Wiederholung zulassen wollen, müssen wir so überlegen:
   Der erste Platz kann von n Elementen eingenommen werden. der zweite Platz dann nur noch von $n - 1$ übrig gebliebenen Elementen, der dritte Platz von den restlichen $n - 2$ Elementen usw.
   Um den k-ten Platz können sich noch $n - (k - 1)$ Elemente streiten. Daher erhalten wir:

Satz 15.2
Die Anzahl der Variationen V_k von n Elementen zur k-ten Klasse ohne Wiederholung ist

$$V_k(n) = n(n-1)(n-2)\cdots(n-(k-1)) = \frac{n!}{(n-k)!}. \tag{15.3}$$

Bei der letzten Gleichung haben wir eine leichte Kürzung ausgeführt:

$$\frac{n(n-1)(n-2)\cdots(n-(k-1))(n-k)\cdots 2 \cdot 1}{1 \cdot 2 \cdots (n-k)} = \frac{n!}{(n-k)!}.$$

Wenn wir bei n Elementen die Verteilung auf $k = n$ Plätze vornehmen, sind wir wieder bei den Permutationen.

Beispiel 15.4

Wie viele zweistellige Zahlen kann man mit den neun Ziffern 1, 2, ..., 9 aufschreiben, wenn wir keine Wiederholung zulassen?

Nach unserer Formel ist das ganz leicht: 9 Elemente auf $2 = 9 - 7$ Plätze verteilen, ergibt

$$V_2(9) = \frac{9!}{(9-2)!} = \frac{9!}{7!} = \frac{1 \cdot 2 \cdots 9}{1 \cdot 2 \cdots 7} = 8 \cdot 9 = 72.$$

Das können wir uns auch so überlegen. Wir bilden zweistellige Zahlen ohne 0, also lassen wir bei den 99 Zahlen 1, 2, ..., 99 schon mal die ersten neun weg, denn die sind ja nur einstellig. Dann müssen auch die 20, 30, ..., 90 ins Kröpfchen, also wieder neun weg. Da wir keine Wiederholung wollen, fallen auch noch 11, 22, ..., 99, also nochmals neun Zahlen weg. Es bleiben

$$99 - 9 - 9 - 9 = 72,$$

wie es unsere Formel (15.3) schon konnte.

2. Variation mit Wiederholung

Wenn wir Wiederholungen zulassen, wird die Überlegung einfacher. Dann kann der 1. Platz auf n Arten besetzt werden, der 2. Platz kann wieder auf n Arten besetzt werden, usw., der k-te Platz kann schließlich auch auf n Arten besetzt werden. Das führt uns zu der Aussage:

Satz 15.3

Die Anzahl der Variationen V_k' von n Elementen zur k-ten Klasse mit Wiederholung ist

$$V_k'(n) = n^k. \tag{15.4}$$

Hier ist sogar $k > n$ zugelassen.

Beispiel 15.5

Betrachten wir als Beispiel die Blindenschrift.

Braille hat ein System entwickelt, wo an sechs Stellen erhabene, also tastbare Punkte eingedrückt werden oder eben das Papier flach bleibt. Wir haben also die Elemente ‚flach' und ‚erhaben'. Diese zwei Elemente wollen wir auf sechs Plätze verteilen, wobei Wiederholung zugelassen ist. Dann erhalten wir

$$V_6'(2) = 2^6 = 64$$

mögliche Zeichen.

Beispiel 15.6
Sie können sich auch fragen, wie viel verschiedene Würfe sind mit vier unterschiedlichen, also vielleicht rot, grün, blau und schwarz gefärbten Würfeln möglich.

Die möglichen Würfe von 1 bis 6 für jeden Würfel wollen wir also auf vier Würfel, also auf vier Plätze verteilen. Das ergibt

$$V_4'(6) = 6^4 = 1296$$

verschiedene Würfe bei unterscheidbaren Würfeln.

Beispiel 15.7
Wir denken noch mal an die zweistelligen Zahlen, die wir mit den neun Ziffern 1, 2, ..., 9 schreiben wollen, jetzt aber mit Wiederholungen.

Unsere Formel sagt

$$V_2'(9) = 9^2 = 81,$$

was ja auch sofort klar ist, denn wir betrachten wie oben die Zahlen von 1 bis 99, lassen 1 bis 9 weg und lassen 10, 20, ..., 90 weg. 11, 22, ..., 99 sind aber wegen der Wiederholung erlaubt. Also bleiben

$$99 - 9 - 9 = 81 = 9^2.$$

15.1.3 Kombinationen

Jetzt betrachten wir Zusammenstellung, bei denen uns die Anordnung egal ist.

Definition 15.3
Zusammenstellungen $K_k(n)$ von k Elementen einer n-elementigen Menge ohne Berücksichtigung ihrer Anordnung heißen Kombinationen.

Wir stellen uns also folgende Frage:

Wie viele Möglichkeiten gibt es, aus n Elementen k < n Elemente herauszunehmen?

Rein umgangssprachlich ist uns klar, dass wir ein Element, das wir herausgenommen haben, nicht gleich wieder zurücklegen. Wir wollen es aber sauber verlangen, also bitte zunächst den Fall, dass keine Wiederholungen zugelassen sind.

1. Kombinationen ohne Wiederholung

Für diesen Fall ist die Anzahl der Möglichkeiten gerade so groß wie die Anzahl der Variationen, allerdings ohne Rücksicht auf die Anordnung der Plätze. Wir müssen also, um die richtige Anzahl zu erhalten, durch die Zahl der Permutationen $k!$ von k Plätzen dividieren.

Satz 15.4

Die Anzahl der Kombinationen von n Elementen zur k-ten Klasse ohne Wiederholung ist

$$K_k(n) = \frac{V_k(n)}{k!} = \frac{n!}{(n-k)!k!}. \tag{15.5}$$

Diese Zahlen treten vor allem in den Binomialentwicklungen auf, also z. B. in $(a + b)^2 = a^2 + 2ab + b^2$. Auf der rechten Seite sind die Zahlen 1, 2, 1 als Koeffizienten enthalten. Bei $(a + b)^3$ treten die Zahlen 1, 3, 3,1 als Koeffizienten auf usw. Sie heißen daher:

Definition 15.4

Die Zahlen

$$\binom{n}{k} = \frac{n!}{(n-k)!k!} = \frac{n(n-1)\cdots(n-(k-1))}{1\cdot 2\cdots k} \tag{15.6}$$

heißen Binomialkoeffizienten.

Hier haben wir wieder den ersten Faktor $(n - k)!$ im Nenner gegen die letzten Faktoren im Zähler gekürzt. Dadurch ergibt sich eine recht einfache Merkregel für die Binomialkoeffizienten.

Betrachten Sie $\binom{n}{k}$, so schreiben wir sowohl im Zähler wie im Nenner jeweils k Faktoren, im Zähler von oben runter, im Nenner von unten herauf, also z. B.

$$\binom{7}{3} = \frac{7\cdot 6\cdot 5}{1\cdot 2\cdot 3} = 35.$$

Übrigens, ein alter Scherz bringt den Namen Binomialkoeffizient mit einem Herrn Binomi in Verbindung. Selbst Wikipedia kennt diesen Herrn nicht. Also bitte nicht verwirren lassen. Manchmal ist mathematischer Humor recht eigenwillig. Sie heißen auch nicht ‚Binominalkoeffizient‘. Da ist ein n zuviel.

Beispiel 15.8

Wie viel mögliche Kombinationen beim Lotto ‚6 aus 49‘ gibt es?

Das rechnen wir jetzt leicht aus.

$$\binom{49}{6} = \frac{49\cdot 48\cdots 44}{1\cdot 2\cdots 6} = 13\,983\,816.$$

Die Zahl ist wirklich ziemlich groß. Und nur eine Kombination wird am nächsten Samstag von der Lottomaschine gezogen. Wenn jemand jede Woche 100 verschiedene Lottotipps abgibt, jede Woche genau die gleichen, und wenn keine Tippreihe wiederholt wird, bevor nicht alle Tippreihen gezogen sind, muss er im schlimmsten Fall mehr als 2689 Jahre warten, bis ganz sicher eine seiner Tippreihen drankommt.

Beispiel 15.9
Wie oft macht es Ping, wenn n Personen Wein trinken und jeder mit jedem anderen anstößt?

Wir müssen die Anzahl der Kombinationen von n Elementen zur 2-ten Klasse ausrechnen, weil ja immer zwei Personen miteinander anstoßen:

$$\binom{n}{2} = \frac{n \cdot (n-1)}{1 \cdot 2}$$

Das ist auch leicht einsehbar; denn jede der n Personen stößt ja mit $n-1$ anderen an. Wenn aber Herr A mit Frau B anstößt, dann ist das doch dasselbe, als wenn Frau B mit Herrn A anstößt. Wir müssen also die Zahl $n \cdot (n-1)$ noch durch 2 teilen.

2. **Kombinationen mit Wiederholung**
Hier stellen wir uns z. B. die Aufgabe:

> Wie viele Möglichkeiten gibt es, aus einer Urne mit n Elementen nacheinander k Elemente herauszunehmen, wenn jedes herausgenommene Element sofort wieder zurückgelegt wird?

Hier zitieren wir den entscheidenden Satz. Auf den nicht ganz leichten Nachweis verzichten wir und verweisen auf die Literatur.

Satz 15.5
Die Anzahl der Kombinationen von n Elementen zur k-ten Klasse mit Wiederholung ist

$$K'_k(n) = \binom{n+k-1}{k}. \tag{15.7}$$

Beispiel 15.10
Wie viele Wurfkombinationen mit fünf nicht unterscheidbaren Würfeln gibt es?

Das finden wir mit obiger Formel:

$$K'_5(6) = \binom{6+5-1}{5} = \binom{10}{5} = \frac{10 \cdots 6}{1 \cdots 5} = 252.$$

15.1.4 Ein Sitz- und ein ungelöstes Problem

Dienstags am späten Nachmittag treffen wir uns mit drei befreundeten Ehepaaren zu einer kleinen Runde in einem Weinlokal. Wir, das sind meine Frau und ich, also Ehepaar $\boxed{\text{H}}$, dann Ehepaar $\boxed{\text{D}}$, Ehepaar $\boxed{\text{G}}$, und Ehepaar $\boxed{\text{U}}$. Unser Problem ist, wie wir uns setzen. Um die Runde abwechslungsreich zu gestalten, möchte niemand neben seinem Ehepartner sitzen.

Beispiel 15.11

Die Frage lautet nun: Wie viele verschiedene Möglichkeiten gibt es für uns, an einem runden Tisch Platz zu nehmen, wenn wir

1. eine „bunte" Reihe, also männlich – weiblich – männlich – weiblich usw. einhalten und

2. Ehepaare getrennt sitzen wollen.

Wenn wir die Anordnung jetzt als reinen Kreis darstellen, entspricht das nicht ganz der Wirklichkeit. Von Platz $\boxed{\text{H}}$ aus sieht man nämlich vielleicht die Tür, während Platz $\boxed{\text{U}}$ den Blick in den Garten gewährt. Damit ist also auch schon die erste Wahl eines Platzes wichtig. Symmetrie können wir nicht geltend machen. Deswegen hat der erste Herr $\boxed{\text{H}}$ – wir nehmen mal an, dass die forschen Herren sich zuerst einen Stuhl heranziehen – acht mögliche Plätze zur Auswahl. Wegen der bunten Reihe sind dann die restlichen Stühle in Männer- und Frauenstühle festgelegt. Der zweite Herr $\boxed{\text{D}}$ kann dann noch zwischen drei Männerstühlen wählen. Herr $\boxed{\text{G}}$ hat die Wahl zwischen zwei Männerstühlen, aber Herr $\boxed{\text{U}}$ darf nicht mehr wählen, sondern wird gesetzt auf den letzten freien Männerstuhl. Insgesamt haben damit die Herren

$$8 \cdot 3 \cdot 2 = 48$$

mögliche Sitzanordnungen (Abb. 15.1).

Jetzt kommen die runden Frauenstühle. Frau $\textcircled{h}$ möchte nicht neben ihrem Ehegesponst sitzen. Dies Vergnügen hat sie täglich. Also bleiben ihr nur zwei Frauenstühle zur Wahl. Wir zeigen zuerst ihre Wahl zwischen $\boxed{\text{D}}$ und $\boxed{\text{U}}$. Sie sehen sofort, dass Frau $\textcircled{g}$ keine Wahl mehr hat. Sie muss zwischen $\boxed{\text{D}}$ und $\boxed{\text{H}}$ sitzen. Dann sind beide anderen Frauen ebenfalls festgelegt (Abb. 15.2).

Wenn Frau $\textcircled{h}$ zwischen $\boxed{\text{U}}$ und $\boxed{\text{G}}$ Platz nimmt, hat Frau $\textcircled{d}$ keine Wahl mehr, sondern muss zwischen $\boxed{\text{H}}$ und $\boxed{\text{G}}$ sitzen. Ebenso bleiben für die beide anderen Frauen keine Wahlmöglichkeiten mehr. Insgesamt haben die Frauen also, wenn die Männer sitzen, nur noch zwei Möglichkeiten.

Abb. 15.1 Hier die Sitzordnung, wenn sich alle Herren gesetzt haben und

Frau 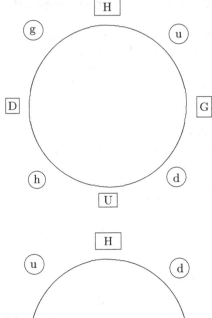 ihre erste Wahl unten links vorgenommen hat

Abb. 15.2 Hier die Sitzordnung, wenn sich alle Herren gesetzt haben und

Frau ⓗ ihre zweite Wahl unten rechts vorgenommen hat

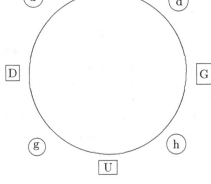

Zusammen ergibt das

$$8 \cdot 3 \cdot 2 \cdot 2 = 96$$

mögliche Sitzanordnungen. Bei wöchentlichen Treffen hat die Runde also fast zwei Jahre zu tun, um alle Sitzpositionen durchzuprobieren.

Beispiel 15.12

Es gibt schon leichte Fragen, für die wir bis heute keine Antwort wissen. Wir denken uns eine Reihe von Briefmarken, solange es die noch gibt. Um sie in meine Geldbörse zu stecken, möchte ich sie solange falten, bis sie alle übereinander liegen. Wenn wir uns die Marken unendlich dünn vorstellen, so hat das Endpaket also die Größe einer Marke. Aber wie viele Möglichkeiten gibt es, diese Reihe so zusammenzufalten? Bei einem Zollstock von 1 m Länge, der also aus fünf Elementen besteht, kann man ja mal durchzählen. Bis heute gibt es für den allgemeinen Fall keine Formel für diese Aufgabe. Eigentümlich, nicht?

Zusammenstellung der Begriffe und Formeln

Permutationen	
$P(n) = n!$	
Variationen ohne Wiederh.	**Variationen mit Wiederh.**
$V_k(n) = \dfrac{n!}{(n-k)!}$	$V'_k(n) = n^k$
Kombinationen ohne Wiederh.	**Kombinationen mit Wiederh.**
$K_k(n) = \dfrac{n!}{(n-k)!k!}$	$K'_k(n) = \dbinom{n+k-1}{k}$

15.2 Wahrscheinlichkeitsrechnung

Im Jahre 1652 reisten der Chevalier de Meré, ein begeisterter Spieler, und der Mathematiker Blaise Pascal zusammen nach Poitou. Im Gespräch bat de Meré den Mathematiker, ihm bei der Lösung der folgenden Aufgabe zu helfen.

Zwei Spieler wollen so viele Partien miteinander spielen, bis einer N Partien gewonnen hat. Leider muss die Spielserie abgebrochen werden, als noch keiner der beiden N Spiele gewonnen hat. Der eine hatte $n < N$ Spiele, der andere $m < N$ Spiele gewonnen. Wie muss jetzt die Gewinnsumme gerecht verteilt werden?

Blaise Pascal fand eine Lösung, die er dem Juristen und genialen ‚Feierabendmathematiker' Pierre de Fermat brieflich mitteilte. Dieser entwickelte eine eigene Lösung. Auch Christian Huygens dachte sich eine Lösung aus. Mit dieser Korrespondenz wurden die Grundlagen zur Wahrscheinlichkeitsrechnung gelegt.

Das Ziel ist die Untersuchung mathematischer Gesetzmäßigkeiten von großen Anzahlen zufälliger „Ereignisse". Man kann deshalb die Wahrscheinlichkeitsrechnung als eine Theorie bezeichnen, die die Gesetzmäßigkeiten von Massenerscheinungen untersucht.

15.2.1 Definitionsversuch nach Laplace und von Mises

Eines der einfachsten Anschauungsobjekte ist der gewöhnliche regelmäßige Würfel. Wir erklären einige Grundbegriffe zunächst nur für ihn, übertragen sie aber später auf andere Experimente.

- Da sind zunächst die Elementarmerkmale eines Würfels: Würfe der Augenzahlen $1, \ldots, 6$
- Weitere Merkmale könnten z. B. der Wurf einer geraden Punktzahl sein.
- Wir wollen auch das unmögliches Merkmal $\emptyset$, z. B. den Wurf einer 7 als Merkmal mit einfügen.

- Ein Ereignis ist dann der Wurf und die Registrierung des Wurfes.
- Ein Elementarereignis $e_1, \ldots, e_6$ ist der Wurf und die Registrierung von 1, ..., 6
- beliebige Ereignisse bezeichnen wir mit großen Buchstaben $A, B, C, \ldots$.
- Das sichere Ereignis werde mit S bezeichnet, beim Würfel ist das das Ereignis e_1 oder ...oder e_6, also eine 1 oder eine 2 oder $\cdots$ oder eine 6 zu würfeln.

Wahrscheinlichkeit nach Laplace

Laplace definiert bereits 1812:

Definition 15.5

Die Wahrscheinlichkeit P (probability) eines Ereignisses A wird definiert als

$$P(A) = \frac{Anzahl\ g\ der\ günstigen\ Elementarmerkmale}{Anzahl\ m\ der\ \underline{gleich}möglichen\ Elementarmerkmale} \qquad (15.8)$$

Beispiel 15.13

Regelmäßiger Würfel

Fragen wir nach der Wahrscheinlichkeit für das Würfeln einer 6, also $A = $ Würfeln einer 6, kurz $A = 6$.

Wir haben $m = 6$ gleichmögliche Elementarmerkmale, aber nur $g = 1$ günstiges Elementarmerkmal, also

$$P(A = 6) = \frac{1}{6}.$$

Wir sehen an diesem Beispiel, dass die unterstrichene Vorsilbe <u>gleich</u> in der Definition sehr wichtig ist. Würden wir z. B. mit einer Streichholzschachtel würfeln, müssten wir sonst ebenfalls allen Seiten die Wahrscheinlichkeit $P = 1/6$ zuordnen, was natürlich unsinnig wäre.

Beispiel 15.14

Wie groß ist die Wahrscheinlichkeit U, eine ungerade Zahl zu würfeln?

Wieder ist $m = 6$, aber hier ist $g = 3$, also

$$P(U) = \frac{3}{6} = \frac{1}{2}.$$

Das folgende Beispiel zeigt uns sehr deutlich die Schwierigkeiten mit diesem Begriff der Wahrscheinlichkeit nach Laplace. Es ist als Bertrandsches Paradoxon bekannt, weil der französische Mathematiker Joseph Bertrand im Jahre 1888 dieses Beispiel vorgestellt hat, bei dem er zu einer klaren Aufgabe zwei sehr vernünftig erscheinende aber sich widersprechende Antworten gegeben hat. Dazu hat er die böse Frage gestellt: Was ist das denn für eine Wissenschaft, die bei einer solch einfachen Aufgabe nicht genau eine Antwort geben kann?

Seine Aufgabe lautete:

Wir betrachten einen Kreis mit Radius 2. Diesem beschreiben wir ein gleichsei-
tiges Dreieck ein. Dann betrachten wir Sehnen, also nur die Strecken innerhalb des
Kreises. Jetzt die Frage: Wie groß ist die Wahrscheinlichkeit P, dass die zufällig ein-
gezeichneten Kreissehnen länger sind als eine Dreiecksseite? Wir haben als Beispiel
drei zufällige Sehnen eingetragen (Abb. 15.3).

Wir bieten Ihnen drei ‚Lösungen‘ an:

Erste Lösung:

Betrachten wir eine beliebige Sehne. Dann können wir doch den Kreis um seinen Mittelpunkt so drehen, dass ein Endpunkt der Sehne mit einem Eckpunkt des
Dreiecks zusammenfällt. Dies Bild halten wir fest und zeichnen eine zweite Sehne.
Jetzt drehen wir das vorherige Bild insgesamt so um den Kreismittelpunkt, dass
wiederum auch der Endpunkt der neuen Sehne mit diesem Eckpunkt des Dreiecks
zusammenfällt. Das machen wir dauernd so. Wir können also ohne Einschränkung
alle Sehnen so gelegt denken, dass ein Endpunkt gerade durch den einen Eckpunkt
des Dreiecks verläuft (Abb. 15.4).

Jetzt einen kleinen Blick auf die Gesamtfigur. Wir sehen doch sofort, dass Sehnen, die innerhalb des gleichseitigen Dreiecks liegen, länger sind als eine Dreiecksseite. Alle außerhalb sind kürzer. Der Winkel im gleichseitigen Dreieck ist stets 60°.

Abb. 15.3 Kreis mit Radius
2 und eingezeichnetem
gleichseitigen Dreieck

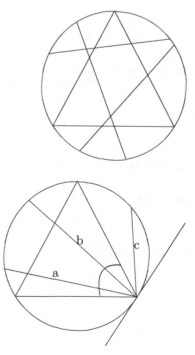

Abb. 15.4 Kreis mit Radius
2 und Dreieck und drei
zufälligen Sehnen. (*a*) und
(*b*) liegen innerhalb des
Dreiecks, (*c*) liegt außerhalb

Durch die angedeutete Tangente wird der Gesamtwinkel, der durch unser Werfen erreicht werden kann, angedeutet, er ist $180°$. Daraus folgt:

$$P_1 = \frac{60}{180} = \frac{1}{3}.$$

Fein, das war einsichtig.

Zweite Lösung:

Jetzt komme ich aber mit einem anderen Vorschlag. Wieder zeichne ich Sehnen. Diesmal drehe ich den Grundkreis mit dem Dreieck jedesmal so, dass am Schluss alle Sehnen parallel zur unteren Dreiecksseite liegen. Schauen Sie rechts das Bild an. (a) und (b) sind offensichtlich länger, (c) ist kürzer als eine Dreiecksseite. Die untere dick gezeichnete Dreiecksseite halbiert den senkrecht nach unten eingetragenen Radius, hat also den Abstand 1 vom Mittelpunkt; denn die eingezeichnete Figur ist ja eine Raute. Bei der halbieren sich die Diagonalen. Die obere dicke Linie hat aus Symmetriegründen ebenfalls den Abstand 1 zum Mittelpunkt.

Der Gesamtabstand der beiden dicken Linien ist also 2. Alle Sehnen, die innerhalb dieses Streifens der beiden dicken Linien liegen, sind länger als eine Dreiecksseite. Der Durchmesser ist 4. Also folgt:

$$P_1 = \frac{2}{4} = \frac{1}{2}.$$

Merkwürdig, nicht? Denn $\frac{1}{3} \neq \frac{1}{2}$.

Dritte Lösung:

Wir können es noch besser und eine dritte Lösung präsentieren. Dazu betrachten wir den Inkreis des Dreiecks. Der hat einen Radius 1, wie wir aus obiger Abb. 15.5 entnehmen. Alle Sehnen, deren Mittelpunkt in diesem Kreis liegen, sind länger als eine Dreiecksseite, alle anderen kürzer (Abb. 15.6).

Das ergibt die Wahrscheinlichkeit mit Hilfe der Flächen:

$$P_1 = \frac{\pi \cdot 1^2}{\pi \cdot 2^2} = \frac{1}{4}.$$

Noch merkwürdiger; denn $\frac{1}{3} \neq \frac{1}{2} \neq \frac{1}{4}$.

Abb. 15.5 Kreis mit Radius 2 und Dreieck und drei zufälligen Sehnen. (**a**) und (*b*) sind länger, (*c*) ist kürzer als eine Dreiecksseite

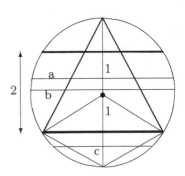

Abb. 15.6 Kreis mit Radius
2 und Dreieck und Inkreis
vom Radius 1. (*a*) ist länger,
(b) ist kürzer als eine
Dreiecksseite

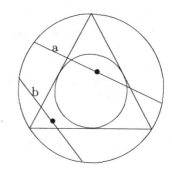

Wo liegt das Problem? Nun, wir haben jedesmal unsere Sehnen zufällig gezeichnet und das als gleichwahrscheinlich angesehen. Dabei haben wir aber jedesmal ganz andere Grundmengen betrachtet. Im ersten Beispiel haben wir die Winkel im Bereich $[0°, 60°]$ im Verhältnis zu $[0°, 180°]$, im zweiten Fall die Strecke $[0, 2]$ im Verhältnis zu $[0, 4]$ und im dritten Fall die Fläche $\pi \cdot 1^2$ im Verhältnis zu $\pi \cdot 2^2$ betrachtet. Das führt natürlich zu ganz verschiedenen Ergebnissen. Das mit der Gleichwahrscheinlichkeit ist also sehr problematisch.

Kritik an der Laplaceschen Definition
Der Wahrscheinlichkeitsbegriff von Laplace ist zu eng; denn

1. wie wir angedeutet haben, ist er schon bei $m = 6$ nicht anwendbar bei einem unregelmäßigen Würfel,
2. er kann nicht elementar auf unendlich viele Elementarmerkmale erweitert werden,
3. mit <u>gleichmöglich</u> meinen wir gleichwahrscheinlich, wir benutzen also in der Definition schon das zu definierende Wort. So etwas nennt man in der Mathematik eine Zirkeldefinition, die natürlich nicht zulässig ist.

Wahrscheinlichkeit nach v. Mises
Richard Edler Freiherr von Mises hat versucht, diese Festlegung zu verbessern, und hat folgende Definition vorgeschlagen:

Definition 15.6
Mit den gleichen Bezeichnungen wie in Def. 15.5 sei

$$P(A) := \lim_{n \to \infty} \frac{n_g}{n}, \tag{15.9}$$

wobei die Anzahl n_g der günstigen Fälle natürlich von n abhängt, also

$$n_g = n_g(n).$$

Auch hier gibt es einige Kritikpunkte.

1. Wenn Sie mal eine Münze werfen und zählen, wie oft ‚Zahl' erscheint, werden Sie schon tausend mal werfen müssen, damit Sie mit der relativen Häufigkeit nahe an 0,5 herankommen.
2. Wir wollen ja zufällige Folgen von Ereignissen betrachten. Charakteristisch für diese ist aber, dass sie keinem Bildungsgesetz gehorchen. Wie soll man da einen Limes ausrechnen?

Es gibt also in der inhaltlichen Auslegung der Wahrscheinlichkeit große Probleme. Daher geht man seit Kolmogorov einen anderen Weg.

15.2.2 Axiomatische Wahrscheinlichkeitstheorie

Wir wollen im folgenden Wahrscheinlichkeit als ein reines Denkmodell vorstellen. Das geschieht axiomatisch. Wir werden das nur der Vollständigkeit wegen angeben. Sobald wir in konkreten Beispielen Antworten suchen, werden wir auch inhaltlich Aussagen treffen.

Axiomatisch gehen wir nun folgendermaßen vor.

1. Menge S der Elementarereignisse
Als zufällige Elementarereignisse oder nur Elementarereignisse bezeichnen wir die endlich oder unendlich vielen möglichen verschiedenen Ergebnisse eines Versuches, z. B. die beim Werfen von Würfeln erzielbaren Augenzahlen, wenn wir mit e_i das Ereignis bezeichnen, i Augen zu würfeln:

$$S = \{e_1, e_2, e_3, \ldots\}$$

2. Menge $\mathcal{B}$ der Ereignisse und ihre Rechengesetze
Unter der Menge $\mathcal{B}$ der zufälligen Ereignisse verstehen wir im Falle endlicher S die Potenzmenge $\mathcal{P}(S)$ von S, also die Menge aller Teilmengen von S, wobei wir unter $\emptyset$ das unmögliche Ereignis verstehen. Beim Würfeln ergibt sich:

$$\mathcal{B} = \mathcal{P}(S) = \{\emptyset, \{e_1\}, \{e_2\}, \ldots \{e_6\}, \{e_1, e_2\}, \ldots, \{e_1, e_2 \ldots, e_6\}\}$$

Ereignisse wollen wir allgemein mit großen Buchstaben bezeichnen. So ist z. B.

$$G = \{e_2, e_4, e_6\}$$

das Ereignis, eine gerade Zahl zu würfeln.
Folgende fünf Rechengesetze wollen wir fordern:

a) $\mathcal{B}$ enthält $\emptyset$, das unmögliche Ereignis.
b) $\mathcal{B}$ enthält S, das sichere Ereignis

c) Mit endlich oder abzählbar vielen Ereignissen $A_1, A_2, \ldots$ gehört auch die ‚Summe‘, d. h. die Vereinigungsmenge

$$A = A_1 + A_2 + \cdots = \sum_i A_i$$

zu $\mathcal{B}$.
Wir schreiben auch

$$A = A_1 \cup A_2 \cup \ldots = \bigcup_i A_i.$$

d) Mit A_1 und A_2 gehört auch die ‚Differenz‘ $A_1 - A_2$ zu $\mathcal{B}$.

e) Mit endlich vielen oder abzählbar unendlich vielen $A_1, A_2, \ldots$ gehört auch das ‚Produkt‘, d. h. die ‚Durchschnittsmenge‘

$$A = A_1 \cdot A_2 \cdots = \prod_i A_i$$

zu $\mathcal{B}$. Wir schreiben auch

$$A = A_1 \cap A_2 \cap \ldots = \bigcap_i A_i.$$

Wir nennen $\overline{A} := S - A$ das zu A komplementäre Ereignis.

3. Die Wahrscheinlichkeitsaxiome

I. Jedem zufälligen Ereignis $A \in \mathcal{B}$ wird eine reelle Zahl $P(A)$ zugeordnet, die Wahrscheinlichkeit P von A mit der Eigenschaft

$$0 \leq P(A) \leq 1. \tag{15.10}$$

II. Die Wahrscheinlichkeit des sicheren Ereignisses ist gleich 1:

$$P(S) = 1. \tag{15.11}$$

III. Die Wahrscheinlichkeit für eine Summe von endlich oder abzählbar unendlich vielen Ereignissen, die einander paarweise ausschließen, ist gleich der Summe der Wahrscheinlichkeiten dieser Ereignisse:

$$P(A_1 + A_2 + \cdots) = P(A_1) + P(A_2) \cdots \tag{15.12}$$

Das also sind die berühmten Axiome von Kolmogorov. Einige Bemerkungen wollen wir anfügen:

1. Das Paar $\{S, \mathcal{B}\}$ heißt Ereignisfeld, das Tripel $\{S, \mathcal{B}, P\}$ heißt Wahrscheinlichkeitsfeld.

2. Die Wahrscheinlichkeit $P(A)$ wird nicht explizit definiert. Axiom I. fordert nur eine Zuordnung.
3. Man kann zeigen, dass der Laplacesche Begriff ein Sonderfall des Kolmogorovschen Begriffes ist. Außerdem ist, falls der Laplacesche Begriff anwendbar ist, der von Misessche Begriff gleich dem Laplaceschen.

Man kann daher für große n die Wahrscheinlichkeit $P(A)$ mit der relativen Häufigkeit gleichsetzen.

15.2.3 Einige elementare Sätze

Da A und $\overline{A}$ disjunkt sind, folgt aus $A + \overline{A} = S$ mit den Axiomen I. und III.

$$1 = P(S) = P(A + \overline{A}) = P(A) + P(\overline{A}).$$

Daraus folgt

Satz 15.6 (Komplementäre Ereignisse)
Es gilt

$$P(A) = 1 - P(\overline{A}), \tag{15.13}$$
$$P(\emptyset) = 0. \tag{15.14}$$

Das letztere folgt mit Axiom II., weil $\emptyset$ und S komplementär sind und damit $P(\emptyset) = 1 - P(S)$ gilt.

Man hüte sich vor dem Fehlschluss, dass aus $P(A) = 0$ auch sofort $A = \emptyset$ folgen würde. Das folgt nicht zwingend.

In der Zerlegung $A = (A - B) + AB$ sind $A - B$ und AB disjunkt. Daher folgt nach Axiom III. $P(A) = P((A - B) + AB) = P(A - B) + P(AB)$. Also erhalten wir

Satz 15.7 (Subtraktionssatz für beliebige A und B)

$$P(A - B) = P(A) - P(AB). \tag{15.15}$$

Satz 15.8 (Additionssatz für beliebige A und B)
Es gilt

$$P(A + B) = P(A) + P(B) - P(AB) \tag{15.16}$$

Das überlegen wir uns wie folgt:
In der Zerlegung

$$A + B = A + (B - AB)$$

sind A und $B - AB$ disjunkt. Axiom III., der Subtraktionssatz und die Gleichung $BAB = AB$ ergeben dann

$$P(A + B) = P(A + (B - AB)) = P(A) + P(B - AB)$$
$$= P(A) + P(B) - P(BAB) = P(A) + P(B) - P(AB)$$

Sind speziell A und B disjunkt, haben wir also $AB = \emptyset$, so führt uns das auf Axiom III. zurück.

15.2.4 Bedingte Wahrscheinlichkeit

Wir betrachten ein Beispiel.

Beispiel 15.15
In einer Urne liegen m Kugeln. Sie repräsentieren m disjunkte, gleichwahrscheinliche Elementarereignisse. Von den Kugeln sind genau a aus Aluminium. Eine davon zu ziehen, ist unser Ereignis A. Von diesen sind genau $b \leq a$ blau. Eine blaue zu ziehen, nennen wir Ereignis B. Wie groß ist die Wahrscheinlichkeit, dass eine gezogene Aluminiumkugel blau ist?

Wir gehen also davon aus, dass das Ereignis A bereits eingetreten ist, wir haben eine Aluminiumkugel gezogen. Jetzt fragen wir nach der Wahrscheinlichkeit, dass diese Kugel blau ist. Wir suchen also die Wahrscheinlichkeit B unter der Bedingung A, das nennen wir die bedingte Wahrscheinlichkeit $P(B|A)$, Wir finden folgende Formel:

$$P(B|A) = \frac{b}{a}.$$

Diesen Bruch rechts können wir leicht erweitern und dann neu interpretieren:

$$P(B|A) = \frac{b}{a} = \frac{b/m}{a/m}.$$

Im Zähler dieses letzten Bruches steht nämlich jetzt die Wahrscheinlichkeit dafür, dass die Ereignisse A und B zugleich eingetreten sind. Das entspricht dem Durchschnitt und nach unserer Bezeichnung dem Produkt beider Ereignisse. Im Nenner steht die Wahrscheinlichkeit dafür, dass Ereignis A eingetreten ist. Wir schließen also

$$P(B|A) = \frac{b}{a} = \frac{b/m}{a/m} = \frac{P(AB)}{P(A)}.$$

Definition 15.7
Sei $P(A)$ die Wahrscheinlichkeit für das Ereignis A und $P(B)$ die für das Ereignis B und sei $P(A) \neq 0$. Unter der bedingten Wahrscheinlichkeit $P(B|A)$, dass

Ereignis B eintritt, wenn Ereignis A bereits eingetreten ist, verstehen wir dann die Wahrscheinlichkeit

$$P(B|A) := \frac{P(AB)}{P(A)}. \tag{15.17}$$

Satz 15.9
Ist unter den gleichen Voraussetzungen wie oben statt $P(A) \neq 0$ jetzt $P(B) \neq 0$ bekannt, so gilt

$$P(A|B) = \frac{P(AB)}{P(B)}. \tag{15.18}$$

Sind A und B disjunkt, also $AB = \emptyset$, so gilt

$$P(B|A) = P(A|B) = 0. \tag{15.19}$$

Aus der Definition 15.7 entnehmen wir sofort:

Satz 15.10 (Multiplikationssatz)
Haben zwei Ereignisse A und B die Wahrscheinlichkeiten $P(A)$ und $P(B)$, dann ist die Wahrscheinlichkeit $P(AB)$ dafür, dass A und B zugleich eintreten

$$P(AB) = P(A) \cdot P(B|A) = P(A|B) \cdot P(B). \tag{15.20}$$

In Kombination mit der bedingten Wahrscheinlichkeit können wir hier eine leichte Abwandlung angeben:

$$P(A|B) \cdot P(B) = P(AB) = P(B|A) \cdot P(A),$$

und daraus erhalten wir das Resultat, das als Satz von Bayes in die Literatur eingegangen ist, hier in seiner einfachsten Form dargestellt:

Satz 15.11 (Satz von Bayes)
Sind A und B zwei zufällige Ereignisse und ist $P(B) \neq 0$, so folgt

$$P(A|B) = \frac{P(B|A)}{P(B)} \cdot P(A). \tag{15.21}$$

Diese recht simpel daherkommende Formel hat, richtig interpretiert, eine große Bedeutung. Wir können sie nämlich quasi rückwärts anwenden. Sei dazu B ein Symptom oder eine Beobachtung für eine unbekannte mögliche Ursache A. Von A kennen wir die Wahrscheinlichkeit $P(A)$ des Auftretens. Wir wissen vielleicht auch, dass, falls A auftritt, B mit der bedingten Wahrscheinlichkeit $P(B|A)$ vorliegt. Wenn wir jetzt B beobachten, so kann uns die Formel von Bayes Auskunft darüber geben, mit welcher Wahrscheinlichkeit A vorliegt. Die Wahrscheinlichkeit $P(A)$ kennen wir vorher, also a priori. $P(A|B)$ ist dann die bedingte Wahrscheinlichkeit nachher, also a posteriori. Diese Formel wird z. B. bei lernenden Spam-Filtern eingesetzt.

Unabhängigkeit von Ereignissen

Wir betrachten zwei regelmäßige, aber unterscheidbare Würfel, der erste sei klein, der zweite groß, und fragen:

Beispiel 15.16

Wie groß ist die Wahrscheinlichkeit dafür, mit dem kleinen Würfel eine 1 oder eine 2 zu werfen, Ereignis A, und mit dem großen zugleich eine gerade Zahl, Ereignis B.

Wir setzen dabei voraus, dass beide Würfel unabhängig voneinander, also z.B. nicht durch eine Schnur miteinander verbunden sind.

Nun, mit zwei Würfeln können wir alle Ergebnisse in einer Tabelle anordnen:

$$
\begin{array}{|c|c|c|c|c|c|}
\hline
11 & 12 & 13 & 14 & 15 & 16 \\
\hline
21 & 22 & 23 & 24 & 25 & 26 \\
\hline
31 & 32 & 33 & 34 & 35 & 36 \\
\hline
41 & 42 & 43 & 44 & 45 & 46 \\
\hline
51 & 52 & 53 & 54 & 55 & 56 \\
\hline
61 & 62 & 63 & 64 & 65 & 66 \\
\hline
\end{array}
$$

Insgesamt haben wir also 36 gleichmögliche Elementarmerkmale.

Für Ereignis A schauen wir uns die kleinen Zahlen in der Tabelle an und sehen, dass nur in den ersten beiden Zeilen günstige Ergebnisse stehen. Das sind 12 günstige Elementarmerkmale. Die Wahrscheinlichkeit für A beträgt also nach Laplace

$$
P(A) = \frac{12}{36} = \frac{1}{3}.
$$

Für das Ereignis B sind nur die zweite, vierte und sechste Spalte zuständig. Das sind insgesamt 18 mögliche Elementarmerkmale.

Die Wahrscheinlichkeit für B beträgt also nach Laplace

$$
P(B) = \frac{18}{36} = \frac{1}{2}.
$$

Für das Ereignis $B|A$, dass B unter der Bedingung A auftritt, sind von den 12 Elementarmerkmalen in den ersten beiden Zeilen nur die Merkmale der zweiten, der vierten und sechsten Spalte günstig, das sind 6 günstige Merkmale von insgesamt 12. Daraus folgt

$$
P(B|A) = \frac{6}{12} = \frac{1}{2}.
$$

Mit dem Multiplikationssatz erhalten wir jetzt für die Wahrscheinlichkeit $P(A \cap B)$, dass beide Ereignisse zugleich auftreten,

$$
P(A \cap B) = P(A) \cdot P(A|B) = \frac{1}{3} \cdot \frac{1}{2} = \frac{1}{6} = P(A) \cdot P(B).
$$

Die letzte Gleichheit sieht nach Zufall aus, ist aber eine Folgerung aus der geforderten Unabhängigkeit der Würfel. Kolmogorov hat das zum Anlass für folgende Definition genommen:

Definition 15.8
Zwei Ereignisse A und B heißen unabhängig voneinander, wenn der Produktsatz in der einfachen Form gilt:

$$P(A \cap B) = P(A) \cdot P(B), \tag{15.22}$$

wenn also

$$P(B|A) = P(B) \; und \; P(A|B) = P(A). \tag{15.23}$$

Das lässt sich gut verallgemeinern:

Satz 15.12
Sind die Ereignisse A_1, A_2, ..., A_n insgesamt unabhängig, dann gilt der Multiplikationssatz in der einfachen Form

$$P\left(\prod_{i=1}^{n} A_i\right) = \prod_{i=1}^{n} P(A_i). \tag{15.24}$$

Hier müssen wir aber eine Warnung anschließen. Bernstein hat ein ganz einfaches Beispiel angegeben, dass wir tatsächlich insgesamt die Unabhängigkeit der Ereignisse A_1, ..., A_n fordern müssen. Nur die Forderung nach paarweise Unabhängigkeit reicht nicht. Lesen Sie bitte sein Beispiel, damit Sie den Unterschied zwischen ‚paarweise unabhängig‘ und ‚insgesamt unabhängig‘ erkennen.

Wir stellen uns vier Papierstreifen her, auf die wir die Zahlen 0 und 1 schreiben:

| 1 | 1 | 0 | | 1 | 0 | 1 | | 0 | 1 | 1 | | 0 | 0 | 0 |

und legen sie in eine Urne.

Jetzt untersuchen wir drei Ereignisse:

Ereignis A_1: Herausgreifen eines Streifens, der links eine 1 hat,
Ereignis A_2: Herausgreifen eines Streifens, der mittig eine 1 hat,
Ereignis A_3: Herausgreifen eines Streifens, der rechts eine 1 hat.

Dann betrachten wir noch das

$$\text{Ereignis } A = A_1 \cap A_2 \cap A_3,$$

also das Ereignis, einen Streifen herauszugreifen, der drei mal 1 enthält. Offenkundig geht das nicht, Ereignis A ist also das unmögliche Ereignis mit $P(A) = 0$.

Leicht zu sehen ist:

$$P(A_1) = P(A_2) = P(A_3) = \frac{1}{2}.$$

Hier gilt der Multiplikationssatz also nicht, denn

$$\emptyset = P(A) = P(A_1 \cap A_2 \cap A_3) \neq P(A_1 \cdot P(A_2) \cdot P(A_3) = \frac{1}{8}.$$

Wir sehen also, dass die Ereignisse A_1, A_2 und A_3 zwar paarweise unabhängig sind, denn z.B. ist für A_1 und A_2

$$p(A_2|A_1) = \frac{1}{2} = P(A_2),$$

aber sie sind nicht insgesamt unabhängig. Für den Multiplikationssatz in der einfachen Form wird aber die insgesamte Unabhängigkeit als Voraussetzung gefordert.

Totale Wahrscheinlichkeit
Betrachten wir folgendes Beispiel:

Beispiel 15.17
Gegeben seien zwei Urnen I und II mit je 10 Kugeln. In der Urne I seien 4 schwarze und sechs weiße Kugeln, in der Urne II seien 8 schwarze und zwei weiße Kugeln. Wir wählen zufällig eine Urne und ziehen daraus eine Kugel. Wie groß ist die Wahrscheinlichkeit dafür, dass wir eine weiße Kugel ziehen?

Wir bezeichnen mit
   A_1 das Ereignis, Urne I zu wählen, $P(A_1) = 0{,}5$,
   A_2 das Ereignis, Urne II zu wählen, $P(A_2) = 0{,}5$,
   B das Ereignis, eine weiße Kugel zu ziehen.
   Da B nach Wahl von Urne I und nach Wahl von Urne II auftreten kann, ist

$$B = A_1 \cdot B + A_2 \cdot B$$

Dabei sind $A_1 \cdot B$ und $A_2 \cdot B$ disjunkt. Wir erhalten:

$$\begin{aligned}
P(B) &= P(A_1 \cdot B + A_2 \cdot B) \\
&= P(A_1 \cdot B) + P(A_2 \cdot B) \\
&= 0{,}5 \cdot 0{,}6 + 0{,}5 \cdot 0{,}2 \\
&= 0{,}4
\end{aligned}$$

Diese Überlegung können wir sofort verallgemeinern:

Satz 15.13 (Totale Wahrscheinlichkeit)
Schließen sich die Ereignisse A_1, A_2, ...paarweise aus, schöpfen sie die Menge der Elementarereignisse aus und ist $P(A_i) > 0$ für alle i, dann ist die totale Wahrscheinlichkeit $P(B)$ für ein beliebiges Ereignis B mit den bedingten Wahrscheinlichkeiten $P(B|A_i)$

$$P(B) = \sum_i P(A_i) \cdot P(B|A_i). \tag{15.25}$$

Mit Hilfe dieses Satzes können wir jetzt eine etwas verallgemeinerte Form des Satzes von Bayes angeben:

Satz 15.14 (Verallgemeinerter Satz von Bayes)
Schließen sich die Ereignisse A_1, A_2, ...paarweise aus, schöpfen sie die Menge der Elementarereignisse aus, ist $P(A_i) > 0$ für alle i und ist B ein weiteres zufälliges Ereignis mit $P(B) \neq 0$, so ist

$$P(A_i|B) = \frac{P(B|A_i) \cdot P(A_i)}{P(B)}. \tag{15.26}$$

Um noch einmal auf die Möglichkeit hinzuweisen, wie man mit dem Satz von Bayes rückwärts denken kann, betrachten wir das Beispiel:

Beispiel 15.18
In einer Fabrik stellen zwei Maschinen I und II gleichartige Teile her. Maschine I fertigt in einer Stunde 6 Teile, davon sind 90 % brauchbar. Maschine II fertigt in einer Stunde 10 Teile her, davon sind 80 % brauchbar. Wie groß ist die Wahrscheinlichkeit P dafür, dass ein brauchbares Teil aus der Maschine II stammt?

Wir haben folgende Ereignisse:

A_1: Herstellung auf Maschine I
A_2: Herstellung auf Maschine II
B: Brauchbarkeit des Teils

Wir wissen:

$$P(A_1) = \frac{6}{10} \cdot P(A_2) = 0,6 \cdot P(A_2).$$

Mit $P(B|A_1) = 0,9$ und $P(B|A_2) = 0,8$ erhalten wir nach Bayes:

$$\begin{aligned}
P(A_2|B) &= \frac{P(A_2) \cdot P(B|A_2)}{P(A_1) \cdot P(B|A_1) + P(A_2) \cdot P(B|A_2)} \\
&= \frac{P(A_2) \cdot 0,8}{0,6 \cdot P(A_2) \cdot 0,9 + P(A_2) \cdot 0,8} \\
&= 0,597
\end{aligned}$$

Das war ein Glück, in der vorletzten Zeile konnten wir $P(A_2)$ herauskürzen und erhalten so das Ergebnis: Das brauchbare Teil stammt mit größerer Wahrscheinlichkeit von der Maschine II als von der Maschine I.

15.2.5 Zufallsvariable

Elementarereignisse haben oft qualitativen Charakter. Für quantitative Betrachtungen ist es gewöhnlich nötig, jedem Elementarereignis eine reelle Zahl $X(e)$ zuzuordnen.

Mein verehrter Lehrer, G. Bertram, in dessen humoriger Vorlesung ich viel über Wahrscheinlichkeiten gelernt habe, was hier in dieses Kapitel eingeflossen ist, berichtete von folgendem Beispiel für einen Münzwurf.

Während des Studiums hätte er häufig mit seinem Freund zusammen die Münze geworfen, Vorderseite Zahl, Rückseite Wappen. Sie hatten verabredet:

- Wenn Zahl fällt, dann gehen wir ins Kino.
- Wenn Wappen fällt, dann gehen wir in die Disco.
- Wenn aber die Münze auf der Kante stehen bleibt, dann arbeiten wir für's Studium.

Das entsprach sicherlich nicht der Wirklichkeit, schließlich war er Professor für Mathematik, das wird man nicht im Kino und schon lange nicht in der Disco. Aber witzig war es schon.

Nun, wir nehmen diese Dreiteilung des Münzenwurfes und wollen jedem Ereignis eine Zahl zuordnen. Das können wir sehr willkürlich auf verschiedene Weise machen. Sei z. B.

- e_1 das Ereignis: Zahl fällt. Dann sei $X(e_1) := 1$
- e_2 das Ereignis: Wappen fällt. Dann sei $X(e_2) := 3$
- e_3 das Ereignis: Kante. Dann sei $X(e_3) := 0$

Das ist in der Tat reichlich willkürlich. Wir werden aber gleich sehen, wozu das alles taugt.

Definition 15.9
Eine eindeutige reelle Funktion $X(e)$, die auf der Menge aller Elementarereignisse definiert ist, heißt Zufallsvariable, falls für jedes Intervall $I = (-\infty, x)$ die Menge A_x aller e, denen $X(e)$ Werte aus I zuordnet, ein zufälliges Ereignis ist.

Kann X nur endlich oder abzählbar unendlich viele Werte annehmen, so heißt X diskret. Sind überabzählbar unendlich viele Werte möglich, so heißt X kontinuierlich oder stetig.

Eine Zufallsvariable ist also eine Funktion. Ihren Werten sind Wahrscheinlichkeiten oder auch Wahrscheinlichkeitsdichten zugeordnet.

So kann zum Beispiel die beim Würfeln beobachtete Augenzahl X nur die diskreten Werte $x = 1, 2, 3, 4, 5, 6$ annehmen, ist also eine diskrete Zufallsvariable. Andererseits ist die Geschwindigkeit eines Gasmoleküls, die sich beim Zusammenstoß mit anderen Gasmolekülen ändern kann und damit in einem festen Intervall jeden beliebigen Wert annehmen kann, eine kontinuierliche Zufallsvariable.

15.2.6 Verteilungsfunktion

Bei der Herstellung eines Produktes, z. B. einer Schraube, entstehen immer wieder Fehlteile. Die Anzahl dieser pro Stunde oder pro Tag etc. ist eine Zufallsvariable, weil bei der Herstellung auch Faktoren zu berücksichtigen sind, deren Einfluss man nicht erfassen kann, z. B. die Umgebungstemperatur oder Materialschwankungen. Selbst wenn man die kleinste und die größte Ausschusszahl angeben kann, kann man daraus noch nichts über die Güte des Produktes in einem längeren Zeitraum aussagen. Dazu muss man auch noch die Wahrscheinlichkeiten kennen, mit denen diese Fehlteile auftreten. Wenn man also für eine Zufallsvariable alle ihre Werte und die zugehörigen Wahrscheinlichkeiten kennt, so kann man Güteaussagen machen; denn dann kennt man die Verteilung der zufälligen Größen.

Definition 15.10
Wir sagen, dass die Zufallsvariable eine Wahrscheinlichkeitsverteilung besitzt, wenn für alle möglichen Ereignisse $a \leq X < b$ bei festen Werten $a, b \in \mathbb{R}$ die Wahrscheinlichkeiten $P(a \leq X \leq b)$ definiert sind. Dabei tritt $a \leq X < b$ genau dann ein, wenn X einen Wert $x = X(e)$ annimmt mit $a \leq x < b$.

Betrachten wir uns diese Definition etwas genauer an Beispielen.

1. Ist X eine diskrete Zufallsvariable, so kann $X(e)$ abhängig von den möglichen Elementarereignissen e_i nur endlich oder abzählbar unendlich viele verschiedene Werte $x = x_i$ mit den zugehörigen Wahrscheinlichkeiten

$$P(x_i) = P(X = x_i) =: p_i$$

annehmen. Dann nennt man die x_i auch Realisierungen von X. Im endlichen Fall gilt:

$$P(a \leq X < b) = \sum_{a}^{b} P(x_i) = \sum_{a \leq x_i < b} p_i, \qquad (15.27)$$

und für abzählbar unendlich viele Realisierungen gilt:

$$\sum_{-\infty}^{\infty} P(x_i) = \sum_{-\infty < x_i < \infty} p_i = 1, \qquad (15.28)$$

wobei jeweils über alle x_i zu summieren ist, die mögliche Realisierungen von X sind und aus $a \leq x < b$ bzw. $-\infty < x < \infty$ stammen.

Für den idealen Würfel mit seinen sechs diskreten Werten lautet die Verteilung:

x_i	1	2	3	4	5	6
$P(X = x_i)$	$\dfrac{1}{6}$	$\dfrac{1}{6}$	$\dfrac{1}{6}$	$\dfrac{1}{6}$	$\dfrac{1}{6}$	$\dfrac{1}{6}$

2. Im kontinuierlichen Fall kann man gewöhnlich für $-\infty < x < \infty$ eine nichtnegative, integrierbare Funktion $f(x)$ einführen mit

$$P(a \leq X < b) = \int_a^b f(x)\, dx \quad \text{und} \quad \int_{-\infty}^{\infty} f(x)\, dx = 1. \tag{15.29}$$

Diese Funktion heißt Wahrscheinlichkeitsdichte von X.

Hieraus können wir jetzt leicht die Verteilungsfunktion herleiten. Wir definieren:

Definition 15.11
Die Funktion

$$F(x) = P(X < x) \;\text{ für } -\infty < x < \infty \tag{15.30}$$

heißt Verteilungsfunktion von X.

1. Im diskreten Fall ist

$$F(x) = \sum_{-\infty < x_i < x} p_i$$

eine Treppenkurve. Betrachten wir den Würfel. Hier gibt sie die Wahrscheinlichkeit dafür an, dass die geworfene Augenzahl kleiner ist als eine bestimmte Zahl. So ist z. B.

$$F(1) = P(X < 1) = 0,$$

denn die Wahrscheinlichkeit, dass man mit einem regulären Würfel weniger als 1 würfelt, ist gleich Null. Genau so erhalten wir

$$F(2) = P(X < 2) = P(X = 1) = \frac{1}{6}.$$

Das geht weiter:

$$F(3) = P(X < 3) = P(X = 1) + P(X = 2) = \frac{1}{6} + \frac{1}{6} = \frac{2}{6}.$$

Dann folgt

$$F(4) = \frac{3}{6},\; F(5) = \frac{4}{6},\; F(6) = \frac{5}{6},\; F(x > 6) = \frac{6}{6}.$$

2. Im kontinuierlichen Fall kann eine Zufallsvariable in einem Intervall beliebig viele Werte annehmen. Dann ist

$$F(x) := P((X < x) = \int_{-\infty}^{x} f(t)\,dt \text{ mit } F(-\infty) = 0,\ F(\infty) = 1 \quad (15.31)$$

eine stetige, monoton von 0 nach 1 wachsende Funktion.

Man sieht außerdem. dass die Wahrscheinlichkeit für das Auftreten eines einzelnen Wertes Null ist. So ist z. B. die Wahrscheinlichkeit, dass eine zufällig stehenbleibende Uhr mit dem großen Zeiger genau auf die 12 zeigt, gleich Null (Abb. 15.7).

In beiden Fällen ist

$$P(a \le X < b) = F(b) - F(a). \quad (15.32)$$

Im diskreten Fall ist insbesondere

$$P(a \le X < b) = \sum_{a \le x_i < b} p_i, \qquad \sum_{-\infty < x_i < \infty} p_i = 1, \quad (15.33)$$

und im kontinuierliche Fall

$$P(a \le X < b) = \int_{a}^{b} f(x)\,dx, \qquad \int_{-\infty}^{\infty} f(x)\,dx = 1. \quad (15.34)$$

Mit diesen Erklärungen ist dann z. B. die Wahrscheinlichkeit, dass X zwischen x_1 und x_2 mit $x_1 < x_2$ liegt,

$$P(x_1 \le X < x_2) = P(X < x_2) - P(X < x_1) = F(x_2) - F(x_1) = \int_{x_1}^{x_2} f(t)\,dt.$$

Abb. 15.7 Die Verteilungsfunktion für einen regulären Würfel

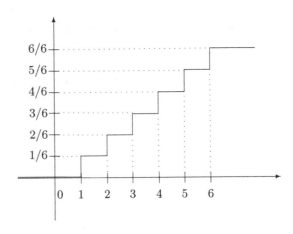

15.2.7 Erwartungswert und Streuung

Kennen wir bei einer diskreten Zufallsvariablen das Verteilungsgesetz bzw. bei einer kontinuierlichen Zufallsvariablen die Dichtefunktion, so kennen wir diese Zufallsvariable vollständig. Wir können Aussagen über ihre Werte und die zugehörigen Wahrscheinlichkeiten machen. Zusätzlich zur Charakterisierung der Zufallsvariablen haben sich noch weitere Parameter eingebürgert, Parameter, die wir aus dem Verteilungsgesetz bzw. der Dichtefunktion berechnen können. Das sind der Erwartungswert und die Streuung.

Definition 15.12
Unter dem Erwartungswert μ einer diskreten Zufallsvariablen verstehen wir die Zahl, die wir erhalten, wenn wir jeden ihrer möglichen Werte mit der zugehörigen Wahrscheinlichkeit multiplizieren und die Summe bilden:

$$\mu = \sum_{i=1}^{n} x_i \cdot p_i. \tag{15.35}$$

Für einen Würfel hatten wir ja die Wahrscheinlichkeiten $p_i = 1/6$ für $i = 1, \ldots, 6$ berechnet. Damit erhalten wir den

$$\text{Erwartungswert beim Würfeln} \quad \mu = 1 \cdot \frac{1}{6} + \cdots + 6 \cdot \frac{1}{6} = 3{,}5.$$

Man sieht, dass der Erwartungswert nicht unter den Werten der diskreten Zufallsvariablen vorkommen muss. Mit einem regulären Würfel kann man keine 3,5 werfen.

Definition 15.13
Unter dem Erwartungswert μ einer kontinuierlichen Zufallsvariablen verstehen wir die Zahl, die wir erhalten, wenn wir ihre Dichtefunktion $f(x)$ mit x multiplizieren und von $-\infty$ bis ∞ integrieren:

$$\mu = \int_{-\infty}^{\infty} x \cdot f(x) \, dx. \tag{15.36}$$

Der nächste Satz hilft uns sehr bei der Berechnung des Erwartungswertes.

Satz 15.15
Es gelten folgende Rechenregeln:

1. *Der Erwartungswert der Summe zweier Zufallsvariablen ist gleich der Summe der Erwartungswerte der beiden Zufallsvariablen.*
2. *Der Erwartungswert des Produktes zweier unabhängiger Zufallsvariablen ist gleich dem Produkt der Erwartungswerte der beiden Zufallsvariablen.*

Beispiel 15.19
Wie groß ist der Erwartungswert beim Würfeln mit zwei Würfeln?

Wir hatten oben den Erwartungswert für den Wurf mit einem Würfel mit 3,5 ausgerechnet. Dann ist der Erwartungswert der Augenzahlen beim Würfeln mit zwei
Würfeln

$$\mu = 3,5 + 3,5 = 7.$$

Beispiel 15.20
In einer Fabrik werden rechteckige Platten hergestellt. Dabei ist sowohl die Länge
(X) als auch die Breite (Y) eine Zufallsvariable, und beide seien unabhängig. Damit
ist auch die Fläche (Z) eine Zufallsvariable. Wenn wir die Erwartungswerte für X
und Y kennen, wie groß ist dann der Erwartungswert für die Fläche?

Nehmen wir an, dass die Erwartungswerte für die Länge $\mu_X = 5\ m$ und für die
Breite $\mu_Y = 3\ m$ seien. Wegen $Z = X \cdot Y$ ist auch

$$\mu_Z = \mu_{X \cdot Y} = \mu_X \cdot \mu_Y = 5 \cdot 3\ m^2 = 15\ m^2.$$

Bei der mechanischen Herstellung von Gütern ist der Erwartungswert natürlich ein
erster wichtiger Wert, aber häufig weichen die Ergebnisse nur wenig, manchmal aber
auch sehr viel von diesem Erwartungswert ab. Ein Maß dafür ist die Varianz oder
Streuung. Ihre Quadratwurzel ist die Standardabweichung.

Definition 15.14
Für eine diskrete Zufallsvariable X ist die Varianz σ^2

$$\sigma^2 = \sum_i (x_i - \mu)^2 \cdot p_i. \tag{15.37}$$

Leicht lässt sich ausrechnen:

$$\begin{aligned}
\sigma^2 &= \sum_i (x_i - \mu)^2 \cdot p_i \\
&= \sum_i x_i^2 \cdot p_i - 2\mu \underbrace{\sum_i x_i \cdot p_i}_{\mu} + \mu^2 \underbrace{\sum_i p_i}_{1} \\
&= \sum_i p_i \cdot x_i^2 - \mu^2
\end{aligned}$$

Definition 15.15
Der Wert

$$\sigma = \sqrt{\sum_i (x_i - \mu)^2 \cdot p_i} \qquad (15.38)$$

heißt Streuung oder Standardabweichung von μ.

Definition 15.16
Für eine kontinuierliche Zufallsvariable X ist die Varianz σ^2

$$\sigma^2 = \int_{-\infty}^{\infty} (x - \mu)^2 p(x) \, dx. \qquad (15.39)$$

Auch hier können wir ein Additionsgesetz zeigen:

Satz 15.16
Sind X und Y zwei unabhängige Zufallsvariable mit den Varianzen σ_X^2 bzw. σ_Y^2. Dann ist auch $Z = X + Y$ eine Zufallsvariable, und es ist

$$\sigma_Z^2 = \sigma_X^2 + \sigma_Y^2. \qquad (15.40)$$

15.2.8 Tschebyscheffsche Ungleichung

Mit dem Erwartungswert und der Streuung können wir uns einen groben Überblick über die Verteilung machen. Aber wir können noch nichts darüber aussagen, wie groß die Wahrscheinlichkeiten für Abweichungen vom Erwartungswert μ sind. Die folgende Ungleichung von Tschebyscheff gibt uns hier eine einfache Abschätzung.

Satz 15.17
Es sei X eine diskrete oder kontinuierliche Zufallsvariable mit den Werten x, dem Erwartungswert μ und der Varianz σ^2. Dann ist die Wahrscheinlichkeit dafür, dass die Differenz $x - \mu$ betragsmäßig größer oder gleich einer beliebigen Zahl $\varepsilon > 0$ ist, gegeben durch

$$P(|x - \mu| \geq \varepsilon) \leq \frac{\sigma^2}{\varepsilon^2}. \qquad (15.41)$$

Das ist nun eine recht gut in der Praxis einsetzbare Ungleichung.

Beispiel 15.21
Bei der Herstellung von Holzbrettern von 10 m Länge ist eine Varianz von $\sigma^2 = 10$ cm festgestellt worden. Wie groß ist die Wahrscheinlichkeit, dass Abweichungen von mehr als 9 cm auftreten?

Wir fragen also nach der Wahrscheinlichkeit

$$P(|x - 1000| \geq 9)?$$

Tschebyscheff sagt:

$$P(|x - 1000| \geq 9) \leq \frac{10}{9^2} = \frac{10}{81} = 0,123.$$

15.2.9 Gesetz der großen Zahlen

Im täglichen Leben spielen Wahrscheinlichkeiten nahe bei 1 eine wichtige Rolle. Man möchte ja gerne, dass Flugzeuge ganz sicher sind. Auch Brücken möchten bitte ganz, ganz sicher halten. Wenn es ginge, sollte die Wahrscheinlichkeit dafür fast 1, besser sogar größer als 1 sein, wenn das denn ginge. Es ist also eine wichtige Aufgabe der Wahrscheinlichkeitsrechnung, Aussagen zu finden, die uns diese hohen Wahrscheinlichkeiten sichern. Zwei Sätze sind hier besonders wichtig, die bei einer großen Anzahl von unabhängigen Zufallsvariablen anzuwenden sind.

Satz 15.18 (Tschebyscheff)
Gegeben seien n unabhängige Zufallsvariable $X_1, \ldots X_n$ mit den Erwartungswerten $\mu_1, \ldots, \mu_n$ und Varianzen, die alle kleiner als $4b^2$ sind. Dann unterscheidet sich das arithmetische Mittel

$$A = \frac{1}{n}(\mu_1 + \cdots + \mu_n)$$

der Erwartungswerte für hinreichend große n mit einer Wahrscheinlichkeit, die beliebig nahe bei 1 liegt, dem Betrage nach um weniger als ε vom arithmetischen Mittel der n Zufallsvariablen. Dabei ist $\varepsilon > 0$ eine beliebige positive Zahl. Es gilt die Ungleichung

$$P\left(\left|\frac{1}{n}\sum_{i=1}^{n} x_i - A\right| < \varepsilon\right) \geq 1 - \frac{b^2}{n\varepsilon^2}. \tag{15.42}$$

Einen ähnlichen Satz lieferte schon fast 200 Jahre früher Jacob Bernoulli:

Satz 15.19 (Bernoulli)
Es sei p die Wahrscheinlichkeit für das Eintreffen des Ereignisses e. In n Versuchen sei dieses Ereignis n_1-mal eingetreten. Dann gilt für ein beliebig kleines positives ε

$$P\left(\left|\frac{n_1}{n} - p\right| < \varepsilon\right) \geq 1 - \frac{1}{4\varepsilon^2 n}. \tag{15.43}$$

Man kann es umgangssprachlich so ausdrücken.

Satz 15.20 (Gesetz der großen Zahlen)
Bei einer hinreichend großen Zahl von Versuchen kann man mit einer beliebig nahe bei 1 liegenden Wahrscheinlichkeit erwarten, dass sich die Häufigkeit des Ereignisses beliebig wenig von seiner Wahrscheinlichkeit unterscheidet.

15.2.10 Binomialverteilung

Es gibt viele verschiedene Verteilungen. Drei besonders für die Praxis wichtige stellen wir im Folgenden zusammen und beginnen mit der Bernoulli-Verteilung. Ihr liegt ein sog. Bernoulli-Versuchschema zugrunde. Darunter verstehen wir eine Folge von Versuchen mit den Eigenschaften:

1. Sie sind gleichartig.
2. Sie sind unabhängig.
3. Es wird stets das gleiche Ereignis A beobachtet.
4. Die Grundwahrscheinlichkeit $p = P(A)$ sei in allen Versuchen gleich groß.

Dann fragen wir:

Wie groß ist die Wahrscheinlichkeit $P(k)$ dafür, dass in n Versuchen genau k-mal das Ereignis A auftritt?

Wir leiten die Formel an Hand eines Beispiels her. Dazu betrachten wir einen Glaskasten. Darin fliegen Bienen herum, mathematisch also Punkte ohne Ausdehnung. Die Bienen mögen sich gegenseitig nicht stören und sollen auch keine Präferenz für einen Aufenthaltsort haben. Den Kasten denken wir uns in drei gleichgroße Teilkästen geteilt, so dass die Aufenthaltswahrscheinlichkeit einer Biene im rechten Teilkasten gleich 1/3 angenommen werden kann. Jetzt wird der Kasten fotografiert. Wie groß ist die Wahrscheinlichkeit dafür, dass auf dem Foto genau k Bienen im rechten Teilkasten sind?

Zunächst denken wir uns die n Bienen mit Nummern versehen. Für die erste Biene ist dann $p = 1/3$ die Wahrscheinlichkeit dafür, dass sie rechts ist, dies sei Ereignis A. Für die zweite Biene ist ebenfalls $p = 1/3$ usw. Die Wahrscheinlichkeit dafür, dass sich die Bienen 1 bis k rechts befinden, ist dann nach dem Produktsatz, da es ja unabhängige Ereignisse sind,

$$p^k = \left(\frac{1}{3}\right)^k.$$

Die Wahrscheinlichkeit, dass sich die Bienen $k + 1$ bis n nicht rechts befinden, ist dann mit $q = 1 - p$

$$q^{n-k} = (1 - p)^{n-k} = \left(\frac{2}{3}\right)^{n-k}.$$

Da die k Bienen rechts aber nach Fragestellung nicht unbedingt die mit den Nummern 1 bis k sein müssen, ist diese Wahrscheinlichkeit nach dem Additionssatz so oft zu nehmen, wir man k Bienen aus n Bienen auswählen kann, also

$$\binom{n}{k}.$$

Die gesuchte Wahrscheinlichkeit ist damit

$$P_n(k) = \binom{n}{k} \cdot p^k \cdot (1-p)^{n-k}. \tag{15.44}$$

Definition 15.17
Diese Verteilung heißt Bernoulli-Verteilung.

Man kann für diese Verteilung den Erwartungswert μ und die Streuung σ^2 angeben:

$$\mu = n \cdot p, \qquad \sigma^2 = n \cdot p \cdot q = \mu \cdot q.$$

Beispiel 15.22
Wir berechnen für $n = 4$ Bienen die Wahrscheinlichkeit für $k = 0, 1, 2, 3, 4$.

Es ist

$$P_4(k) = \binom{4}{k} \cdot (1/3)^k \cdot (2/3)^{4-k}.$$

Das Ergebnis zeigen wir in folgender Tabelle:

k	0	1	2	3	4
$P(k)$	16/81	32/81	24/81	8/81	1/81

15.2.11 Poissonverteilung

Für große n und kleine p ersetzt man zur Erleichterung der Rechnung die Binomialverteilung durch die Poissonverteilung:

Definition 15.18
Die Wahrscheinlichkeitsverteilung

$$\overline{P}(k) = \lim_{n \to \infty} P_n(k) = \frac{\mu^k}{k!} e^{-\mu} \tag{15.45}$$

mit $\mu = n \cdot p =$ konst. heißt Poissonverteilung.

Wegen $\mu = n \cdot p$, also $p = \mu/n$ strebt $p \to 0$ für $n \to \infty$. Darum heißt diese Verteilung auch Verteilung der seltenen Ereignisse.

Wir berechnen $P(k)$ für unsere vier Bienen in dem Kasten. Mit $n = 4$ und $p = 1/3$ ist $\mu = n \cdot p = 4/3 = \sigma^2$. Daraus folgt

$$\overline{P}(k) = \frac{(4/3)^k}{k!} e^{-4/3}.$$

k	0	1	2	3	4
$\overline{P}(k)$	21,4/81	28,5/81	19/81	8,4/81	2,8/81

Obwohl weder $n = 4$ besonders groß noch $p = 1/3$ besonders klein ist, erhalten wir doch schon recht brauchbare Näherungen, wenn wir mit obiger Tabelle vergleichen.

Folgende Faustregel findet man in der Literatur:

(**Faustregel**) Praktisch darf die Binomialverteilung durch die Poissonverteilung mit $\mu = \sigma^2 = n \cdot p$ ersetzt werden, wenn beide Ungleichungen

$$n \cdot p \leq 10, \quad n \geq 1500 \cdot p \tag{15.46}$$

erfüllt sind.

Für unsere Bienen ist nur die erste Ungleichung erfüllt. Erstaunlich, wie gut die Poissonverteilung trotzdem die Binomialverteilung annähert.

15.2.12 Gauß- oder Normalverteilung

Wie der Name schon sagt, fand Gauß diese Verteilung im Rahmen seiner trigonometrischen Vermessungen. Es ist die wohl wichtigste Verteilung der Wahrscheinlichkeitsrechnung. Man erhält auch sie durch Grenzübergang $n \to \infty$ aus der Poissonverteilung, indem man hier $p = 1/2$ festhält.

Definition 15.19
Die Funktion

$$\varphi(x) = \frac{1}{\sqrt{2\pi}} e^{-\frac{x^2}{2}} \tag{15.47}$$

heißt Dichtefunktion der standardisierten oder normierten Normalverteilung oder Gaußverteilung.

Zu ihr gehört die

Definition 15.20
Standardisierte Verteilungsfunktion

$$\Phi(x) = \frac{1}{\sqrt{2\pi}} \int_{-\infty}^{x} e^{-\frac{t^2}{2}} \, dt. \tag{15.48}$$

Sie heißt auch Gaußsches Fehlerintegral.

Zu $\varphi(x)$ bzw. $\Phi(x)$ gehören der Erwartungswert 0 und die Standardabweichung 1.
  Für beliebige μ und σ substituieren wir

$$x = \frac{y - \mu}{\sigma} \text{ mit } \mu = n \cdot p, \sigma^2 = n \cdot p \cdot q.$$

Dann ist die allgemeine Dichte- und Verteilungsfunktion:

Satz 15.21
Für beliebiges μ und σ lautet die allgemeine Dichtefunktion

$$\varphi_{\mu,\sigma}(y) = \frac{1}{2\pi\sigma^2} e^{-\frac{(y-\mu)^2}{2\sigma^2}} \tag{15.49}$$

und die allgemeine Verteilungsfunktion

$$\Phi_{\mu,\sigma}(y) = \frac{1}{\sqrt{2\pi\sigma^2}} \int_{-\infty}^{y} e^{-\frac{(t-\mu)^2}{2\sigma^2}} \, dt. \tag{15.50}$$

Für dieses Integral kennen wir zwar keine Stammfunktion, können es also nicht exakt berechnen, aber es gibt in vielen Büchern, im Internet und auf vielen Taschenrechnern Näherungswerte in Tabellenform, so dass eine Auswertung der Gaußverteilung kein großer Aufwand mehr ist.

Beispiel 15.23
Wir wenden auch diese Verteilung auf unsere Bienen an, um zu vergleichen, ob sich brauchbare Wahrscheinlichkeitsapproximationen $\overline{\overline{P}}(k) := \varphi_{\mu,\sigma}(k)$ ergeben.

Wir haben $n = 4$, $p = 1/3$, $\mu = 4/3$ und $\sigma^2 = 8/9$. Damit ist

$$\overline{\overline{P}}(k) = \varphi_{4/3, \sqrt{8/9}}(k) = \frac{1}{2\pi \cdot \frac{8}{9}} e^{-\frac{(k-4/3)^2}{16/9}}.$$

Mit einem Taschenrechner erhalten wir

k	0	1	2	3	4
$\overline{P}(k)$	12,6/81	32,2/81	26,7/81	7,2/81	0,6/81

Das ist zwar auch kein berauschendes Ergebnis, man erkennt aber, dass eine gewisse Approximation schon stattfindet. Eine Berechtigung, hier mit der Normalverteilung zu arbeiten, finden wir im Grenzwertsatz von Moivre und Laplace, den wir im nächsten Abschnitt vorstellen.

15.2.13 Grenzwertsätze

In diesem letzten Abschnitt unseres Kurzausfluges in die Wahrscheinlichkeitslehre geht es um das Grenzverhalten von Folgen von Zufallsvariablen oder Verteilungsfunktionen. Wir fragen also, wann eine Folge von Verteilungsfunktionen gegen eine Grenzverteilung konvergiert.

Da ist zunächst der lokale Grenzwertsatz von de Moivre und Laplace. Hier wird das Grenzverhalten einer Folge von Binomialverteilungen untersucht.

Satz 15.22 (Lokaler Grenzwertsatz von de Moivre-Laplace)
Ist X eine binomialverteilte Zufallsvariable mit den Parametern n und p, so konvergiert die Verteilungsfunktion der standardisierten Zufallsvariablen

$$Z = \frac{X - \mu}{\sigma} = \frac{X - np}{\sqrt{np(1 - p)}}$$

für $n \to \infty$ gegen die Verteilungsfunktion der Standardnormalverteilung.

Dieser Satz sagt uns, dass wir für große n die Mühe bei der Berechnung der Binomialverteilung durch eine viel einfachere Rechnung mittels der Normalverteilung ersetzen können. Folgende Faustregel zeigt uns, wann wir diese Ersetzung vornehmen dürfen.

Faustregel: Praktisch darf die Binomialverteilung dann durch eine Gaußverteilung mit $\mu = n \cdot p$ und $\sigma = \sqrt{np(1 - p)}$ ersetzt werden, wenn gilt:

$$n \cdot p > 4, \quad \text{und} \quad n \cdot (1 - p) > 4. \tag{15.51}$$

Im obigen Bienenbeispiel ist zwar keine der beiden Ungleichungen erfüllt, weil wir nur 4 Bienen betrachtet haben, aber auch hier sieht man ja schon, dass die Normalverteilung gute Dienste leistet.

Der zentrale Grenzwertsatz befasst sich mit der Frage: Was kann man über die Wahrscheinlichkeitsverteilung einer Summe von Zufallsvariablen aussagen? Diese Frage ergibt sich häufig bei Anwendungen, wenn z.B. Messfehler X einer chemischen Größe aus vielen kleinen Einzelfehlern additiv zusammengesetzt werden.

Dann kann man zwar meistens für endlich viele Zufallsvariable keine Aussage machen, aber im Grenzfall $n \rightarrow \infty$ stellt sich die Normalverteilung von Gauß ein. Das ist der Inhalt des Satzes

Satz 15.23 (Zentraler Grenzwertsatz)
Sind $X_1, X_2, \ldots, X_n$ unabhängige Zufallsvariable, die alle der gleichen Verteilungsfunktion mit Erwartungswert μ und Varianz σ^2 genügen, so konvergiert die Verteilungsfunktion der standardisierten Zufallsvariablen

$$Y_n = \frac{X_1 + X_2 + \cdots X_n - n\mu}{\sqrt{n}\sigma} \tag{15.52}$$

für $n \rightarrow \infty$ gegen die Verteilungsfunktion der Standardnormalverteilung.

Literatur

1. Arens, T: et al.: *Mathematik* Spektrum Akademischer Verlag, Heidelberg, 2. Aufl., 2012
2. de Boor, C.: *A practical guide to splines* Appl. Math. Sci., Springer Verlag, Berlin, 1978
3. Burg, K.; Haf, H.; Wille, F.: *Höhere Mathematik für Ingenieure, I–IV* Teubner, Stuttgart, 1985/1987
4. Costantini, P.: *On Monotone and Convex Spline Interpolation*, Math. Comput. **46** (1986), 203–214
5. Dirschmidt, H.J.: *Mathematische Grundlagen der Elektrotechnik* Vieweg, Braunschweig, 1987
6. Engeln-Müllges, G.; Reutter, F.: *Num. Mathematik für Ingenieure* BI, Mannheim, 1978
7. Feldmann, D.: *Repetitorium der Ingenieurmathematik* Binomi Verlag, Springe, 1988
8. Gellert, W., Kästner, H., Neuber, S.: *Lexikon der Mathematik*, Bibliogr. Institut Leipzig, 3. Aufl. 1981
9. Gellert, W., Küstner, H., Hellwich, M. (Hrsgb.): *Kleine Enzyklopädie Mathematik*, Bibliogr. Institut Leipzig, 8. Aufl. 1965
10. Haase, H, Garbe, H.: *Elektrotechnik* Springer-Verlag Berlin, u. a., 1998
11. Hämmerlin, G.; Hoffmann, K.-H.: *Numerische Mathematik* Springer, Berlin u. a., 1989
12. Hermann, M.: *Numerische Mathematik* Oldenbourg Wissenschaftsverlag, München, 2001
13. Herrmann, N.: *Höhere Mathematik für Ingenieure, Physiker und Mathematiker* 2. Aufl., Oldenbourg Wissenschaftsverlag, München, 2007
14. Herrmann, N.: *Höhere Mathematik für Ingenieure, Aufgabensammlung* Bd. I und II, Oldenbourg Wissenschaftsverlag, München, 1995
15. Herrmann, N., Stephan, E.P.: *FEM und BEM – Einführung* Eigendruck d. Inst. f. Angew. Mathematik, Universität Hanover (1991)
16. Herrmann, N.: *Spline-Funktionen und ihre Anwendungen* Preprint d. Inst. f. Angew. Mathematik, Universität Hanover (1996)
17. Maess, G.: *Vorlesungen über numerische Mathematik I, II* Birkhäuser, Basel u. a., 1985/1988
18. Merziger, G., Wirth, T.: *Repetitorium der höheren Mathematik* Binomi Verlag, Springe, 2002
19. Meyberg, K., Vachenauer, P.: *Höhere Mathematik* Band 1 und 2, Springer–Verlag, Berlin et al., 1990
20. Modler, F., Kreh, M.: *Tutorium Analysis 1 und Lineare Algebra 1: Mathematik von Studenten für Studenten erklärt und kommentiert*, Spektrum Akademischer Verlag, 2009
21. Nieschulz, K.-P., Herrmann, N., Epheser, H.: *Ein lokales Verfahren zur monotonen Spline-Interpolation parametrisierter Kurven* ZAMM **71**, (1991) T 824–T 827
22. Papula, L.: *Mathematik für Ingenieure und Naturwissenschaftler*, Bd. I, II, III Vieweg Verlag, Braunschweig et.al., 2001
23. Preuß, W., Kirchner, H.: *Partielle Differentialgleichungen*, VEB Fachbuchverlag Leipzig 1990

© Springer-Verlag GmbH Deutschland, ein Teil von Springer Nature 2019
N. Herrmann, *Mathematik für Naturwissenschaftler,*
https://doi.org/10.1007/978-3-662-58832-1

24. Schaback, R., Werner, H.: *Numerische Mathematik* Springer–Verlag, Berlin et al., 1993
25. Schmeißer, G.; Schirmeier, H.: *Praktische Mathematik* W. de Gruyter–Verlag, Berlin u. a., 1976
26. Schwarz, H. R.: *Numerische Mathematik* Teubner, Stuttgart, 1988
27. Schwetlick, H.; Kretschmar, H.: *Numerische Verfahren für Naturwissenschaftler und Ingenieure* Fachbuchverlag, Leipzig, 1991
28. Törnig, W.; Spellucci, P.: *Numerische Mathematik für Ingenieure und Phys. I, II* Springer–Verlag, Berlin u. a., 1990
29. Törnig, W.; Gipser, M.; Kaspar, B.: *Numerische Lösung von partiellen Differentialgleichungen der Technik* Teubner, Stuttgart, 1985
30. Werner, H.; Arndt, H.: *Gewöhnliche Differentialgleichungen* Springer–Verlag, Berlin u. a., 1986
31. Wörle, H.; Rumpf, H.-J.: *Ingenieur–Mathematik in Beispielen I, II, III* Oldenbourg Verlag, München, 1986

Stichwortverzeichnis

A

AB, *siehe* Anfangsbedingung
Ableitung, 82
  höhere, 73
  partielle, 68, 73
  totale, 75
Abstand
  Euklidischer, 61
Additionssatz, 304
allgemeinste PDGl, 256
Anfangsbedingung, 241, 277
  bei der Wellengleichung, 277
Anfangs-Randwert-Problem, 278
Anfangswertaufgabe, 242
Approximationsoperator
  Bernsteinscher, 200
Ausgleichskurve, 229
AWA (Anfangswertaufgabe), 242
axiomatische Wahrscheinlichkeitstheorie,
  302–304

B

baryzentrische Kombination, 192
Bayes-Satz, *siehe* Satz von Bayes
bedingte Wahrscheinlichkeit, 306
Bernoulli-Ansatz, 269
Bernoulli, Satz, 318
Bernoulli-Verteilung, 320
Bernstein-Approximationsoperator, 200
Bernstein-Polynome, 196
  Partition der Eins, 197
  Rekursionsgleichung, 197

verallgemeinerte, 197
Bernstein-Satz, 202
beschränkte Funktion, 59
Bezier–Kurve, 195
Binomial-Koeffizient, 196, 293
Bogenelement
  skalares, 103
Bogenlänge, 108

C

CAD (Computer Aided Design), 191
CAGD (Computer Aided Geometric
  Design), 192
CAM (Computer Aided Manufactoring),
  192
Cauchy-Daten, 278
Cauchy-Problem, 278
  Wellengleichung, 279
Computer Aided Design, 191

D

de Casteljau-Schema, 195
Determinante
  einer (2×2)-Matrix, 23
  einer (3×3)-Matrix, 24
  Hauptminor, 41
  Multiplikationssatz, 27
  Rechenregeln, 27
Determinantenkriterium, 35
DGL, *siehe* Differentialgleichung
Diagonalmatrix, 14
Dichtefunktion der Gaußverteilung, 321

© Springer-Verlag GmbH Deutschland, ein Teil von Springer Nature 2019
N. Herrmann, *Mathematik für Naturwissenschaftler,*
https://doi.org/10.1007/978-3-662-58832-1

Differential
  totales, 75
Differentialgleichung
  Anfangsbedingung, 241
  Anfangswertaufgabe, 242
  gewöhnliche, 240
  gewöhnliche explizite, 241
  partielle, *siehe* PDGL
Differenzenquotient
  zentraler, 259
Differenzenverfahren, 259
  Konvergenz, 264
  Wärmeleitungsgleichung, 270
  Wellengleichung, 280–284
differenzierbare Funktion, 70
  total differenzierbare Funktion, 75
Dirichlet-Randbedingungen, 257
Dirichletsche Randwertaufgabe, 257
Dirichletsche RWA
  Eindeutigkeit, 258
Divergenz, 157
Divergenzsatz von Gauß, 158
Doppelintegral
  erste Berechnung, 129
  zweite Berechnung, 130
Dreifachintegral, 140

E

einfach zusammenhängende Gebiete, 120
Einheitsmatrix, 8
elementare Umformungen, 11
  bei Determinanten, 26
Elementarereignis, 298
elliptische PDGL, 256
Ereignis, 298
Erwartungswert
  diskreter, 315
  kontinuierlicher, 315
Euklidischer Abstand, 61
Euler-Polygonzug-Verfahren, 247
Existenz und Eindeutigkeit
  lokal, 243
Existenzsatz für AWA, 243
explizite Differentialgleichung, 241
Extrema, relative, 88
  hinreichende Bedingung, 91
  notwendige Bedingung, 89

F

Fakultät, 288
Falk-Schema, 7

Faustregel
  für Normalverteilung, 323
  für Poissonverteilung, 321
Flächenstück, 147
Fluss eines Vektorfeldes, 152
Fünf-Punkte-Stern, 261
Funktion
  differenzierbare, 70
  konkave, 203
  konvexe, 203
  mehrerer Veränderlicher, 55
  monoton fallende, 202
  monoton wachsende, 202
  stetig differenzierbare, 70
  total differenzierbare, 75
Funktionaldeterminante, 133, 142
Funktionsgleichung, 56

G

ganze Zahlen, 1
Gauß-Divergenzsatz, 158
Gauß-Faktoren, 38
Gaußsches Fehlerintegral, 322
Gebiete
  einfach zusammenhängende, 120
Gewicht
  des Fünfpunktesterns, 261
gewöhnliche Differentialgleichung, 240
glatte Kurve, 220
glattes Kurvenstück, 102
Gleichungssystem
  lineares, *siehe* LGS
Gradient, 69
Grenzwert, 61
Grenzwertsatz von Moivre-Laplace, 323

H

Hauptminor, 41
Hauptsatz für Kurven, 120
Hermann Amandus Schwarz
  Satz, 73
Hermite-Splines, 178
  Konstruktion, 179
Höhenlinie, 57
höhere Ableitung, 73
homogenes LGS, 34
hyperbolische PDGL, 256

I

Infimum, 59
Interpolation

komonotone, 204
  mit Hermite-Splines, 178
  mit kubischen Splines, 185
  mit linearen Splines, 173
  mit Polynomen, 169
inverse Matrix, 17
L-R-Zerlegung, 51

K
Kettenregel, 95
Knotennummerierung, 260
Koeffizientenmatrix, 32
Kombination, 292
  baryzentrische, 192
  mit Wiederholung, 294
  ohne Wiederholung, 293
komonotone Interpolation, 204
komplementäres Ereignis, 304
komplexe Zahlen, 2
konkave Funktion, 203
Kontrollpolygon, 195
Kontrollpunkte, 195
Konvergenz
  Differenzenverfahren, 264
  Euler-Verfahren, 249
  Runge-Kutta-Verfahren, 253
konvexe Funktion, 203
korrekt gestelltes PDGL-Problem, 258
Kreuzprodukt, 148
kubische Splines, 184
Kugelkoordinaten, 142
Kurve
  glatte, 220
  reguläre, 220
Kurvenhauptsatz, 120
Kurvenintegral
  1. Art, 103
  2. Art, 111
Kurvenlänge, 108
Kurvenstück, 101
  glattes, 102
  stückweise glattes, 102

L
Lagrange-Restglied, 97
Laplace-Operator, 260
Laplace-PDGL, 256
LGS (lineares Gleichungssystem), 31
  Alternativsatz, 33
  Determinantenkrterium, 35
  homogen, 34

Koeffizientenmatrix, 32
l'Hospital-Regel, 63
lineare Splines, 172
  Konstruktion, 173
Lineares Gleichungssystem, 31
Lipschitz-Bedingung, 243
Lokaler Existenz- und Eindeutigkeitssatz,
  243
L-R-Zerlegung, 36
  Lösung mittels, 42, 49

M
Maikäfer, 6
Matrix, 2
  Diagonalmatrix, 14
  Einheitsmatrix, 8
  elementare Umformungen, 11
  Falk-Schema, 7
  inverse, 17, 51
  Multiplikation, 6
  Nullmatrix, 4
  orthogonale, 18
  quadratische, 14
  Rechenregeln, 8
  reguläre, 17
  schiefsymmetrische, 15
  singuläre, 17
  Spaltenrang, 10
  symmetrische, 3, 15
  transponierte, 4
  Zeilenrang, 10
  Zeilenstufenform, 12
Maximum, 59
Minimum, 59
Mittelwertsatz im $\mathbb{R}^1$, 98
monoton fallende Funktion, 202
monoton wachsende Funktion, 202
Multiplikation
  Determinanten, 27
  Matrizen, 6
  Wahrscheinlichkeit, 306
Multiplikationssatz, 27

N
natürliche Splines, 185
natürliche Zahlen, 1
Neumann-Randbedingungen, 257
Niveaulinie, 57
Normalenvektor, 257
Nullmatrix, 4

O

Oberflächenintegral 1. Art, 148
Oberflächenintegral 2.Art, 151
Operator
    positiver, 200
orthogonale Matrix, 18

P

Parabelkonstruktion, 194
parabolische PDGL, 256
Paraboloid, 60
Parameterdarstellung, 102
partielle Ableitung, 68
    zweite, 73
partielle Differentialgleichung, *siehe* PDGL
Partition der Eins
    Bernstein–Polynome, 197
PDGL (partielle Differentialgleichung), 256
    elliptische, 256
    hyperbolische, 256
    parabolische, 256
    Poisson-Gleichung, 257
    Potentialgleichung, 257
    Typen, 256
    Wärmeleitungsgleichung, 256
    Wellengleichung, 256
Peano-Existenzsatz, 243
Permutation, 288
Permutationsmatrix, 46
Pivotisierung, 47, 49
Poisson-Gleichung, 257
Poissonverteilung, 320
Polarkoordinaten, 58
Polygonzug-Verfahren von Euler, 247
Polynominterpolation, 169
    Eindeutigkeit, 170
    Existenz, 171
positiver Operator, 200
Potential, 120
Potentialgleichung, 257
Produktansatz, 269
Punkt
    regulärer, 220
    singulärer, 220

Q

quadratische Matrix, 14

R

Randbedingungen bei der Wellengleichung,
    278

rationale Zahlen, 2
reelle Zahlen, 2
Regel
    von l'Hospital, 63
    von Sarrus, 24
reguläre Kurve, 220
reguläre Matrix, 17
regulärer Punkt, 220
Rekursionsgleichung für Bernstein–
    Polynome, 197
relative Extrema, 88
    hinreichende Bedingung, 91
    notwendige Bedingung, 89
Restglied, 97
    Lagrangesches, 97
Richtungsableitung, 82
Rotation, 117
Rückwärtselimination, 42
Runge-Kuttta-Verfahren, 251

S

Saite
    schwingende, 277
Sarrus-Regel, 24
Satz
    von Bayes, 306
    von Bayes, verallgemeinerter, 310
    von Bernoulli, 318
    von Gauß, Divergenzsatz, 158
    von Hermann Amandus Schwarz, 73
    von Peano, 243
    von Stokes, 160
    von Taylor, 96
    von Tschebyscheff, 318
    von Weierstraß, 64
schiefsymmetrische Matrix, 15
Schrittweite, 245, 251
schwingende Saite, 277
Separationsansatz nach Bernoulli, 269
sicheres Ereignis, 298
singuläre Matrix, 17
singulärer Punkt, 220
Skalarfeld, 111
Spaltenpivotisierung, 47, 49
Spaltenrang, 10
Splines
    kubische, *siehe* kubische Splines
    lineare, 172
    natürliche kubische, 185
Stützstellen, 172, 245
Stabilität

Wärmeleitungsgleichung, 274
Stabilität, 249
stetig differenzierbare Funktion, 70
stetige glatte Kurve, 220
Stetigkeit, 64
  Eigenchaften, 64
Stokes-Satz, 160
stückweise glattes Kurvenstück, 102
Subtraktionssatz, 304
Supremum, 59
symmetrische Matrix, 3, 15

T
Tangentialebene, 75
Taylor-Entwicklung, 245
Taylor-Satz, 96
Torus, 123
total differenzierbare Funktion, 75
totale Ableitung, 75
totale Wahrscheinlichkeit, 310
totales Differential, 75
Transformation der Variablen, 133, 142
transponierte Matrix, 4
Transpositionsmatrix, 44
Tschebyscheffsche Ungleichung, 317
Typen von PDGLn, 256

U
unabhängige Veränderliche, 56
Unabhängigkeit von Ereignissen, 308

V
Variablentransformation, 133, 142
Varianz, 317
Variation, 290
  mit Wiederholung, 291
  ohne Wiederholung, 290
Vektor der rechten Seite, 32
Vektorfeld, 111
verallgemeinerte Bernstein–Polynome, 197
verallgemeinerter Satz von Bayes, 310
Verteilungsfunktion, 312
Viertelkriterium, 221

Volumen einer Kugel, 143
Vorwärtselimination, 42

W
Wärmeleitungsgleichung, 256
  Anfangs-Randwert-Problem, 270
  Anfangs-Randwert-Problem, 268
  Differenzenverfahren, 270–274
  Eindeutigkeit, 268
  Herleitung, 267
  Stabilität, 268, 274
Wahrscheinlichkeit
  nach Laplace, 298
  nach von Mises, 301
  totale, 310
Wahrscheinlichkeitsaxiome, 303
Wärmeleitungsgleichung
  Anfangsbedingungen, 268
  Randbedingungen, 268
Wassertopftrick, 68
Weierstraß,Satz von, 64
Wellengleichung, 256, 279
  Anfangsbedingungen, 277
  Anfangs-Randwert-Problem, 280
  Cauchy-Problem, 278, 279
  Differenzenverfahren, 280–284
  Differenzenverfahren, explizites, 281

Z
Zahlen
  ganze, 1
  komplexe, 2
  natürliche, 1
  rationale, 2
  reelle, 2
Zeilenrang, 10
Zeilenstufenform, 12
zentraler Differenzenquotient, 259
Zufallsvariable, 311
  Erwartungswert, 315
zweite partielle Ableitung, 73
Zwischenwertsatz, 65
Zylinderkoordinaten, 143
Zylindermantel, 148

Printed in the United States
By Bookmasters